圖解

五南圖書出版公司 印行

企業管理(MBA學)

第三版

戴國良 博士 著

閱讀文字

理解內容

觀看圖表

圖解讓
企業管理
更簡單

作者序

　　「企業管理」（Business Management）是所有商學院或管理學院的核心基礎課程，是一個非常重要的起步課程。它包括企業經營知識與企業管理知識的組合體，也是企業界作為一個經營者或中高階主管必備的知識與常識。企業管理學不好，或缺乏這方面正確與堅定的信念，是斷然無法把公司經營好，也難以成為一位優秀的經理人才或管理幹才。

　　《圖解企業管理（MBA學）》一書內容，包含「企業功能」與「管理功能」二大部分。本書的企業功能，包含了企業經營知識以及策略、行銷、人資與財務管理等企業各級經理人所必備的五種企業功能知識。而在「管理功能」知識方面，則包括了計畫、組織、領導、決策、溝通協調、激勵與考核等必要管理知識。

　　《圖解企業管理（MBA學）》一書也可說是整合了企業經營與企業管理必備知識之精華總集成，亦可視為企業MBA（企管碩士）的總精華與總集成。如果是沒有唸過MBA學程的上班族，其實看這一本總集成也就夠了。

　　本書適用對象，除了商學院及管理學院一、二年級學生外，更適用於廣大的上班族，以及各級幹部主管們，也極適合成為辦公桌上的參考工具書。

　　總結來說，本書具有以下五點特色：

一、圖解式表達，使人一目了然，能夠快速閱讀了解及吸收

　　所謂「文字不如表，表不如圖」，圖解式是最快、最佳的表達方式。尤其，現在企業界的報告，大都是採用PowerPoint的簡報方式表達，亦與圖解書相似。

二、一本歷來本土化企業管理書籍最實用的好書

　　本書是歷來本土化企業管理書籍，結合最實務與最精華理論的一本實用好書。

三、本書與時俱進

　　本書將陳舊的傳統企業管理教科書全面翻新，並結合近幾年最新的企業趨勢與議題，而能與時俱進。

四、本書能幫助你在未來就業競爭力上，比別人更強

　　本書期盼能建立未來學生們及年輕上班族們，在企業界上班必備的企業經營分析與策略規劃技能，讓你未來在「就業競爭力」上比別人更強。

五、本書是未來晉升高階主管的必備工具書

筆者深深認為，本書是廣大企業界中層與基層主管晉升經理、協理及副總經理以上高階主管的必修知識、必備技能及思維。

本書得以問世，除了感謝我的家人、我的同事、我的學生以及五南圖書出版公司的支持與鼓勵外，也祝福各位學生及上班族等廣大讀者群，希望你們的求學生涯及工作旅途上，都能不斷的有所突破、晉升與自我實現。

最後，筆者謹以八個字贈給廣大讀者與好朋友們，這也是我個人人生的深刻體驗──「力爭上游，終有所成」，願你們未來都能有一個美麗的人生與幸福的家庭。

戴國良

mail: tailkuo@mail.shu.edu.tw

本書目錄

作者序　　　　　　　　　　　　　　　　　　　　　　　　　III

第 **1** 章　　企業的本質、資源型態與角色

Unit 1-1　　企業活動與參與者　　　　　　　　　　　　002
Unit 1-2　　企業的六大角色　　　　　　　　　　　　　004
Unit 1-3　　企業二大目標──獲利並兼具企業社會責任　006
Unit 1-4　　企業社會責任構面與支持論點　　　　　　　008
Unit 1-5　　企業經營管理十大資源 Part I　　　　　　　010
Unit 1-6　　企業經營管理十大資源 Part II　　　　　　　012
Unit 1-7　　企業資源運作的十大目標　　　　　　　　　014
Unit 1-8　　企業經營各種型態 Part I──按投資股權與
　　　　　　股票公開發行與否　　　　　　　　　　　　016
Unit 1-9　　企業經營各種型態 Part II──按營利與否及
　　　　　　擁有型態競爭結構　　　　　　　　　　　　018

第 **2** 章　　企業功能、管理功能、願景經營、
　　　　　　企業投入與產出

Unit 2-1　　企業經營管理矩陣　　　　　　　　　　　　022
Unit 2-2　　企業「願景」與「使命」　　　　　　　　　024
Unit 2-3　　願景經營(Visionary Management)　　　　　026
Unit 2-4　　情境規劃(Scenario Planning)　　　　　　　028
Unit 2-5　　企業投入與產出　　　　　　　　　　　　　030
Unit 2-6　　企業價值鏈(Corporate Value Chain)　　　　032
Unit 2-7　　製造業的營運管理循環 Part I　　　　　　　034
Unit 2-8　　製造業的營運管理循環 Part II　　　　　　　036
Unit 2-9　　服務業營運管理循環　　　　　　　　　　　038

本書目錄

第 3 章　企業經營長青成功之道與企業衰敗弊病

Unit 3-1	企業長青成功經營十大祕訣 Part I	042
Unit 3-2	企業長青成功經營十大祕訣 Part II	044
Unit 3-3	企業十大創新 Part I	046
Unit 3-4	企業十大創新 Part II	048
Unit 3-5	台積電前董事長張忠謀的經營教戰手冊	050
Unit 3-6	創新力組織致勝五大條件 Part I	052
Unit 3-7	創新力組織致勝五大條件 Part II	054
Unit 3-8	知名企業與企業家的經營理念	056
Unit 3-9	企業不景氣時自我診斷的六大重點	058
Unit 3-10	企業衰敗──凸顯十大弊病	060

第 4 章　企業與外部經營環境

Unit 4-1	企業為何要研究環境	064
Unit 4-2	企業與供應商環境	066
Unit 4-3	企業與顧客群環境	068
Unit 4-4	企業與競爭者環境	070
Unit 4-5	企業與產業環境	072
Unit 4-6	企業與經濟環境	074
Unit 4-7	企業與監測觀察環境	076

第 5 章　公司治理與企業社會責任經營

Unit 5-1	公司治理的源起及其優點	080
Unit 5-2	公司治理原則 Part I	082
Unit 5-3	公司治理原則 Part II	084
Unit 5-4	公司治理機制之設計	086

Unit 5-5　企業社會責任的定義及範圍　088

Unit 5-6　企業社會責任的活動及效益　090

Unit 5-7　企業社會責任的做法 Part I　092

Unit 5-8　企業社會責任的做法 Part II　094

Unit 5-9　企業社會責任的評量指標　096

第6章　SWOT分析與問題解決步驟

Unit 6-1　SWOT分析內涵及邏輯架構 Part I　100

Unit 6-2　SWOT分析內涵及邏輯架構 Part II　102

Unit 6-3　鴻海郭台銘解決問題的九大步驟 Part I　104

Unit 6-4　鴻海郭台銘解決問題的九大步驟 Part II　106

Unit 6-5　鴻海郭台銘解決問題的九大步驟 Part III　108

Unit 6-6　利用邏輯樹思考對策及探究原因　110

Unit 6-7　問題解決工具　112

Unit 6-8　問題解決實例　114

第7章　企業改革管理與會議管理

Unit 7-1　企業「改造革新管理」十項要訣　118

Unit 7-2　日本各大卓越企業經營改革與策略之實務啟示 Part I　120

Unit 7-3　日本各大卓越企業經營改革與策略之實務啟示 Part II　122

Unit 7-4　日本各大卓越企業經營改革與策略之實務啟示 Part III　124

Unit 7-5　會議的功能與如何開好會議　126

第8章　組織

Unit 8-1　組織設計之考慮　130

Unit 8-2　企業組織設計的四種類型 Part I　132

Unit 8-3　企業組織設計的四種類型 Part II　134

本書目錄

Unit 8-4　　組織變革的三種途徑　　　　　　　　　　　136

Unit 8-5　　管理幅度的意義及決定　　　　　　　　　　138

第 9 章　　規劃

Unit 9-1　　規劃的特性及好處　　　　　　　　　　　　142

Unit 9-2　　規劃的原因與程序　　　　　　　　　　　　144

Unit 9-3　　目標管理的優點及推行　　　　　　　　　　146

Unit 9-4　　企劃案撰寫的5W/2H/1E原則 Part I　　　　　148

Unit 9-5　　企劃案撰寫的5W/2H/1E原則 Part II　　　　 150

Unit 9-6　　好的規劃報告要點　　　　　　　　　　　　152

第 10 章　　領導(Leadership)

Unit 10-1　　領導的意義及力量基礎　　　　　　　　　　156

Unit 10-2　　領導三大理論基礎　　　　　　　　　　　　158

Unit 10-3　　成功領導者的特質與法則　　　　　　　　　160

Unit 10-4　　分權的好處及考量　　　　　　　　　　　　162

Unit 10-5　　領導人VS.經理人　　　　　　　　　　　　 164

第 11 章　　溝通協調與激勵

Unit 11-1　　溝通的程序與管道　　　　　　　　　　　　168

Unit 11-2　　組織溝通之障礙與改善　　　　　　　　　　170

Unit 11-3　　協調的技巧與途徑　　　　　　　　　　　　172

Unit 11-4　　馬斯洛的人性需求理論　　　　　　　　　　174

Unit 11-5　　常見激勵理論 Part I　　　　　　　　　　　176

Unit 11-6　　常見激勵理論 Part II　　　　　　　　　　 178

第 12 章　決策(Decision-making)

Unit 12-1	決策模式的類別與影響因素	182
Unit 12-2	管理決策上的考量與指南	184
Unit 12-3	如何提高決策能力 Part I	186
Unit 12-4	如何提高決策能力 Part II	188
Unit 12-5	如何提高決策能力 Part III	190
Unit 12-6	管理決策與資訊情報	192

第 13 章　控制與經營分析

Unit 13-1	控制類別與原因	196
Unit 13-2	有效控制的原則	198
Unit 13-3	控制中心的型態	200
Unit 13-4	企業營運控制與評估項目	202
Unit 13-5	經營分析的比例用法	204
Unit 13-6	財務會計經營分析指標	206

第 14 章　行銷管理

Unit 14-1	行銷管理的定義與內涵	210
Unit 14-2	行銷目標與行銷經理人職稱	212
Unit 14-3	行銷觀念導向的演進	214
Unit 14-4	顧客導向的意涵	216
Unit 14-5	為何要有區隔市場	218
Unit 14-6	S-T-P架構分析三部曲	220
Unit 14-7	如何在區隔市場及目標客層中致勝	222
Unit 14-8	產品定位的意涵與成功案例	224
Unit 14-9	行銷4P組合的基本概念	226

Unit 14-10　行銷管理操作規劃程序　228

Unit 14-11　行銷致勝整體架構與核心　230

Unit 14-12　行銷管理完整架構　232

第 15 章　人力資源管理

Unit 15-1　人力資源管理的意義　236

Unit 15-2　現代人力資源管理新趨勢　238

Unit 15-3　人力資源管理原則　240

Unit 15-4　人事議題至為重要　242

Unit 15-5　人力資源部門的功能　244

Unit 15-6　以「能力本位」的人力資源管理崛起　246

Unit 15-7　傑克・威爾許對人資的看法　248

Unit 15-8　不景氣下人力資源管理策略　250

Unit 15-9　如何做好人力資源規劃全方位發展　252

Unit 15-10　現代KPI績效評估法　254

Unit 15-11　360度評量制度　256

第 16 章　策略管理

Unit 16-1　何謂策略與波特教授對策略的定義 Part I　260

Unit 16-2　何謂策略與波特教授對策略的定義 Part II　262

Unit 16-3　國內外企管學者對「策略」的定義　264

Unit 16-4　策略的角色及功能　266

Unit 16-5　經營策略的三種層次 Part I　268

Unit 16-6　經營策略的三種層次 Part II　270

Unit 16-7　企業可採行策略類型及其原因　272

Unit 16-8　企業成長策略的推動步驟　274

Unit 16-9　波特教授「企業價值鏈」分析 Part I　276

Unit 16-10 波特教授「企業價值鏈」分析 Part II   278

Unit 16-11 波特教授三種基本競爭策略   280

Unit 16-12 波特教授的策略觀點   282

Unit 16-13 波特教授的產業獲利五力分析   284

第 ⑰ 章   財務管理

Unit 17-1   財務長的角色   288

Unit 17-2   財務長職責任務與原則   290

Unit 17-3   財務管理之功能   292

Unit 17-4   認識資產負債表   294

Unit 17-5   認識損益表   296

Unit 17-6   損益表分析能力   298

Unit 17-7   認識現金流量表   300

Unit 17-8   何謂財報分析及內容   302

Unit 17-9   何謂IPO   304

Unit 17-10 預算管理制度的目的及種類   306

Unit 17-11 投資人關係的對象與做法   308

Unit 17-12 IFRS適用範圍及時程   310

第 ⑱ 章   企業經營管理最新發展趨勢

Unit 18-1   公司經營基盤與公司價值鏈   314

Unit 18-2   何謂CSV企業？何謂CSR企業？   316

Unit 18-3   企業成長戰略的作法與面向   318

Unit 18-4   人才戰略管理最新趨勢概述   321

Unit 18-5   ESG實踐與公司永續經營   324

Unit 18-6   企業最終經營績效七指標及三率三升   327

Unit 18-7   戰略與Operation（營運力）是企業成功的兩大支柱   329

本書目錄

Unit 18-8　何謂兩利企業？ 331

附圖1　人才資本戰略總體架構圖 332

附圖2　集團、公司「全方位經營創新」架構圖（十大項目） 333

第 19 章　企業經營管理成功案例借鏡

Unit 19-1　揭開台積電的不敗祕密 Part I 336

Unit 19-2　揭開台積電的不敗祕密 Part II 338

Unit 19-3　全球最創新公司，竟是中國賣冰箱的 340

Unit 19-4　臺灣量販店第一名：好市多（Costco） 342

Unit 19-5　統一超商CITY CAFÉ一年賣3億杯，年營收130億元 344

第 20 章　成功企業領導者的經營智慧案例

案例一　日本7-ELEVEn前董事長鈴木敏文的經營智慧 348

案例二　日本UNIQLO連鎖服飾柳井正董事長的經營智慧 350

案例三　王品餐飲集團戴勝益前董事長 355

案例四　台積電前董事長張忠謀的經營智慧 357

案例五　奇異電機公司(GE)前執行長傑克・威爾許的經營智慧 358

第 1 章

企業的本質、資源型態與角色

●●●●●●●●●●●●●●●●●●● 章節體系架構 ▼

Unit 1-1　企業活動與參與者

Unit 1-2　企業的六大角色

Unit 1-3　企業二大目標——獲利並兼具企業社會責任

Unit 1-4　企業社會責任構面與支持論點

Unit 1-5　企業經營管理十大資源 Part I

Unit 1-6　企業經營管理十大資源 Part II

Unit 1-7　企業資源運作的十大目標

Unit 1-8　企業經營各種型態 Part I——按投資股權與股票公開發行與否

Unit 1-9　企業經營各種型態 Part II——按營利與否及擁有型態競爭結構

Unit **1-1**
企業活動與參與者

　　企業的本質（The Nature of Business）就是在提供優質的「產品」（Product）及「服務」（Service），以滿足消費者的需求，從而獲利；然後，再有力量擴大事業規模，提供消費者更多更好的產品及服務。例如，汽車廠提供轎車出售，而消費者購買之後，可以作為交通工具，亦可作為顯示身分的象徵（例如：賓士車），這就滿足了消費者有形及無形的生理與心理需求，而汽車廠則獲得收入與成本的差價利潤。

一、為什麼要研究「企業」

　　企業很重要，因為一個社會有三種生生不息的營運系統，即：1.政府服務系統。2.非營利企業系統（例如：學校、醫院、基金會、功德會等）。3.營利企業系統。

<企業將是每個人至少25年以上朝夕相處的工作場所>

　　事實上，絕大部分的人都是在營利企業上班，因此企業是大多數人就業的場所及收入來源。當民營企業發展不佳時，社會就會出現失業率，也就會顯得不安定。就一般人而言，大概至少要花25年以上時間，在企業界上班做事賺薪水。

　　另外，企業也是整個社會日常活動的重心所在，它提供產品與服務給所有社會大眾，它是所有社會進步與服務的最大推力。試想，除了學生以外，一般上班族、家庭主婦或退休人員，每天必須接觸營利企業所提供的產品及服務，不管吃的、用的、住的、穿的、看的等，均與營利企業息息相關。

　　因此，企業實在太重要了，每個人都應該了解企業。

二、企業活動與參與者

　　企業活動的系統，包括三大類：企業主（必定是公司的大股東、董事會成員、董事長或總經理）、員工以及顧客（消費者）。

　　（一）企業主：企業主提供了企業營運所必須的資金來源，包括股東自己的資金以及向銀行融資的資金。在臺灣，企業主經常就是董事長，但在美國則就不完全是如此。企業主可能是董事會成員，但會另聘專業人士擔任執行長、總經理或總裁。

　　（二）員工：對於員工，企業主則必須展開管理功能，以計畫、組織、領導、指揮、協調、溝通、激勵及考核員工的所有作業，達成企業獲利目標。

　　（三）顧客：而對於顧客，企業主則必須督導所屬員工展開市場調查、消費者研究、產品設計、廣告活動、促銷活動及人員銷售或通路銷售等，讓公司的產品或服務能得到顧客的認同及喜愛，而願意花錢購買。

社會有三種活動系統，而企業系統最重要

1. 政府服務系統

2. 非營利企業系統

社會
三大支柱

社會有三種活動系統，而企業系統最重要

3. 營利企業系統

企業活動與參與者

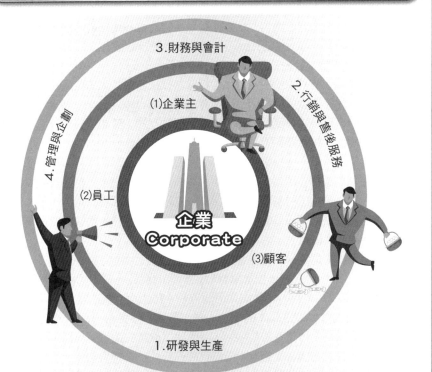

3. 財務與會計

2. 行銷與售後服務

4. 管理與企劃

(1) 企業主

(2) 員工

企業
Corporate

(3) 顧客

1. 研發與生產

Unit **1-2**
企業的六大角色

企業經營與管理活動，在各種層面上分別扮演著非常重要的角色，它對國家經濟成長的帶動、國家綜合國力增長、促進社會脈動活力、提高國民就業與所得水準，以及建立與國際世界各國之交流往來，都有著非常關鍵的角色。我們可以這樣說，企業的經營管理活動，帶動著整個人類社會與文明的不斷進步。茲就企業經營管理在各種構面所代表之功能與角色，分述如下：

一、在產業界中的角色——實踐者與進步者

國家社會基本上是由政府與企業所構成，政府提供服務角色，而企業則是經濟與產業發展的實踐者。企業從產品研發、生產製造、銷售、物流配送到售後服務等，都是在實踐企業的營運與追求高績效，並帶動整個產業的進步與繁榮，而企業界係最佳實踐者。

二、在政府關係中的角色——提供者

國家政府稅收的主要來源，絕大部分來自於企業界的繳稅，包括營利事業所得稅、營業稅、關稅、土地增值稅等。政府由於稅收來源，因此能夠展開各項國家建設。企業係稅收預算收入的最大提供者。

三、在社會層面的角色——服務者

企業經營活動涉及到上游供應商、下游顧客、海外市場及內銷市場，亦涉及到物流運輸、金融交易往來等活動，而企業界就是活絡社會各種活動的主要脈動推動者。在資本主義世界中，社會活動遠比共產主義世界中更為活躍有力。

四、在世界體系中的角色——交流者

企業在經營上，有些原物料及零組件採購必須來自國外，有些產品的銷售也必須賣到海外市場，而研究發展與技術研發，有些也必須與國外合作。因此，在國際間的資源往來、技術合作、人員交流、商品買賣、運輸互通、資訊情報交流、策略合作、商標授權等，使企業在世界各國交往體系中扮演著交流者角色。

五、對企業內部的角色——捍衛者

企業對公司內部的投資者，包括董事會成員及一般小股東，扮演著投資報酬的捍衛者角色。而對全體員工的薪資與福利保障，也扮演著捍衛者的角色。因此，企業追求獲利與創造高股價及高市值，就成為其最經濟的經營目標，然後才能捍衛董事、股東及員工三者之最大福利。

六、對傳統與現代化角色——轉型者

企業在進入21世紀之後，由於無線數位科技的突破、網際網路與電子商務的普及、WTO（世界貿易組織）精神與適用的普及、市場與產業的全球化、跨國投資的成長、購併活動盛行、資金成本的下降、員工教育程度的提升，以及競爭激烈等演變，使得企業必須跳脫傳統框架的限制，而轉向以改革、創新與科技為導向的新事業典範。因此，企業又扮演著從傳統走向現代的創新改革轉型者角色。例如，智慧型手機、平板電腦、大尺寸液晶電視、油電混合汽車、網路購物、手機APP……等之出現與創新。

企業經營管理在全方位社會中所扮演的六種角色

1.產業角色 ——
實踐者與進步者

2.政府角色 ——
提供者

6.傳統與現代
角色 —— 轉型者

**企業的
六大角色**

5.企業內部角色 ——
捍衛者

4.世界角色 ——
交流者

3.社會角色 ——
服務者

企業對社會貢獻角色

① 國家納稅（營所稅）來源

② 產業創新來源

③ 全球進出口貿易交易者

④ 員工就業提供保障者

⑤ 整體社會進步來源

Unit **1-3**
企業二大目標──
獲利並兼具企業社會責任

一、獲利（Profit）：稅後純益額、EPS、ROE三高目標

只要是營利企業，必然都以追求獲取「利潤」（Profit）為最大與最主要的目標，以向所有股東及董事成員負責。因為不賺錢的企業是浪費社會資源，且對不起所有出資的股東，以及廣大的投資大眾。因此，沒有一家長期虧損的企業是值得繼續營運下去，因為股東不支持。而企業獲利就會表現在其股價的上升及公司總市值（Market Value）的提高。只要公司股價及公司總市值上升，大眾股東就獲得投資報酬的回饋。目前，在實務上，企業獲利的指標，除了稅前淨利額外，最主要是看每股盈餘（EPS）的高低及股東權益（ROE）報酬率的高低，這些最後都會反映在公司股價上。（註：EPS＝稅後純益額÷在外流通總股數；ROE＝稅後純益額÷股東權益總額。）

二、社會責任（Social Responsibility）

當然，企業的目標，並非只有賺錢獲利而已。一個廣受社會大眾所肯定的企業，還必須兼具擔負社會責任。亦即，企業獲利取之於社會，應該回饋於社會。因此，國內企業也常成立各種文教基金會、公益基金會或財團法人等，以具體行動，用資金、物品或服務，為社會弱勢族群、學生、病患、低收入戶、兒童、老人等提供資源與贊助，希望他們的生活得到照顧。因此，有些企業在風災、地震時，捐獻給受災戶；有些企業捐獻電腦與軟體給偏遠學校；有些企業提供獎助學金給學生；有些企業則贊助養護社區公園。

總之，企業的社會責任及道德，已成為企業存在與追求之不可推卸的企業責任。若輕忽此種社會責任，則經常會被冠上不義財團或政商勾結的不好印象。

三、社會責任觀點的演變

在工業革命與資本主義盛行之後，當時的社會責任觀點是以公司股東為唯一對象。因為股東是私有企業的所有權者，亦即是老闆。企業經營的最後責任就是對這些股東負責，盡力為他們賺取最大的利潤。

1970年代後，美國已進入「富裕社會」，然而在富裕中仍有貧窮、種族歧視、產品危害、水汙染、空氣汙染、職業安全、失業及福利不足等問題層出不窮；導致大眾及政府對企業之社會責任問題有了新的觀點：那就是企業不應僅以追求利潤最大化為目標，而應付出一部分心力在客戶與廣大的社會群眾需求上。因此，社會責任形成企業關注與討論的焦點。

四、社會責任的重要性

社會責任與道德（Ethic）對企業很重要，因為它對企業與消費者雙方之間建立了信任及信心。不合道德的、不善盡社會責任的任何行為，都將為企業帶來負面聲譽、銷售減少、市場占有率下降，甚至消費者會採取法律控訴行動。

而有深度社會責任及道德的企業，將會獲得消費者的信任與尊敬，以更遠大的眼光來看，將會形成顧客的忠誠及口碑，更有助於企業的銷售及獲利。

企業獲利三大指標

1.純益額
（淨利額）

3.ROE
（股東權益
報酬率）

2.EPS
（每股盈餘）

企業經營二大目標

1.企業獲利
（Profit）

$

＋

2.善盡企業社會責任
（Corporate Social
Responsibility）

＝

企業經營總目標

企業　→　從社會群體中
獲利　→　再回饋給
社會群體

・捐助獎學金
・捐助弱勢族群
・捐助公益活動

Unit **1-4**
企業社會責任構面與支持論點

圖解企業管理（MBA學）

一、社會責任的構面

　　企業的社會責任包括四個構面，即經濟的、法律的、倫理的以及自發性的。

　　（一）企業的「**經濟責任**」：所謂企業的經濟責任，係指企業應該以公正合理的價格與適當的品質，將產品或服務供應到消費者市場，並充分有效率地使用其資源，此乃企業之經濟責任。

　　（二）企業的「**法律責任**」：企業運作是在一個社會體系內，因此必須遵守政府所訂的各項制度、規章及法律，並且以符合社會正常慣例加以營運。企業應避免違反法律，而使社會失序。

　　（三）企業的「**倫理責任**」：人性有人性的倫理，企業也有企業的倫理。企業的倫理責任，就是所提供之產品或服務，必須有益於消費者或無害於消費者。此外，在產銷過程中，其所產生之外部成本必須降到最小，不可形成大眾所負擔的社會成本與民眾損失。例如，不要製造假酒、或用壞掉的原物料加工製成食品販售，也不要銷售過期的不良商品。

　　（四）企業的「**自由裁量責任**」：所謂企業的自由裁量責任，係指企業對於非法律規定，亦非絕對義務之社會事務，企業得自由裁量是否必須去做。例如，慈善事業、文教獎金、捐助地方政府、公益廣告等均屬之。

　　綜合以上說明，我們可以對「社會責任」定義為：「企業的社會責任，包括經濟、法律、倫理與自由裁量，它是社會一直期望企業承擔與實現者。」因為只有企業有資源力量、有能力、有財富去執行這些工作。

二、支持社會責任論點

　　在支持社會責任的理念上，主要有以下論點：

　　（一）社會責任「**最符合企業的長期利益**」（**Favorable Long-run Result**）：善盡社會責任之企業，能獲取消費者之信賴，樹立良好企業形象，並能招攬優秀人才，對企業之長期利潤獲取及扎根，應予肯定。

　　（二）擔負社會責任「**可以提升公司的公共形象**」（**Good Corporate Image**）：善盡社會責任之企業，真正做到所謂的「取之於社會，用之於社會」之最高精神。再透過媒體報導，企業最佳之公共形象便可深植於大眾心中。

　　（三）企業擁有豐富資源，是有能力做到的（**Enough Capabilities To Do**）：企業體內擁有諸如人力、物力、財力、設備等各種豐富資源，對社會問題之解決，因而有十足能力做到，因此，應該善盡企業責任。

　　（四）避免政府立法限制：政府若立法，對企業可能造成更大限制與衝擊，因此，不如主動就其能力所及，善盡企業之社會責任，使其減少損失。

企業的社會責任金字塔

4.
自發的責任
做好企業公民角色，
對社會及人民做出貢獻

3.道德與倫理的責任
合乎道德，做正確、公平的事，
避免造成傷害

2.法律的責任
遵守政府法律及各種產業遊戲規則

1.經濟的責任
獲取利潤

企業何以必須善盡社會責任之五大原因

1.最符合
企業的
長期利益

5.企業主最高之
自我實現理念

企業
社會責任

2.可以提升公司的
企業形象

4.避免屆時被政府
立法管制

3.企業資源雄厚
應有能力做到

Unit **1-5**
企業經營管理十大資源 Part I

　　對於企業管理的基本認識，應該從企業必須擁有哪些資源開始思考，然後這些資源經過周全與良好的價值鏈運作搭配過程，企業終於能夠產生獲利，並達成其存在的使命。由於本主題內容豐富，特分兩單元介紹。

一、企業經營管理的「內部資源」

　　企業經營管理能夠獲得順暢運作，並在競爭環境中取得優勢及市場地位，主要是源於公司內部資源擁有的多寡及其素質如何而定。一般來說，企業的內部資源大致可包括以下十種：

（一）企業的「人力資源」（Human Resources）

　　人是組織運作的基本單位，亦是影響組織成效的根本核心因素。而人力資源的思考重點，就在於公司是否擁有優秀的人才團隊、幹部團隊及經營團隊。而這些人才團隊彼此之間又是否能溝通協調、團結合作，發揮最大的人力潛能。

（二）企業的「資金資源」（Capital Resources）

　　企業的財務資金，可說是企業的心臟中樞，一旦財務資金管理不當而造成短缺匱乏時，企業就有可能無法營運。因此企業如何從內部及外部來源，取得適時、適當的資金資源以保持心臟適當的跳動，也是非常重要之事。尤其，很多大企業其實也常向銀行進行聯貸，取得銀行大量資金奧援，才能有效擴張事業版圖。資金是企業集團擴張版圖的最重要力量之一，因為，有了充分的資金，就能找到好的人才團隊及購置土地、廠房與設備。

（三）企業的「機械設備資源」（Equipment Resources）

　　機械設備是企業製造產品或提供服務的必須設施條件。企業如何取得一流先進的精密與自動化機械設備，透過很好的製程管理，製造出最適品質的產品，才能具備市場競爭力。

（四）企業的「資訊資源」（Information Resources）

　　企業營運自然要蒐集企業內部的營運數據資訊及外部環境變化的資訊情報，才能策定因應的對策與行動方案。因此，企業內部常設有經營分析單位或企劃單位，大抵就是從事這方面的工作。企業資訊來源可以區分為公司內部資訊及外部市場資訊二種。

（五）企業的「物力資源」（Material Resources）

　　企業必須採購原物料或是零組件，然後透過生產過程或是組裝加工過程，最後才能做出產品，提供給顧客。因此，物力資源掌握良好，才能使生產作業順暢。特別是一些關鍵的零組件來源，如果國內外供應商很少的話，就經常被上游供應商所控制，包括價格及供應數量。

企業經營管理的十大內部資源

- 10.組織文化資源
- 9.信譽資源
- 1.人力資源
- 8.品牌資源
- 企業經營管理資源
- 2.資金資源
- 7.時間資源
- 3.機械設備資源
- 6.市場行銷資源
- 4.資訊資源
- 5.物力資源

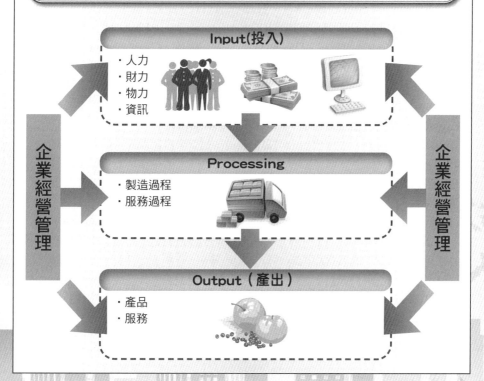

企業投入與產出

Input(投入)
- 人力
- 財力
- 物力
- 資訊

Processing
- 製造過程
- 服務過程

Output（產出）
- 產品
- 服務

企業經營管理

Unit **1-6**
企業經營管理十大資源 Part II

（六）企業的「市場行銷資源」（Marketing Resources）

企業必須將製造出來的產品或是服務賣出去，才能產生毛利額，然後扣掉管銷費用，才能產生最後的獲利。因此，企業的外銷業務部門、內銷的業務部門、各店面、各通路關係資源等，就形成行銷獲利產生的直接資源。因此，如何有效管理好直接及間接的行銷通路資源，將是重點所在。

（七）企業的「時間資源」（Time Resources）

企業經營好一些、差一些，有時候是有時間因素的考量。例如：有些產品有淡旺季之分，有些產品也有成長期與成熟期之分，有些則面對經濟景氣或不景氣階段，因此時機（Timing）資源的掌握運用也是一項重要因素。古人說：「天時、地利、人和」，天時即為此意。三國時代諸葛孔明要攻打曹操大軍曾說過：「萬事具備，只欠東風」，亦是在等待東風掀起的天時機會到來。就組織代用語來說，就是指如何及時卡位成功。

（八）企業的「品牌資源」（Brand Resources）

品牌已成為愈來愈重要的無形寶貴資源。尤其像跨國企業之所以能在全球各地所向無敵進出，就是因為它有一個全球性品牌。例如，像IBM、花旗銀行、P&G、三星手機、Apple、McDonald速食、TOYOTA汽車、微軟辦公室軟體、7-11便利超商、可口可樂、iPhone手機、新加坡航空、Nissan汽車、BENZ汽車、BMW汽車、HAYATT大飯店、CNN新聞、Disney樂園、LV、Dior、Chanel、Gucci名牌商品，及Panasonic、Acer、Asus、hTC、Giant、康師傅、統一等品牌，已成功對消費者爭取情感、認同、信賴、忠誠與生活的結合。品牌資產（Brand Assets）已被鑑定具有無上價值。

（九）企業的「信譽資源」（Reputation Resources）

信譽資源已變得日益重要，公司是否誠信、是否大家都說好、是否能長期累積成良好的企業形象，而獲得該產業界及社會大眾的認同，將是非常寶貴的資源。因此，企業不僅努力經營好的營運績效，重視社會公益活動，並且成立各種文教基金會、慈善基金會等，扮演好企業公民（Corporate Citizen）的角色。

（十）企業的「組織文化資源」（Organizational Culture Resources）

只要是二、三十年以上的企業，都可看出他們各自特有的企業文化及組織文化。有些公司重視公平、有些重視創新、有些重視績效、有些重視品質，而這些都會成為全體員工心中的引導與指針，並成為無所不在的心靈規範，甚至成為團結凝聚力的自然力量來源。所以我們可以看出來，凡是經營成功的企業，必有它們獨特的組織文化及企業文化，此種資源已內化在每一個成員心中及行動之中。

企業二大類有形與無形資源

 有形資源

- 1.人力、人才資源
- 2.資金資源
- 3.機械設備、廠房資源
- 4.物力資源
- 5.資訊資源

 無形資源

- 1.組織文化資源
- 2.信譽資源
- 3.品牌資源
- 4.時間資源
- 5.市場行銷資源

企業總體資源

企業資源與企業競爭力關係

 有形資源

無形資源

資源如果強大與雄厚

企業總體競爭力就領先

市場占有率就會領先

思考如何持續強化企業資源

企業領導者與經營團隊

思考：如何持續強化企業資源，打造無與倫比的總體競爭力。

Unit 1-7
企業資源運作的十大目標

前面所提到的各種企業內部資源，在營運過程中，我們希望它們都能產生應有的功能，而能達成基本目標，這些目標包括：

一、「決策性」運作目標（Decision-making）
對企業資源運作要下達之決策為何。

二、「成長性」運作目標（Growth）
企業資源運作要促進公司的成長，形成一個接續的成長型企業。

三、「流動性」運作目標（Liquidity）
企業資源不能有所閒置，應充分發揮流動功能，包括處分掉或是啟動運用。

四、「效率性」運作目標(Efficiency）
企業資源的投入與產出比，要追求最大效率。亦即在一定投入下，希望有最大產出量，並且在最快時間內達成既定目標。

五、「收益性」運作目標（Revenue）
企業資源最後當然要重視它的收益性及獲利性，才能有力量再做其他發展。因為，企業可以拿賺來的錢，再去做新的投資與新的研發。

六、「規模性」運作目標（Scale Economy）
企業必須有規模經濟運作，才可以有競爭力。生產量太少或連鎖店不夠多，均將使得成本提高，無法跟大企業相抗衡。另外，國際化及全球化也是大規模的必走之途。

七、「安定性」運作目標（Stability）
企業經營必須在既有良好基礎上尋求擴充，不能過於急速擴充，例如：進入本身企業所不熟悉的事業領域，或是超出自身資金力量所能負荷。因此必須重視安定性，包括財務結構與營業結構的安定性在內。

八、「生產性」運作目標（Productivity）
企業資源希望每一項的資源都能派上用場，都能發揮它應有的功能及生產力。企業每一個人、每一塊錢、每一項物料，都能有生產力價值，沒有生產力的話，就是冗員、冗資及冗物，反而形成企業的沉重包袱及進步障礙。

九、「速度性」運作目標（Speedy）
企業經營所面對的今日環境，是高度變化與競爭激烈的，今日擁有第一名市場地位，明天有可能被追趕過去。因此，必須隨時檢視市場與顧客的意見，及時予以回應。

十、「創新性」運作目標
美國策略大師Gary Hamel在其《啟動革命》著作中，曾提出影響21世紀企業經營成效的關鍵力量，是I的力量，即創新（Innovation）的力量。經濟學大師熊彼德亦曾提出「創新性的毀滅」經濟理論。這些都在在指出，創新的必要性及重要性，因為經營者都知道，沒有創新就不會有領先。例如：Apple公司的iPod、iPhone、iPad，就是該公司不斷創新價值的最佳成果。

企業資源運作的十大目標

企業資源運作目標

① 決策性運作目標
② 成長性運作目標
③ 流動性運作目標
④ 效率性運作目標
⑤ 收益性運作目標
⑥ 規模性運作目標
⑦ 安定性運作目標
⑧ 生產性運作目標
⑨ 速度性運作目標
⑩ 創新性運作目標

企業資源操作目標

2.收益(Profit)
（不賺錢企業就會關門）

1.成長(Growth)
（不成長，就沒有未來）

6.效率(Efficiency)
（動作快、執行力強）

企業資源操作目標

3.規模(Scale)
（規模太小就不會有競爭力）

4.速度(Speed)
（領先速度，才可以贏對手）

5.創新(Innovate)
（創新才能領先對手，開創出新市場）

Unit 1-8
企業經營各種型態 Part I
——按投資股權與股票公開發行與否

一、按投資股權型態區分

（一）**獨資**：投資者為個人，可能是一個獨資店面或獨資公司。

（二）**合夥**：如二人以上的投資者合夥，也可能是三人、四人合夥。

（三）**公司**：股份有限公司指一人以上之股東所發起組織而成，全部資本分為股份，股東就其所認股份對公司負責。即股東之責任是有限的，不管公司最後負債多少，與既有股東並不相干。目前一般中大型企業，大致均以股份有限公司所組成。

二、按股票公開發行與否的型態區分

（一）**未公開發行公司**：比較屬於老闆個人化、家族化經營的企業，賺錢與否，不想讓外人知道。

（二）**公開發行公司**：指資本額二億以上公司，必須依法公開發行，亦即財務報表必須公開透明，而且相關申請作業均須受金管會之證期局管理，包括現金增資及盈餘轉增資等計畫。一般中大型公司，也必然會正式申請公開發行，而讓所有基本營運及財務均堂堂正正公開透明化。

1.公開上市、上櫃公司（Public Corporation）指經向金管會證期局申請並經券商輔導，及通過相關規定審核後，准予公司在證券市場及店頭市場上市或上櫃之公司。迄今臺灣約有2,500多家上市、上櫃公司。一般企業，大都以追求上市為目標，因為上市後可從證券資本市場取得較低成本的資金來源，而且股價高時可獲得財務利潤，形成高市值公司。

2.通常「首次公開上市」英文稱為「IPO」（Initial Public Offering），尤其是赴海外上市作業，均稱為IPO作業。目前，臺商企業赴海外上市，過去以香港證券市場、美國Nasdaq證券市場、紐約（NYSE）證券市場、新加坡證券市場較為常見。現在，由於臺商以中國大陸投資為主，因此，以中國上海及深圳股市（稱為深滬投市）為主，由中國國務院證監會管理。公開上市公司係指股票人人均可購買或出售交易的股份有限公司。

3.任何一家股份有限公司，均含有其董事會（Board of Directors）。其董事成員均是由大股東所選出來的一群人，係監督公司重要營運活動、長期目標及重要策略的最高決策單位。董事會可以任命董事長、總經理及高階副總經理之人事決策，而董事會成員可以是出資的。

大股東或是高階主管，也可以是獨立董事的外部學者、專家等成員。而股份有限公司的股票，則可以區分為優先股及普通股。一般都是以普通股最為常見。

公司型態之一

1.獨資
100%自己出資

2.合夥
多數股權
均等股權
少數股權

3.公司

公司型態之二

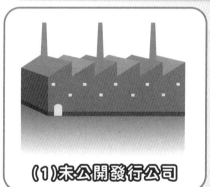

(1)未公開發行公司

(2)公開發行公司

首次公開上市掛牌公司

IPO	公司首次掛牌上市 （Initial Public Offering）
董事會	公司最高決策機構 （任命董事長、總經理、 各部門副總經理） 決策一切重大營運事項

Unit **1-9**
企業經營各種型態 Part II
——按營利與否及擁有型態競爭結構

一、按營利與否型態區分

（一）營利企業（**Profit Business**）：企業的目的，是以營利為首要目標，一般的企業均屬營利企業。

（二）非營利企業（**Nonprofit Business**）：企業的目的，是以服務性或公益性為首要目標。例如，宗教團體（慈濟功德會、中台禪寺）、學校（大專院校）、醫院（長庚、國泰醫院）、文教基金會（富邦、國泰、新光、東森、台積電）及社會救援基金會等。非營利事業若有賺錢時，依法令規定是不可以將盈餘分配給董事會成員的，只能再做相關事業領域的投資。例如，臺北長庚醫院到高雄、基隆等地，再興建分院。

二、按擁有型態區分

（一）國營企業（**Government Business**）：股權全部或大部分為政府經濟部、財政部、交通部等持有。例如，臺電及中油公司等。由於政府國營事業民營化政策的推動，真正屬於國營企業的家數，已日益減少了。例如，中華電信公司已讓出政府股份給民間投資人。中華電信公司多次釋股，已由民間企業集團（例如，富邦金控、台灣大哥大等）大量認購。

（二）民營企業（**Private Business**）：股權全部或大部分為民間企業所擁有。臺灣絕大部分均屬民營企業，其所有股權均為社會大眾所持有，當然他們只是小股東，大股東還是集中在董事會或法人公司手上。

三、按註冊地申請型態區分

（一）當地企業或國內企業（**Domestic Business**）：向管轄當地的行政單位申請註冊之公司，國內大部分的企業均屬之，又稱為本國企業、本土企業或當地企業。

（二）外商企業（**Foreign Business**）：在非當地管轄的行政所在地申請註冊，且其主營運地與註冊不同，而是集中在營運地。例如，美國IBM、HP、可口可樂、P&G等及日本東芝、日立、三菱、伊藤忠、SONY、TOYOTA等，在臺灣均稱為美商或日商公司，均在臺灣申請註冊登記（經濟部發給公司執照），並實質展開營運活動。

（三）海外子公司：公司設總部在臺灣，但在海外相關國家申請登記並營運，具有法律上的實質獨立法人性質，是為海外子公司。例如，統一上海公司，即為統一企業在中國大陸的海外子公司。或是台塑美國公司，即為台塑企業在美國的海外子公司。該子公司也可在美國紐約證券市場申請上市。

海外子公司與分公司是不同的，子公司是完全營運實體。子公司英文稱為「Subsidiary」，而分公司稱為「Branch Office」。分公司的功能是少於子公司的。

四、按市場競爭結構型態區分

(一)獨占企業(Monopoly Business)：指全市場被唯一一家企業所獨占經營，例如臺電公司、自來水公司等完全沒有市場競爭壓力。

(二)寡占企業(Oligopoly Business)：指市場被二到三家少數企業所經營，例如，中油公司與台塑石油公司稱為雙頭寡占；市場競爭壓力很小，經常會合作壟斷。

(三)獨占性競爭：指全市場被四～六家企業所經營，競爭性較高一些。例如：便利超商全臺只有四家連鎖，即統一超商、全家，萊爾富及OK。超市全臺有全聯福利中心、頂好、city supers等。

(四)完全競爭：指市場的進入門檻很低，隨時都可以進入，競爭性非常高。例如，街道邊的麵店、餐飲店、飲料店等。

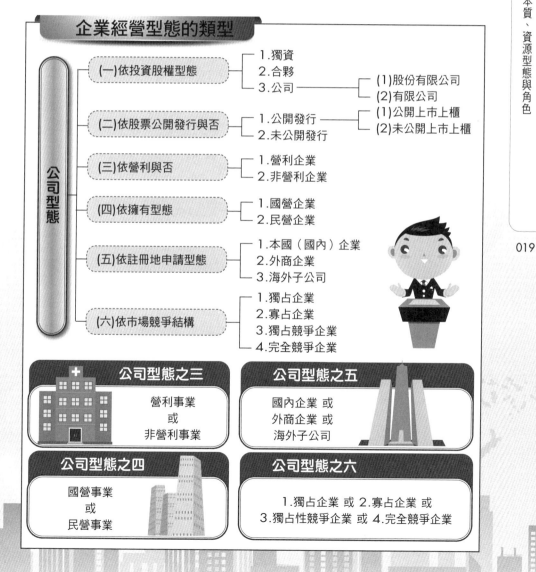

第**2**章

企業功能、管理功能、願景經營、企業投入與產出

●●●●●●●●●●●●●●●●●●●●●●●●●●●●●● 章節體系架構▼

Unit 2-1　企業經營管理矩陣

Unit 2-2　企業「願景」與「使命」

Unit 2-3　願景經營（Visionary Management）

Unit 2-4　情境規劃（Scenario Planning）

Unit 2-5　企業投入與產出

Unit 2-6　企業價值鏈（Corporate Value Chain）

Unit 2-7　製造業的營運管理循環 Part I

Unit 2-8　製造業的營運管理循環 Part II

Unit 2-9　服務業營運管理循環

Unit **2-1**
企業經營管理矩陣

一、企業經營管理矩陣：企業功能＋管理功能

企業經營管理的內涵，包括二種大構面：一是企業功能，二是管理功能。

這兩者交叉，形成了企業經營管理的矩陣，如右頁圖表所示。

（一）管理功能（Management Function）

即規劃、組織、領導、決策、溝通、協調與控制、考核。

（二）企業功能（Business Function）

即生產、行銷、研發、採購、企劃、財務會計、資訊、法務、人力資源、全球運籌、工業設計、稽核、行政總務、公關等。

此兩種功能交叉形成如右頁圖表所示，此表示每一種的企業功能的運作中，都須掌握好五項管理功能，則自然能把企業經營得當。

二、企業各單位主管名稱

國內企業最高主管與領導人，自然是董事長，然後是總經理或執行長，再來可能是執行副總與副總經理等一級主管所組成。

國內：董事長→總經理→執行副總→副總，但在國外企業或外商企業比較流行各長制度。例如：

1. CEO ：執行長（Chief Executive Officer）。
2. COO ：營運長（Chief Operation Officer）。
3. CTO ：技術長（Chief Technology Officer）。
4. CLO ：法務長（Chief Law Officer）。
5. CFO ：財務長（Chief Financial Officer）。
6. CSO ：策略長（Chief Strategy Officer）。
7. CMO：行銷長（Chief Marketing Officer）。
8. CAO ：會計長（Chief Accounting Officer）。
9. CFO ：工廠長（Chief Factory Officer）。

三、專長分工、專業分工

在企業實務上，仍然依照每個部門及每個人的專長而分工。除了董事長及總經理應該了解全方位工作之外，其餘部門副總經理或各長，通常只要懂他們各自的專長即可。因此，一般而言，每個上班族基本上只要懂得自己部門的事情，並把它做好就可以了。除非要升上總經理、執行長或執行副總，則須各部門的工作都要了解一些才行。

「企業功能」與「管理功能」之矩陣表

(二)企業功能 \ (一)管理功能	1.規劃	2.組織	3.領導、激勵與決策	4.溝通與協調	5.控制與考核
1.研發、商品開發					
2.採購					
3.生產、品管、委外代工					
4.行銷/業務					
5.人力資源、人事管理					
6.財務會計、經營分析					
7.策略規劃					
8.法務					
9.資訊					
10.全球運籌（物流）					
11.工業設計、商業設計					
12.稽核					
13.行政總務、管理					
14.公關					

管理五機能與管理四聯制

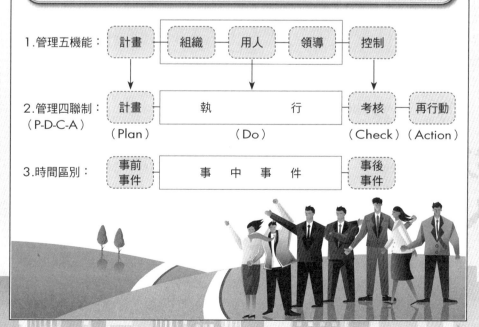

1. 管理五機能： 計畫 → 組織 → 用人 → 領導 → 控制

2. 管理四聯制：（P-D-C-A） 計畫（Plan） → 執　　　行（Do） → 考核（Check） → 再行動（Action）

3. 時間區別： 事前事件 → 事　中　事　件 → 事後事件

Unit 2-2
企業「願景」與「使命」

「世界瞬息萬變，FedEx使命必達」這句廣告標語我們經常可在電視廣告看到，起先都是摸不著頭緒的廣告劇情，有溫馨、趣味，甚至驚悚，等到我們快要了解時，末尾就會出現這句標語。這句標語可說是Federal Express（美商聯邦快遞）的企業使命；然而什麼是企業「願景」？與企業「使命」又有何不同？兩者有無關聯性？釐清這些之後，我們會發現企業的現在與未來已明確勾勒在眼前。

一、企業願景

企業發展願景是最常被企業界所引用的。企業「願景」（Vision）則是一種對公司終極發展成果的統括性理想與目標，而能讓全員共同追尋的一種信仰力量與奮戰依循之所在。

而願景與使命是一種互補的功能，兩者之間形成以下三個構面的關聯：

（一）**使命**：即本公司的事業是什麼？將為顧客貢獻些什麼？

（二）**核心專長**：即本公司能夠為顧客創造出更高價值的既有經營資源與能力。

（三）**戰略的方向**：即本公司與競爭對手相較的成長性、獲利性、市占率等目標。

為讓讀者對企業願景有更明確的了解，茲列舉以下案例，以供參考：

1.民視願景：咱臺灣第一名的電視臺。2.豐田汽車願景：全球第一大汽車廠。3.裕隆汽車願景：臺灣能夠自創品牌的優質汽車廠（Luxgen；納智捷）。4.迪士尼樂園：全球最好的主題遊樂園。5.時代華納：全球最佳的電影製作公司。6.統一超商集團：臺灣最大零售流通業集團。7.台積電：全球最大晶圓半導體製造商。

二、企業使命

企業「使命」（Mission）並不是一個空洞而不著邊際的名詞。企業使命是在告訴大眾本公司的事業何在，以及本公司將為顧客貢獻些什麼。

我們以鴻海公司為例，其所設定的使命是：「為全球大型資訊、通訊大廠，提供最大規模經濟量與技術最先進專業電子代工服務大廠」。在這個企業使命陳述中，至少揭示了公司的定位、顧客、主力產品、事業範疇與發展目標等具體事項。

而構成企業使命的要素如下：1.明確理解本公司的顧客是誰；2.主力商品或主力服務是什麼；3.在什麼市場展開事業拓展與競爭；4.技術面有何優勢；5.持續性成長的目標與財務的健全狀況如何，6.追求什麼樣的定位優勢，以及7.為顧客達成何種理想目標與境界。

為讓讀者對企業使命有更明確的了解，茲列舉以下案例，以供參考：

1. 迪士尼樂園使命：帶給全地球人最大快樂的地方。
2. 臺大醫院使命：以超高技能與視病如親的精神，為所有病患提供最佳的醫療診斷與服務。

願景與使命的關聯

1.使命
・本公司的事業是什麼？
・將為顧客貢獻些什麼？

2.核心專長
・能夠為顧客創造出更高價值，以及在激烈競爭中的核心經營資源與能力。

3.戰略的方向
・與競爭對手相較的成長性、獲利性、市占率等目標與策略方向何在？

願景（Vision）
一種統括的最終達成之理想與目標，能夠讓全員共同追尋的。

企業使命構成七要素

哪些要素構成企業使命（Mission）？

① 明確理解本公司的顧客是誰？

② 主力商品或主力服務是什麼？

③ 在什麼市場展開事業拓展與競爭？

④ 技術面有何優勢？

⑤ 持續性成長的目標與財務的健全狀況如何？

⑥ 追求什麼樣的定位優勢？

⑦ 為顧客達成何種理想目標與境界？

知識補充站

台積電的願景與使命

願景

成為全球最先進及最大的專業積體電路技術與製造服務業者，並且與台積電無晶圓廠設計公司及整合元件製造商的客戶群，共同組成半導體產業中堅強的競爭團隊。為了實現此一願景，台積電必須擁有三位一體的能力：1.是技術領導者，能與整合元件製造商中的佼佼者匹敵。2.是製造領導者。3.是最具聲譽、以服務為導向，以及客戶最大整體利益的提供者。

使命

作為全球邏輯積體電路產業中，長期且值得信賴的技術及產能提供者。

Unit 2-3
願景經營（Visionary Management）

　　我們常聽到「夢想有多大，世界就有多大」的願力說法，但真實性如何？當過Top Sales的美國房地產富豪唐納‧川普，以他一生的成就告訴世人：「你的夢想有多大，成就就有多高，因此不管你做什麼，都要胸懷大志，要為自己訂下遠大的目標，把自己塑造成能完成那項目標的人」，而他也印證了這個說法。此說法套用在企業，也是一樣可行。

一、何謂願景經營

　　所謂「願景經營」（Visionary Management），就是企業經營者要把企業最終的經營目標帶往何處、帶向何方、成就什麼偉大目標。人有願景，才會有活下去的力量；企業有願景，也才會不斷提升競爭力，邁向最高、最遠的目標。試舉例如下：

　　（一）美國國家願景目標：世界第一大強國，自由民主的捍衛者與世界警察角色。

　　（二）台積電公司願景目標：世界最大的晶圓代工大廠。

　　（三）鴻海精密公司願景目標：全球最大電腦及手機代工大廠。

　　（四）統一食品集團願景目標：亞洲第一大食品及零售流通集團。

二、願景典範——隨時代演變的台積電

　　台積電的新願景是什麼？張忠謀董事長說，1987年以前是要活下去，當1995年繼續生存不是問題的時候，台積電將願景提升為優秀的、最主要的晶圓代工廠，就是在價格、品質等方面都要比別人好一點，讓客戶在心甘情願下多付一點錢。而2003年的新願景，就是從過去單純的要成為全球最大、聲譽最佳的晶圓代工廠，微妙的轉變為與無晶圓廠、整合元件廠合作，成為半導體業界最堅強的競爭團隊。

　　因此，我們得到一個結論，即是要成為成功企業之「願景」，要有五點特性：

　　（一）願景具穩定性、長遠性及戰略方向性：願景不會隨時改變，它是一種具有穩定性、長遠性、戰略性的概念與方向指針。一般來說，願景在五年內，是不會輕易改變的。如果是每年都會改變的東西，那就叫做目標與計畫。因此，願景就像是國家的根本「憲法」，只會修憲，但不會輕易制憲。

　　（二）願景由高階團隊制定：願景通常是由高階經營者或經營團隊所共同策定，以使全體員工共同遵守。

　　（三）願景具有趨動力，帶領全體員工努力的終極目標：願景具有一種趨動（Drive）企業不斷向前走的動力，沒有願景或願景不明的企業，將會喪失全體人員的動力。

　　（四）沒有願景的企業，就不知為何而戰：當企業的願景模稜兩可，甚至混沌不明，即意味著整個經營團隊沒有一個統帥；沒有統帥的企業，要為誰而戰？

　　（五）願景，可以提高企業競爭力：明確有力的願景，不但能凝聚士氣，更能拉高整個組織的高度，大大提升企業的競爭力。

何謂願景經營及特質

願景經營乃是企業經營者要把企業最終的經營目標帶往何處、帶向何方、成就什麼偉大目標。

願景五大特質

① 願景具穩定性、長遠性及戰略方向性。

② 願景由高階團隊制定。

③ 願景具有趨動力，帶領全體員工努力的終極目標。

④ 沒有願景的企業，就不知為何而戰。

⑤ 願景，可以提高企業競爭力。

案例 ① 美國國家政府願景目標

世界第一大經濟與國防強國，自由民主的捍衛者與世界警察角色。

案例 ② 台積電公司願景目標

世界最大的先進晶圓製造大廠。

案例 ③ 鴻海集團願景目標

全球最大電腦及手機代工大廠。

027

案例 ④ 統一集團願景目標

亞洲第一大食品及零售流通集團。

願景經營，才能永續經營，才知道為何而戰

願景經營 =  **永續經營**

Unit **2-4**
情境規劃（Scenario Planning）

這幾年在國外管理技術中興起的「情境規劃」，已漸漸為國內企業界與學術界所重視。然而什麼是「情境規劃」？單從字面了解，「情境」是一種氛圍，一個很有想像空間的名詞，放在企業運用，意味著想像企業未來可能發生的事，然後擬定策略因應。但究竟要如何想像？是不是要有個軌跡，針對現況分析，才能建構情境，並決定行動呢？以下我們要來探討之。

一、何謂情境規劃

情境規劃（Scenario Planning）是一種前瞻未來、防患未然的決策工具，它藉由了解與分析，對未來具有重大影響的各種變動因素，配合想像可能發生的各種情景，再針對這些情景，提出應對做法與決策。

情境規劃的重點不在預測未來，而在防患未然，在預警與了解一些影響未來的重大因素或力量，以及可能的結果。防患未然可使企業免於走入陷阱或走錯方向，達到永續經營的目的。

而研究對企業有重大影響的因素，可以由宏觀與微觀兩個角度來探討。所謂宏觀，觀察的是企業外在環境對未來成長的影響；而微觀則是反省企業內在產業的狀況，以及因競爭情勢所造成的可能變化。

二、影響情境規劃的內外部因素

對企業會產生重大影響的因素，包括政治因素（Political）、產業環境因素（Industry）、經濟因素（Economic）、社會因素（Social）、技術因素（Technology）及競爭者因素等六大類，一般用「PIEST」來表示。

情境規劃即是針對上述六大因素做蒐證、推理與研究，再假想其可能發生的影響與情景，提出對策：

（一）**政治因素**：政府的法令是否有所變更、政策是否有所轉變、政府是否穩定執政、政治是否安定、是否獎勵投資、對行業有何限制。

（二）**產業環境因素**：一個地方能否持續提供適當資源，讓企業繼續繁榮，例如，廉價勞力、土地、電力、交通等。

（三）**經濟因素**：整個國內外大環境發展的趨勢，是否有利經濟成長。

（四）**社會因素**：居民會不會歡迎或信任，會不會抗拒在當地設廠。

（五）**技術因素**：是否會因技術的創新而淘汰現有技術，而新技術對本行本業會有什麼影響等。

（六）**競爭者因素**：競爭者因素的變化，也會對公司產生影響，包括同業競爭者或跨業競爭者。

影響情境規劃的內外部因素

① 外部因素

①政治因素
②產業環境因素
③經濟因素
④社會因素
⑤技術因素
⑥競爭者因素

② 內部因素

①企業優勢資源
②企業劣勢資源

策定未來各種不同變化與不同情境下的因應對策與方案

市場出現變化徵兆

情境規劃五大功能

① 做好各種可能出現狀況的應變措施。

② 知道企業未來應該強化的重點所在。

③ 知道及掌握變化的趨勢,提高成功的可能性。

④ 可訓練員工更寬廣的視野及思維,提升作戰力。

⑤ 可合理配置各種資源的投入。

知識補充站

情境規劃的興起

情境規劃最早出現在第二次世界大戰之後不久,當時是一種軍事規劃方法。美國空軍試圖想像出它的競爭對手可能會採取哪些措施,然後準備因應戰略。

20世紀60年代時期,蘭德公司和曾經任職於美國空軍的赫爾曼‧卡恩(Herman Kahn),把這種軍事規劃方法提煉成為一種商業預測工具。1970年代,殼牌石油(Shell)因為事先進行了阿拉伯實施石油禁運的情境規劃,而降低了全球石油供給劇變所造成的營業衝擊。事實上,殼牌石油並沒有預知會發生石油禁運的超能力,只是藉由預先設想情境及發展出解決方案,一旦禁運真的發生,就可以靈活應變,將衝擊減至最低,這時情境規劃才第一次為世人所重視。

Unit **2-5**
企業投入與產出

　　企業經營管理是一個投入、加工以及產出的循環過程，也就是投入（Input）、流程處理（Process）及產出（Output）三個過程的營運循環。如從此角度來看，企業營運管理的四種範圍，包括：

一、從投入面來看

　　企業必須取得原物料、零組件或是服務人力，才能進行加工處理，並產出商品或服務。因此，從投入面來看，企業經營管理的範圍，包括：

　　1.它必須取得哪些生產資源？（What）
　　2.它從哪些地方及來源取得這些資源？（Where）
　　3.它如何取得這些投入資源？（How）
　　4.它應於何時取得及應用這些資源？（When）
　　5.它該取得多少數量的資源？（How many）
　　6.它該用多少價錢去獲取？（How much）
　　7.它該用多久時間取得？（How long）

　　以上可用What、Where、How、When、How many、How much及How long等稱之。而這些投入資源則包括原物料、零組件、生產人力、品檢人力、運輸物流、銷售人力、技術服務、產品研發等人、事、物。而如何用最經濟價格取得適量、適時的高品質投入資源，則算是確保營運成功的第一步基礎工作。

二、從內部處理（Internally Processing）來看

　　企業取得及安排必要的資源投入後，就會進行內部處理的程序。如果是外銷製造廠，就會進入製造程序。如果是服務業，就會進入人員服務的程序。這些產生價值活動的程序，包括人力配置、採購、製造、研究發展、財務會計、資訊流通、行銷、售後服務、公共事務等營運活動及功能。

三、從生產力（Productivity）來看

　　企業經營為了使前述各項營運活動及程序產生更大的效率（efficiency）與效能（effectiveness），透過管理機能，包括企劃、制度、組織、協調溝通、領導指揮、激勵、控制考核、決策與回應以及資訊科技工具等，加強管理功能，以激發每位員工的潛能，並提高生產力。（註：「效率」是指把事情快一點做完成；而「效能」則是指把事情做好、做對，並非一味比快，但是卻沒做好、沒做對，而有所疏漏。）

四、從外部環境（External Environment）來看

　　企業不管是在投入、內部處理程序、產出等，均須與外部處理有所互動往來，亦受其變化影響。因此，對於國內、國外產業、顧客、法令、政經環境等之變化與趨勢，均應有相當的蒐集、分析及判斷，才會掌握外部機會點，並降低外部不利威脅的程度。

企業投入與產出營運的範圍

1 投入（Input）

1. What
2. Where
3. When
4. How
5. How many
6. How much
7. How long

2 過程（Process）

1. 研發
2. 採購
3. 製造及品管
4. 銷售
5. 售後服務
6. 物流運籌
7. 人力管理
8. 資訊服務
9. 行銷企劃
10. 法務服務

3 產出（Output）

1. 提高產品、服務的效率以及效能。
2. 從企劃、組織、領導、激勵、溝通、協調及控制回饋等。

企業投入、過程及產出的整體架構內容

五、強而有力的管理執行功能

1. 組織
2. 計畫
3. 領導
4. 溝通協調
5. 激勵
6. 管控

四、正確的策略規劃功能

1. 指引
2. 選擇
3. 特色
4. 競爭利基
5. 突破點

一、Input（投入）

1. 人力
2. 物料、原料、零組件、包材
3. 設備、機械
4. 財力、資金

二、企業營運過程與功能（Process）（即價值的產生）

1. R&D（研發）
2. 工程技術
3. 採購
4. 生產（製造）
5. 品管
6. 倉儲
7. 物流（全球運籌）
8. 行銷（業務、企劃）
9. 售後服務
10. 財務會計
11. 資訊
12. 法務（智財權）
13. 品牌經營
14. 公共事務
15. 客服中心
16. 會員經營
17. 人力資源
18. 行政總務

三、Output（產出）

1. 產品（實體）
2. 服務
3. 節目、新聞

（一）
- 顧客滿意與忠誠
- 與競爭者相較，有競爭力

（二）
產生好的營運績效、能獲利賺錢、EPS高及股價高

（三）
- 股東滿意
- 員工滿意
- 董事會滿意
- 投資人滿意
- 社會大眾滿意

六、良好的組織行為功能

員工個人、部門、組織之行為、互動、文化與戰力發揮

Unit **2-6**
企業價值鏈（Corporate Value Chain）

事實上，早在1980年，美國哈佛大學策略管理大師麥可‧波特教授就提出「企業價值鏈」（Corporate Value Chain）的說法。他認為企業價值鏈是由企業的主要活動及支援活動所建構而成的，如下圖示。波特教授認為，公司如果能同時做好這些日常營運活動，就可創造良好績效。

一、Fit概念的重要性

此外，波特教授也非常重視Fit（良好搭配）的概念，他認為這些活動彼此之間必須有良好、周全的協調及搭配，才能產生價值，否則在各自為政及本位主義的結果下，可能使活動價值下降或抵銷掉。因此，他認為凡是營運活動Fit良好的企業，大致均有較佳的「營運效能」（Operational Effectiveness），也因而產生相對的競爭優勢。所以，波特教授重視企業在價值鏈活動運作中，必須各種活動之間的良好Fit，然後產生營運效益。

二、產業價值鏈的垂直系統

另外，波特教授認為每個產業的價值體系，包括四種系統在內，從上游的供應商到下游的通路商及顧客等，均有其自身的價值鏈。如下圖標示。這些系統中，每一個都在尋求生存利害以及價值的極大化所在，而這些又必須視每一種產業結構，各有其不同的上、中、下游價值所在。

1.上游	2.中游	3.下游	4.最終
供應商價值鏈	企業自身價值鏈	通路價值鏈	客戶或買方價值鏈

產業上、中、下游價值鏈

三、企業價值鏈的意涵

價值鏈就是每一個企業部門都要創造出它的價值及附加價值出來，每一個部門都對價值創造負有相關重大責任。但要如何創造價值呢？

必須做到：

1. 要比競爭對手的技術與產品更創新、更先進。
2. 要比競爭對手速度更快。
3. 永遠保持領先一步。
4. 附加價值的創新必須植基在顧客導向上，必須能讓顧客更滿足、更滿意、更感動、更有物超所值感。
5. 全員都是附加價值的創造者，全員都有責任，不論高低階員工。

波特教授的企業價值鏈

一、主要活動

① 製造、生產、品管

② 配送、物流（Logistic）

③ 銷售、行銷（Sales）

④ 售後服務（After Service）

二、支援活動

① 公司基礎架構（Infrastructure）（制度、標準化、資訊化）

② 人力資源（Human Resource）

③ 採購（Procurement）

④ 科技研究發展（R&D）

⑤ 資金財務（Finance）

產生獲利 Profit

Fit搭配、配套良好

研發 R&D → 採購 → 製造 → 品管 → 物流配送 → 行銷 SALE → 售後服務 → 顧客滿意

Fit連貫配套良好

Unit **2-7**
製造業的營運管理循環 Part I

圖解企業管理（MBA學）

　　要了解企業的整體經營管理，就必須先了解其整體「營運管理」（Operational Process），這個營運管理的循環內容，即是掌握如何管理好或經營好一個企業的關鍵點。而企業的「營運管理」循環，要從製造業及服務業來區別，本單元先從製造業說明，由於內容豐富，特分兩單元介紹。

一、製造業的涵蓋範圍

　　所謂製造業（Manufacture Industry），顧名思義即是必須製造出產品的公司或工廠，幾近占了一個國家或一個社會系統的一半經濟功能，可區分為傳統產業及高科技產業兩種。傳統產業，乃指統一企業、臺灣寶僑家用品、聯合利華、金車、味全、味丹企業、可口可樂、黑松、東元電機、大同、裕隆汽車、三陽機車等公司；而高科技產業，則指台積電、宏達電、鴻海、和碩、聯發科技等公司。

二、製造業的營運管理循環架構

　　製造業的營運管理循環架構，實務上是由主要活動與支援活動兩構面所組成的營運循環。其中支援活動是由人力資源管理、行政總務管理、法務與智財權管理、資訊管理、工程技術管理、稽核管理、企劃管理、公關管理等八大管理系統組成，然後這些管理系統支援以下主要活動：

　　（一）**研發（R&D）管理**：乃指對既有產品及新產品的研究開發管理，因為這是企業產品力的根基來源。

　　（二）**採購管理**：乃指對原物料、零組件、半成品之採購管理，主要職責在追求較低的採購成本、穩定的採購品質及供應的穩定性。

　　（三）**生產管理**：乃指產品及其生產與製造的過程，主要職責在追求有效率、準時出貨的生產管理，以及降低生產成本。

　　（四）**品質管理**：乃指對零組件、原物料及完成品的品質水準控管，主要職責為要求穩定的品質水準。

　　（五）**物流管理**：乃指產品配送到國外客戶或國內客戶指定地點的倉儲中心或零售據點，主要職責在追求最快速度配送效率與最安全的物流管理。

　　（六）**銷售（行銷）管理**：乃指為使產品在零售市場或企業型客戶上，能夠順利銷售出去的所有行銷過程與銷售行為，主要包括B2B及B2C兩種型態。

　　（七）**售後服務管理**：乃指產品在銷售之後的詢問、客訴、回應、安裝、維修等管理，主要包括客服中心（Call Center）、維修中心、會員中心等。

　　（八）**財會管理**：主要根據客戶的應收帳款及應付帳款管理；另外，資金供需管理、投資管理亦屬之。

　　（九）**會員經營管理**：乃指對重要客戶的會員分級對待或客製化對待，以及會員卡的促銷優惠。

製造業的涵蓋範圍

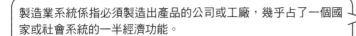

製造業系統係指必須製造出產品的公司或工廠,幾乎占了一個國家或社會系統的一半經濟功能。

| **1.**
傳統產業 | 例如統一企業、臺灣寶僑家用品、聯合利華、金車、味全、味丹企業、可口可樂、黑松、東元電機、大同、裕隆汽車、三陽機車等公司。 |

| **2.**
高科技產業 | 例如台積電、宏達電、鴻海、和碩、聯發科技等公司。 |

製造業營運管理循環架構

支援活動	**主要活動**	
1.人力資源管理	(1)研發管理	對既有產品及新產品的研究開發管理。 產品力的根基來源。
	(2)採購管理	指原物料、零組件、半成品之採購管理。 追求較低的採購成本、穩定的採購品質及供應的穩定性。
2.行政總務管理	(3)生產管理	指產品及其生產與製造過程。 追求有效率、準時出貨的生產管理,以及降低生產成本。
3.法務與智財權管理	(4)品質管理	指對零組件、原物料及完成品的品質水準控管。 要求穩定的品質水準。
4.資訊管理	(5)物流管理	指產品配送到國外客戶或國內客戶指定地點的倉儲中心或零售據點。 追求最快速度配送效率與最安全的物流管理。
5.工程技術管理	(6)銷售(行銷)管理	指為使產品在零售市場或企業型客戶上,能順利銷售出去的所有行銷過程與銷售行為。 包括B2B及B2C兩種型態。
6.稽核管理	(7)售後服務管理	指產品在銷售之後詢問、客訴、回應、安裝、維修等管理。 包括客服中心(Call Center)、維修中心、會員中心等。
7.企劃管理	(8)財會管理	根據客戶的應收帳款及應付帳款管理。 資金供需管理、投資管理亦屬之。
	(9)會員經營管理	指對重要客戶的會員分級對待或客製化對待。 會員卡促銷優惠。
8.公關管理	(10)經營分析管理	指對各項經營數據結果進行分析、評估以及提出對策方案等。 導入目標管理及預算管理。

Unit **2-8**
製造業的營運管理循環 Part II

掌握製造業的十大營運管理循環，才能找出並凸顯自己勝出的關鍵成功要素。

二、製造業的營運管理循環架構（續）

（十）**經營分析管理**：乃指對各項經營數據結果進行分析、評估以及提出對策方案等，並且導入目標管理及預算管理。

三、製造業贏的關鍵成功要素

製造業者要在競爭對手中勝出，其「關鍵成功要素」（KSF）如下：

（一）**要有規模經濟效應化**：此指採購量及生產量，均要有大規模化，如此成本才會下降，產品價格也才有競爭力。試想，一家擁有50萬輛汽車的廠商，跟擁有5萬輛汽車的廠商比較起來，哪家成本會低些，這是大家都明白的事。此為大者恆大的道理。

（二）**研發力（R&D）強**：研發力代表著產品力，研發強，可以不斷開發出新的產品，此種創新力將可以滿足客戶需求及市場需求。

（三）**穩定的高品質**：品質穩定使客戶信任，才會持續不斷下訂單，有好品質的產品，才會有好口碑。

（四）**企業形象與品牌知名度**：例如IBM、Panasonic、SONY、TOYOTA、Intel、可口可樂、三星、LG、HP、SHARP、Apple、捷安特、TOSHIBA、Philips、P&G、Unilever、美國微軟等製造業，均具有高度正面的企業形象與品牌知名度，故能長期永續經營。

（五）**不斷改善，追求合理化經營**：例如，台塑企業、日本豐田汽車、Canon公司等製造業，都強調追根究柢、消除浪費、控制成本、合理化經營及改革經營的理念。因此，能夠降低成本、提升效率及鞏固高品質水準等，這就是一家生產工廠的競爭力根源。

小博士解說　關鍵成功要素

企業經營的「關鍵成功因素」（Key Success Factors, KSF），係指影響企業營運成敗的諸多因素中，最為關鍵的少數核心要素，當企業能在這些少數關鍵因素取得領先優勢時，比較容易成功。但每個產業特性不同，KSF也會略有不同，此乃必然。例如，高科技業、傳統製造業、金融服務業、零售百貨業等都有其不同的KSF。這些KSF也形成了他們的產業進入障礙。有些公司的KSF，可能是研發、專利權、規模經濟量產、資本雄厚、品牌優勢；有些公司則可能是最佳優勢、服務優良、產品創新、產品差異化、低成本報價、通路掌握、資訊科技等。因此，企業要勝出，必須觀察、培養及厚實他們在這個產業中的關鍵成功因素，而形成他們的獨特核心專長及能力。

製造業贏的五要素

製造業贏的關鍵成功因素

① 要有規模經濟效應化
→大規模的採購量及生產量，成本才會下降，產品價格也才有競爭力。

② 研發力強
→研發力代表著產品力，研發力強，才能不斷滿足客戶需求及市場需求。

③ 穩定的高品質
→穩定的高品質能使客戶信任，訂單才會不中斷。

④ 企業形象與品牌知名度
→高度正面的企業形象與品牌知名度，才能長期永續經營。

⑤ 不斷改善，追求合理化經營
→唯有追根究柢、消除浪費、控制成本、合理化經營及改革經營的理念，才是製造業競爭力的根源。

知識補充站

大者恆大策略
大者恆大策略主要在追求第一大市占率目標，不斷擴大生產規模或連鎖規模，並加速相關投資，形成市場上獨大的第一領導品牌，而把二、三、四名拉得很遠。因而形成良性循環，大者恆大恆賺錢，然後再用賺來的錢，擴大規模、投資或做廣告等，所以市占率就更高，公司或集團也就更大。有時也稱之為「贏者通吃」。例如，統一超商的市占率接近50%；量販店的家樂福及COSTCO（好市多）也變成前兩大，而與愛買等其他量販店拉開距離。

Unit **2-9**
服務業營運管理循環

前面單元介紹的製造業營運管理循環，我們會發現與本文要介紹的服務業最大差異是，前者是以生產產品為主軸，後者則是以「販售」及「行銷」產品為主軸。

一、服務業的涵蓋範圍

所謂服務業（Service Industry）是指利用設備、工具、場所、信息或技能等，為社會提供勞務、服務的行業。

例如，統一超商、麥當勞、新光三越百貨、家樂福量販店、全聯福利中心、UNIQLO服飾連鎖店、阿瘦皮鞋、統一星巴克、無印良品、誠品書店、中國信託銀行、國泰人壽、長榮航空、臺灣高鐵、屈臣氏、康是美、全家便利商店、君悅大飯店、智冠遊戲、摩斯漢堡、小林眼鏡、TVBS電視臺、燦坤3C、全國電子、85度C咖啡、王品餐飲等，都是目前消費市場最被人熟知的服務行業。

二、服務業的營運管理循環

服務業營運管理循環架構如下：1.人資管理；2.行政總務管理；3.法務管理；4.資訊管理；5.稽核管理，以及6.公關管理等支援體系，主要在從事九項主要活動，包含商品開發、採購、品質、行銷企劃、現場銷售、售後服務、財會、會員經營及經營分析等管理。

三、服務業贏的關鍵成功要素

服務業業者要在競爭對手中勝出，其「關鍵成功要素」（KSF）如下：

（一）**打造連鎖化、規模化經營**：服務業的連鎖化經營，才能形成規模經濟效應化。不管是直營店或加盟店的連鎖化、規模化經營，皆為首要競爭優勢的關鍵。例如，統一超商7-11的5,000家店、家樂福的90家店、全聯福利中心的900家店等。

（二）**提升人的高品質經營**：服務業的「人的品質」經營，才能使顧客感受到滿意及獲得忠誠度。

（三）**不斷創新與改變經營**：服務業的進入門檻很低，因此，要不斷創新、改變經營；唯有創新，才能領先。

（四）**強化品牌形象的行銷操作**：服務業也很重視品牌形象。因此會投入較多的廣告宣傳與媒體公關活動的操作，以不斷提升及鞏固服務業品牌形象的排名。

（五）**形塑差異化與特色化經營**：服務業的差異化與特色化經營，才能與競爭對手有所區隔，也才有獲利的可能。服務業如沒有差異化特色，就找不到顧客層，而且會因此陷入價格競爭。

（六）**提高現場環境設計，裝潢高級化**：服務業也很重視現場環境的布置、燈光、色系、動線、裝潢、視覺等。因此，有日趨高級化、高檔化的現場環境投資趨勢。

（七）**擴大便利化的營業據點**：服務業也必須提供便利化，據點愈多愈好。

服務業營運管理循環架構

支援活動

1. 人資管理
2. 行政總務管理
3. 法務管理
4. 資訊管理
5. 稽核管理
6. 公關管理

主要活動

① 商品開發管理
② 採購管理
③ 品質管理
④ 行銷企劃管理
⑤ 現場銷售管理
⑥ 售後服務管理
⑦ 財會管理
⑧ 會員經營管理
⑨ 經營分析管理

服務業贏的七要素

1. 打造連鎖化、規模化經營
2. 提升人的高品質經營
3. 不斷創新與改變經營
4. 強化品牌形象的行銷操作
5. 形塑差異化與特色化經營
6. 提高現場環境設計，裝潢高級化
7. 擴大便利化的營業據點

服務業贏的關鍵成功因素

知識補充站

服務業與製造業的管理差異

相較於製造業，服務業提供的是以服務性產品居多，而且也是以現場服務人員為主軸，這與製造工廠作業員及研發工程師居多的製造業顯著不同。兩者差異點如下：

1.製造業以製造與生產產品為主軸，服務業則以「販售」及「行銷」這些產品為主軸；2.服務業重視「現場服務人員」的工作品質與工作態度；3.服務業比較重視對外公關形象的建立與宣傳；4.服務業比較重視「行銷企劃」活動的規劃與執行，包括廣告活動、公關活動、媒體宣傳活動、事件行銷活動、節慶促銷活動、店內廣宣活動、店內布置、品牌知名度建立、通路建立及定價策略等，以及5.服務業的客戶是一般消費大眾，經常有數十萬到數百萬人之多，與製造業的少數幾個OEM大客戶有很大不同。因此，在顧客資訊系統的建置與顧客會員分級對待經營等，比較賦予高度重視。

第 3 章
企業經營長青成功之道與企業衰敗弊病

章節體系架構 ▼

Unit 3-1　企業長青成功經營十大祕訣 Part I

Unit 3-2　企業長青成功經營十大祕訣 Part II

Unit 3-3　企業十大創新 Part I

Unit 3-4　企業十大創新 Part II

Unit 3-5　台積電張忠謀董事長的經營教戰手冊

Unit 3-6　創新力組織致勝五大條件 Part I

Unit 3-7　創新力組織致勝五大條件 Part II

Unit 3-8　知名企業與企業家的經營理念

Unit 3-9　企業不景氣時自我診斷的六大重點

Unit 3-10　企業衰敗——凸顯十大弊病

Unit **3-1**
企業長青成功經營十大祕訣 Part I

　　近一、二年來，全球經濟除了中國大陸還有7~8%的經濟成長率外，大部分國家的經濟與企業經營都陷入景氣低迷、成長不易、獲利衰退的嚴酷事實與挑戰。即使在不景氣時代中，國內外仍有不少企業保持亮麗的經營成果。分析在不景氣時代中，企業仍能長青不墜的十大祕訣，分兩單元介紹如下。

一、力爭第一或第二品牌地位（No.1 Brand）

　　現代的企業競爭非常激烈，如果企業在該產業內無法取得第一或第二，最少也要有第三的品牌地位，才可以在市場上取得相對的競爭優勢。如果沒有進入第三名或第二名以內，企業就難以存活太久。換言之，企業領導人若沒有力拚成為該行業的前三名品牌地位，就不可能有好的經營成果可言，也會隨時被淘汰。

二、專注核心競爭力（Focus Core Competence）

　　在1980及1990年代，全球高速經濟成長中，使得許多企業均急速擴大「多角化」經營範疇。但到了今天，全球步入不景氣時代中，很多公司發現，他們並沒有足夠的資源與競爭力，可在各種不同的行業中去跟別人競爭。因此，他們都採取了出售、合併或結束他們不具競爭優勢的「非核心」事業部門，回過頭來專注集中經營他們的「核心事業」。因為，他們最後發現，在核心事業中，他們才有贏的「本事」與「機會」。所謂「隔行如隔山」，要在一個外行且陌生的行業中競爭獲勝，在現今已經是不可能的事了。

三、積極引導政府修改不合時宜的產業法令

　　企業經營除了面對全球與同業競爭壓力外，也面臨著政府對產業法令、法規的限制。尤其是不合時宜的法令限制，更是必須加以調整、修改與鬆綁，如此才能活化整個產業的能量。畢竟，政府存在的目的，是在「服務」，而非「管制」。企業經營者應該勇於與政府官員及民意代表反映、溝通、說服產業法令的調整。

四、對消費者爭取「三度」：知名度、喜愛認同度、忠誠消費度

　　企業經營者還要從行銷角度來思考，要站在「顧客導向」的根本精神上，以及企業所提供的產品與服務上，真正為顧客做到「物超所值」與「滿意百分百」的境界，企業才能獲利。因此，企業、產品及服務在消費者心目中有高知名度、高喜愛認同度及高忠誠消費度。能夠獲得消費者的「三高」，是企業全體必須共同努力，以及長時間累積才能達成的，並沒有特效藥或超短捷徑，不過一旦建立後，就不容易消失，這將是企業永遠的資產。

企業領導人成功之鑰

企業領導人成功之鑰，最主要的四項是：努力、膽識、用才與機運，這四項缺一不可。

企業領導人成功之鑰：努力、膽識、用才與機運

① 唯有「努力」，才能比別人了解更多、掌握更多、進步更多、領先更多。

② 唯有「膽識」，才能不斷創新與躍進，並勇於突破傳統。

③ 唯有「用才」，才能加速擴張成長與維繫團隊競爭力。企業是各種專業人才所累積而成的。

④ 唯有「機運」，經營才能水到渠成。

不景氣時代，企業長青十大原因

① 力爭前三名品牌地位

② 專注核心競爭力

③ 積極引導政府修改不合時宜的產業法令

④ 爭取消費者知名度、喜愛度及忠誠度

⑤ 力求創新與前瞻

⑥ 提升資訊科技運用能力

⑦ 運用兩把利劍：目標管理＋績效管理

⑧ 加速集團資源整合與運用

⑨ 徵聘外部獨立董事，加速公司進步

⑩ 創造股東最大價值，並回饋社會

Unit **3-2**
企業長青成功經營十大祕訣 Part II

五、力求創新與前瞻

　　根據《天下雜誌》曾做過的調查顯示，被國內企業經營者票選列為企業經營第一重要的能力，就是「創新」與「前瞻」。在企業無情競爭中，唯一能保持第一的常勝軍，就是要不斷追求創新。這包括策略創新、技術創新、服務創新、行銷創新與知識應用創新等五大主軸。透過這五種不斷創新，企業才能永保「領先」。而「前瞻」（Vision）則代表著最高領導人對企業5年、10年、20年後的企業成長願景、企業地位、企業生命力與企業競爭優勢，做出戰略性的評估、思考與規劃。

六、提升資訊科技（IT）運用能力

　　資訊科技的突飛猛進，令人難以想像。這包括行動通訊、行動上網、有線上網、衛星視訊會議、電子郵件（e-mail）、隨選視訊（VOD）、數位儲存，以及B2B、B2C電子商務等，都已經獲得普及應用，大大提升企業人力成本節省、作業效率提升以及企業內部營運效能加強的助益效果。

七、運用兩把利劍：目標管理＋績效管理

　　全球大企業都非常強調「目標管理」（Management by Objective）及「績效管理」（Performance Management）。現在日本一流企業的核心，都是依據個人的工作表現以及對公司的貢獻，而不完全是依據年齡或官位職稱。這樣可以激發更多有潛力的好人才出現，公司也會形成一個好的循環，而外面好的人才也會慕名而來。另外，在「目標管理」方面，也是落實「績效管理」的配套做法。先有「目標」設定，才能談到「績效」考核。因此，企業領導人必須手握兩把劍，左劍是「目標管理」，右劍是「績效管理」，兩劍同時出鞘，唯有如此，才能做到權責相符、賞罰分明、激勵人心、誘發潛能，最終形成企業內部好的企業文化與組織文化習性。

八、加速集團資源整合與運用

　　集團資源整合與運用將成為企業競爭優勢的有利來源之一。金控集團的成立、統一超商流通次集團40家公司資源的整合支援等案例，在在顯示集團間資源的綜效（1＋1大於2）運用及發揮愈來愈受到重視。

九、徵聘外部獨立董事，加速公司進步

　　公司治理的內涵，主要是強調企業應該引進外部獨立董事。透過公正與客觀的建言及監管，提升公司決策的周全性、正確性，並加速公司進步。金管會證期局亦規定新上市上櫃公司的董事會成員中，必須聘請二位外部獨立董事及一位外部獨立監事。

十、創造股東最大價值，並善盡公益，回饋社會

　　公司董事會及最高經營者最大的使命，就是為「股東會」的全體股東創造最大的投資價值及公司價值。此外，企業還應善盡公益活動、回饋社會，成為被消費大眾所肯定的「企業公民」（Corporate Citizen）形象，而不是一個只有想著賺錢的企業，這是企業的社會責任與企業道德。

圖解企業管理（MBA學）

企業經營長青之道

專注核心事業

專注、投入：
核心事業

遠離、處分：
非核心事業

企業經營，才會有好的結果！

修改不合時宜產業法令

政府不合時宜
產業法令

適時表達意思，
修改為正確法令！

才會有利於產業發展！

企業必要二項管理機制

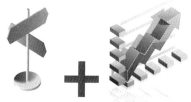

目標管理　　　　績效管理

迎接卓越企業

企業領導人成功四要件

努力　＋　膽識

用才　＋　機運

打造出成功的企業領導人

創新、創新、再創新

經營模式創新	技術創新	設計創新	內容創新	品質創新	功能創新	行銷創新

・持續不斷創新
・領先創新

企業長青不墜

百年優質企業

Unit **3-3**
企業十大創新 Part I

圖解企業管理（MBA學）

　　臺灣產業競爭激烈，版圖變化非常快速，如何隨時掌握消費者市場需求的變化，並不斷滿足這些需求，將是一項重要的考驗。臺灣產業未來贏的本質，只在「創新」兩個字。而創新又可區分為十大項目的創新，由於內容豐富，特分兩單元介紹。

一、思維創新（Thinking Innovation）

　　企業經營要勇於顛覆傳統、思維創新。過去成功的，未來不一定會成功；過去的模式，未來不一定可以沿用；過去還做不到的，未來也許可以做得到；過去沒有的，未來也許已經浮現。例如現在的行動通訊，就是打破過去固網（固定）通訊的舊思維。此外，有線電視100個類比頻道變為600個數位頻道，即是思維創新。另外，例如筆記型電腦及平板電腦，則是相對於桌上型電腦的思維創新；還有智慧型手機的出現，也算是思維創新。

二、價值創新（Value Innovation）

　　顧客愈來愈注意您的產品或服務，能帶給他們哪些「物超所值」的地方。例如，便利超商連鎖店帶給顧客的是便利性價值。新聞臺SNG連線，帶給觀眾的是現場同步立即的價值性。醫美業者帶給顧客的是「美與希望」的價值。而全聯福利中心則是帶給顧客「價格便宜」的價值。

三、業務創新（Business Innovation）

　　業務是公司營收主要來源，在面對不景氣時，尤應重視業務創新。例如，統一便利商店推出「本土行銷」、「在地行銷」計畫，包括「鮮食便當」，都得到不錯的成績。再如東森公司將幼幼節目或綜合節目，轉化成平面出版品、多媒體VCD影帶或肖像授權等，也帶來衍生收入及利潤。

四、技術創新（Technology Innovation）

　　技術已漸漸變得不是太大問題，因為技術是相對可以買得到的，只要肯花錢。但技術創新是要強調技術在市場面及應用面，如何以消費者為主軸，思考具有市場性的技術創新。技術只是過程與工具而已，重要的是「人」如何去運用它、開發它。

五、管理創新（Management Innovation）

　　管理創新的主要目的在於「降低成本」（Cost Down）及「提升效率」（Efficiency Up）。尤其在不景氣時代，大家又都回到基本面，重視「管理」的本質，而且更加力求管理創新。例如，長庚醫院即是以嚴格管理效率著名的民營醫院，它把每位醫生的生產效率與產值規範得非常精確，而形成每位醫生投入與產出之間的等價關係。亦即績效指標愈高的醫生，所獲得待遇薪水與獎金也將比別人高。新成立的「國光汽車客運公司」（原臺汽公司）聽說也開始轉虧為盈了，這主要也是降低成本見效的管理創新。

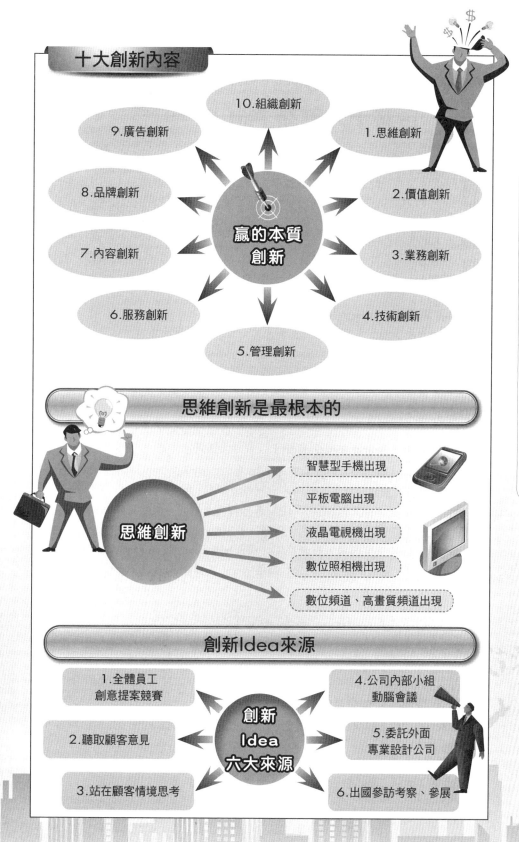

十大創新內容

- 10.組織創新
- 9.廣告創新
- 1.思維創新
- 8.品牌創新
- 2.價值創新
- 7.內容創新
- 3.業務創新
- 6.服務創新
- 4.技術創新
- 5.管理創新

贏的本質創新

思維創新是最根本的

思維創新

- 智慧型手機出現
- 平板電腦出現
- 液晶電視機出現
- 數位照相機出現
- 數位頻道、高畫質頻道出現

創新Idea來源

創新 Idea 六大來源

- 1.全體員工創意提案競賽
- 2.聽取顧客意見
- 3.站在顧客情境思考
- 4.公司內部小組動腦會議
- 5.委託外面專業設計公司
- 6.出國參訪考察、參展

Unit **3-4**
企業十大創新 Part II

圖解企業管理（MBA學）

六、服務創新（Service Innovation）

　　服務業強調的是創新服務，現在很多公司都成立「客服中心」（Call Center），並導入最先進的CTI（電腦電話整合系統）服務，客服人員隨時可以在第一時間，於電腦畫面上，主動叫出來電客戶的姓名。另外，六福村主題遊樂區也建好一間休閒度假大飯店，兩者結合在一起，方便顧客可以在那裡住宿，不必急著趕回遠地住家。而各便利超商店內，也開始裝置ATM（自動提款機），方便顧客提款及匯款；7-11的ibon機還能購票，這真是服務創新。

七、內容創新（Content Innovation）

　　對媒體業者而言，如何做好內容創新是一件非常重要的事。人類永遠都喜新厭舊，因此媒體所顯示出來的新聞與節目內容，必須經常變化才行。變化就是創新，因為消費者對新的東西才會有好奇心。由於「內容主宰一切」（Content is King），因此媒體業者應該組成「創意小組」或「點子王」，不斷地集思廣益、推動內容、創新工作。

八、品牌創新（Brand Innovation）

　　品牌與公司信譽是一種永恆的資產，以「三立電視臺」的品牌與商譽來說，最近也被專業公司鑑價具有幾十億元。各位都想像不到，美國可口可樂、麥當勞、星巴克、英特爾、WAL-MART量販店、IBM等品牌資產價值，都超過100億美元以上。另外，以電視媒體來說，美國CNN、FOX、Discovery、HBO、三立電視臺、日本NHK、中國大陸中央電視臺、香港TVB、英國BBC等，都是全球非常具有品牌價值的媒體。品牌真是產品或服務業的核心價值所在，它讓顧客感到信賴，並且願為它而消費。

九、廣告創新（Advertising Innovation）

　　廣告是打造品牌與公司形象最快與最好的必備工具。一支成功的廣告片，將對公司銷售與品牌建立帶來很大助益。

十、組織創新（Organization Innovation）

　　組織創新包括了組織架構及組織人力的革新。台積電張忠謀董事長曾經說過，公司的組織不應是固定不變的，反而應是移動式及變形蟲式的彈性組織。組織設計應力求扁平化與機動性，不應過分講求職位名稱與官僚權力，那些都不太有意義，重要的是公司組織架構運作必須靈活、有彈性、有競爭力，以能夠達成目標為要。

管理創新目的

降低成本
（Cost Down）

+

提升效率
（Efficiency Up）

=

效能提升
（Efficient Up）

服務創新目的

服務　　　　**創新**

1.感動顧客

2.提升顧客滿意度

3.忠誠再購

組織創新目的

① 組織架構
② 組織人力
③ 組織功能
④ 組織流程

創新

提升組織競爭力

知識補充站

在組織人力革新方面，適度的新陳代謝也是非常必要的。人力革新是為追求成長所必須的手段。當公司的人力日趨老化、官僚、單一化時，就代表著這家公司已經沒有希望。

相信各位都還不知道，像美國迪士尼公司、瑞士雀巢公司（NESTLE）、豐田TOYOTA汽車都是超過100年歲月的好公司，就是因為他們不斷進行每一階段的組織創新，並吸納全球優秀人才。

Unit **3-5**
台積電前董事長張忠謀的經營教戰手冊

　　根據《天下雜誌》曾專訪國內知名且卓越的企業領導人台積電前董事長張忠謀，張董事長提出企業經營成功的五大基本面，如下：

一、最低標準——企業的現金流及自由現金流

　　現金流量如果是負的話，企業絕對撐不久。假如自由現金流量是零或負的，對股東、員工和社會的回饋，也不會太好。

二、資產負債表品質

　　這就要看有沒有被高估的資產？庫存、應收帳款的價值，被高估的情形很多，債務被低估也很常見。企業財務健全與否，會影響借款能力，也會讓自由現金流量成為問題。健康企業的負債比率應該是10~20%左右。

三、如企業財務狀況保持一定水準，那企業應更進一步要求獲利成長

　　所謂成長，若只有營收成長，或是營收成長超過獲利成長，都是不好的。我們看重的是**每股盈餘成長**（EPS），假如景氣不好，企業沒有成長，至少也要有**成長潛力**。這是指什麼呢？選擇做**正確的生意**（the right business），是否「正確」，就看你的產業是否已經成熟了，過了「成長期」。

　　（一）商業模式：指的是一個公司怎麼賺錢？主要是它跟顧客的關係。現今，商業模式的創新，比科技的創新更為重要。

　　（二）商業生態系統（**Business Ecosystem**）：最好的例子就是蘋果電腦。蘋果iPhone跟iPad的生態系統，包括所有替它做內容的遊戲商、APP作者、藝人、唱片業、媒體、出版商、電信業者等。要跟這個生態系統競爭，遠遠難於跟單一商品競爭。

　　（四）內部籌資能力：假如一個企業總是要靠賣股票、增資來周轉，這是不行的。所有好的成長，應該靠內部的籌資能力。

　　（五）人才：我要強調現在的人才，是要在世界上競爭的人才。像《世界是平的》一書中講美國企業的人才，不能夠跟中國大陸、印度在同一個薪資水準上競爭。

　　所以，我們說要爭取人才，要看你競爭的對象是誰。比如是韓國公司，那最好有與韓國公司在相同薪資水準上，同等優異的人才。

四、接著，探討獲利結構（**Structural Profitability**）

　　僅是收支平衡的企業並不能賺錢。產業中的結構性獲利率，就是一個好的比較基準。假如公司獲利好，就是比產業中的基準獲利要好；獲利不好，就是比基準的獲利要差。

五、企業價值及倫理

　　企業的社會責任主要是要提升社會，除了不斷創造價值，提升社會經濟愈來愈好之外，在道德、法治、環境保護上，都要提升得讓社會更好。能夠做好企業社會責任，既可吸引人才，也可吸引更多顧客。

企業經營五大基本面

2.資產負債表品質（透明的財務狀況）

· 有無高估資產？
· 有無低估債務？（企業財務健全與否，會影響貸款能力）
· 負債比率

3.每股盈餘成長及成長潛力

· 正確的事業
· 科技領導地位
· 市場領導地位
· 商業模式
· 商業生態系統
· 內部籌資能力
· 人才

1.現金流及自由現金流

4.獲利結構

· 價格/成本關係（定價權及成本控制能力）
· 產品研發及營業費用
· 總資產報酬率（ROA）、資本回報率（ROIC）、股東權益報酬率（ROE）
· 損益平衡點

5.企業價值及倫理

· 企業社會責任（CSR）
· 人才吸引力
· 顧客吸引力

每股盈餘成長及未來成長潛力

① 正確的事業
② 科技領導地位
③ 市場領導地位
④ 新的商業模式

⑤ 內部籌資能力
⑥ 優秀人才團隊
⑦ 商業生態系統

知識補充站

探討獲利結構三要點

1.價格／成本關係：企業要有相當的定價權，也要有強而有力的成本控制能力。成本控制能力，通常比較容易；可是要有定價權，就需掌握科技領導地位、市場領導地位，一個有競爭性的生態系統，或是一個好的商業模式等。定價權是企業的硬實力，要做得好很困難，可是非常重要。

2.產品研發及營業費用：產品研發設計是一個雙面刃，你要科技領導地位，只好增加研發的成本。但同時必須重新調整獲利結構，到達平衡。

3.總資產報酬率（ROA）、資本回報率（ROIC）和股東權益報酬率（ROE），這三個都是等效的。但依據不同的產業、不同的公司，至少你需要做好其中一項。否則，企業無法具備內部籌資的能力。降低損益平衡點是非常重要的，尤其景氣壞的時候，最好將損益平衡控制在低點。

Unit **3-6**
創新力組織致勝五大條件 Part I

創新力是企業對策略規劃與實踐最好的呈現。根據日本《商業週刊》2017年對日本企業「創新力」（Innovation）排名的一項調查顯示，唯有企業加強對內部組織創新的革新與努力，才是對抗近年來全球經濟不景氣的最佳要因。

該項調查又總結出一個卓越創新組織致勝的五大條件，由於內容豐富，特分兩單元介紹。

一、研究開發──堅持開放導向，產生新商品

日本帝人化纖公司即是秉持著「開放型創新」（Open Innovation）的政策及原則，廣泛與外部公司、外部大學及外部客戶等外部資源，大幅展開研發合作機制，並且因此獲得一些不錯的新商品之順利研發完成。該公司總經理八木成男表示：「若只靠自身的研發人才及研發能力，那將無法勝過我們的主力競爭對手。藉助大量外部智慧與外部人才，將是我們未來研發的主軸與方針所在。」

八木成男也表示：「今後要多傾聽顧客的意見與看法，由顧客端會產生出很多很好的新商品企劃案。此外，在公司內部行銷業務部門及研發部門，也要多做溝通及資訊情報共有化。最後，海外開放創新的來源與技術支援，也是我們必須做好的。」

另外，日本富士相紙公司、佳能（Canon）公司等則鼓勵員工提出新商品及新技術的「創意提案」，從廣泛員工的點子創意中，尋求開放型創新的成果。

二、營業體制──徹底做好「顧客滿意度」

在這次創新力組織中，被歸納出來的第二個因素條件，即是如何做好顧客滿意度提升的目標，並從此目標做好根基，然後發展出各種創新的做法與行動。該調查顯示，排名在前十的企業，幾乎都很重視有很高的顧客滿意度。

顧客的抱怨與意見不斷的蒐集、歸納、整理、分析及決策，都是創新力很高的公司改善產品與改善服務的一個重要來源。此外，高顧客滿意度也成為這些公司免費的口碑行銷，從而得到不少新顧客的產生。

因此，一個具有卓越創新力的公司，不只從研究創新著手，更要將視野延伸到營業部門及顧客身上，從他們的意見、抱怨、需求、看法及觀點，轉化成為自身下一次創新產品與創新服務的最佳來源。

三、夥伴關係──與上游供應商要有高度的一體感

此次調查中也發現，自身公司必須與上游的原物料或零組件供應商，彼此間要有高度的一體感，亦即要與這些供應商有以下互動與支持：

（一）良好互動：保持良好的協力互助關係，此乃首要之務。

（二）給予供應商最大的激勵：要激勵這些供應商或協力廠做出更大的突破與進步，以滿足公司的研發需求。

創新力是組織致勝最佳要因

創新力是企業對策略規劃與實踐的最好呈現,唯有企業加強對內部組織創新的革新與努力,才是對抗近年來全球經濟不景氣的最佳要因。

企業創新五大條件

① 研究開發→堅持開放導向,產生新商品

①藉助大量外部智慧與外部人才,將是企業未來研發的主軸與方針所在。
②要多傾聽顧客的意見與看法,由顧客端會產生很多很好的新商品企劃案。
③公司內部行銷業務部門及研發部門,也要多做溝通及資訊情報共有化。
④鼓勵員工提出新商品及新技術的「創意提案」,尋求開放型創新的成果。

② 營業體制→徹底做好「顧客滿意度」

①顧客的抱怨與意見不斷的蒐集、歸納、整理、分析及決策,都是創新力很高的公司改善產品與改善服務的一個重要來源。
②高顧客滿意度也成為公司免費的口碑行銷,從而得到不少新顧客的產生。

③ 夥伴關係→與上游原物料、零組件供應商要有高度的一體感

①與上游供應商保持良好的協力互助關係,此乃首要之務。
②要激勵這些供應商或協力廠做出更大的突破與進步,以滿足公司的研發需求。

④ 情報化投資→做好情報管理

⑤ 公司內部組織→組織士氣提升

053

知識補充站

何謂「經營團隊」?

經營(或稱管理)團隊(Management Team)是企業經營成功的最本質核心。企業是靠人及組織營運展開的。因此,公司如擁有「專業的」、「團結的」、「用心的」、「有經驗的」經營團隊,必可為公司打下一片江山。但是團隊不是指董事長或總經理,而是指公司中堅幹部(經理、協理)及高階幹部(副總級及總經理級)等,更廣泛的各階層主管所形成之組合體。而在部門別方面,則是跨部門所組合而成的。

Unit **3-7**
創新力組織致勝五大條件 Part II

　　強大創新力組織的打造，最終目標在於獲得顧客的高度滿意，但前提是要建立在組織員工士氣的提升，以及外部支援體系的良好互動上。

三、夥伴關係——與上游供應商要有高度的一體感（續）

　　（三）要建立公平與公正的交易制度：讓供應商有長期與穩定的訂單來源。

　　（四）要定期評鑑供應商合作品質：要定期評鑑這些供應商的交貨品質、交貨時間、交貨數量與交貨速度等評比指標。

　　（五）自身公司要融入供應商：使這些供應商成為公司的長期戰略合作夥伴。

四、情報化投資——做好情報管理

　　對於優良的創新力組織體系而言，他們還有一項共同的特色，亦即他們都有完整、即時與精密的情報資訊系統與管理制度，他們也投資不少軟硬體在IT的發展上。這些創新力組織都有完整的資訊情報系統，提供每天、每週、每月翔實的營業日報情報及整體市場銷售狀況，以及一些質化的店家老闆訪談、大型量販店採購人員訪談、消費者訪談等情報資訊與市場調查。

　　透過這些POS、銷售報表、庫存報表、產品報表及質化訪談的意見反映，這些創新力公司都能即時得到正確與豐富的資訊數據，提供他們做快速的回應與創新的應變，包括業務創新、產品創新、計價創新、促銷創新等各種手法，而使這些公司能夠持續領先市場。總而言之，情報化也成為創新力的根源與背景支撐之一。

五、公司內部組織——組織士氣提升

　　最後影響創新力組織的要因，即是員工士氣是否得到提升，包含：1.員工是否有交流互動的機會；2.員工是否被賦予改善活動及提案活動的動能；3.組織是否有一套足以激勵員工士氣的制度設計（例如，賞罰分明、領導與管理、員工考績評價、員工被公正的拔擢及活用等設計），以及4.是否有優良與正面的組織文化，以及創新為導向的企業經營理念。

六、結語——打造強大創新力組織

　　總結來說，面對巨變的全球經濟景氣低迷、消費萎縮與過度激烈競爭的環境下，今後要打造一個具備強大創新力，而且足以致勝領先的組織，必須做好下列五項條件，即：1.擁有一個以「開放型」為導向的研究開發體系與制度；2.要優先做到高度的「顧客滿意度」，然後才有創新力可言，顧客若不滿意，何來「創新」之有；3.要將上游供應商納入戰略夥伴的一體感，唯有他們強大，我們也才會強大；4.要做好跨部門之間的資訊情報共有化與對外連接的IP化，以及5.要有效透過各種合理、明確、公平的機制運作，以提升組織員工的士氣，唯有高士氣，才會有高創新可言。

企業創新五大條件

創新力是企業對策略規劃與實踐的最好呈現，唯有企業加強對內部組織創新的革新與努力，才是對抗近年來的全球經濟不景氣的最佳要因。

① 研究開發→堅持開放導向，產生新商品

② 營業體制→徹底做好「顧客滿意度」

③ 夥伴關係→與上游原物料、零組件供應商要有高度的一體感

①與上游供應商保持良好的協力互助關係，此乃首要之務。
②要激勵這些供應商或協力廠做出更大的突破與進步，以滿足公司的研發需求。
③要建立公平與公正的交易制度，讓供應商有長期與穩定的訂單來源。
④要定期評鑑供應商的交貨品質、交貨時間、交貨數量與交貨速度等評比指標。
⑤要使自身公司融入供應商，並使這些供應商成為公司的長期戰略合作夥伴。

④ 情報化投資→做好情報管理

①優良的創新力組織體系，都有完整、即時、精密的情報資訊系統與管理制度。
②透過POS、銷售報表、庫存報表、產品報表及質化訪談的意見反映，有助於創新力公司即時做出回應與創新的應變，而能夠持續領先市場。

⑤ 公司內部組織→組織士氣提升

①員工是否有交流互動的機會。
②員工是否被賦予改善活動及提案活動的動能。
③組織是否有一套足以激勵員工士氣的制度設計。
④是否有優良與正面的組織文化，以及以創新為導向的企業經營理念。

結語 →打造強大創新力組織

①擁有一個以「開放型」為導向的研究開發體系與制度。
②要優先做到高度的「顧客滿意度」，然後才有創新力可言。
③要將上游供應商納入戰略夥伴的一體感，唯有他們強大，我們也才會強大。
④要做好跨部門之間的資訊情報共有化與對外連接的IP化。
⑤要有效透過各種合理、明確、公平的機制運作，以提升組織員工士氣，唯有高士氣，才有高創新。

Unit **3-8**
知名企業與企業家的經營理念

一、臺灣各行業第一名標竿企業經營的五種共同特質與精神

（一）堅持，永不鬆懈

1.做第一名，不能退步，因為一點點退步就會被加倍放大，要有緊張感。2.跟進者不斷追上來時，我們只有不斷往前跑，別無選擇。

（二）領導人是黑帶級教練

1.他們都是有計畫、有表達能力地教導部屬，清楚且不斷地傳達經營理念及企業價值。2.在教導過程中，他們自己也得到回饋。站在領導人的頂峰，卻不斷成長，持續進步。

（三）堅守核心價值，絕不輕言改變

1.中鋼：臺灣一定要有大鋼廠的員工使命感及真心感。2.台塑：追求合理化，追根究柢。

（四）誠實面對失敗，堅持改善到底

1.面對挫折，愈是光明磊落，因為他們對自己有信心。2.統一超商：我們努力20多年，失敗十幾次。3.這些企業了解，只有真正接受失敗，解決問題，才有未來的成功。

（五）成功企業要有遠大夢想，並孕育每階段的人才，為夢想做接力賽。

二、卓越標竿「企業家」的經營理念與經驗

（一）台塑前董事長王永慶

1.台塑50年了，最重要的精神：就是一步一步的做。2.每個事情都有問題、都要解決，一定要求合理化，要追根究柢才行。3.每個人應該都做得到，問題要很用功、用心、正派的做法。4.制度好，人才自然就會來。

（二）台積電董事長張忠謀——台積電有四大價值

1.創新（Innovation）

（1）創新就是要做出改變（Make Change），等同於「改革」。

（2）要求員工把創新與改革當做日常工作，而且加以「制度化」。因此有「創新獎」、「客戶夥伴獎」，最高獎額發出1,000萬元一個創新獎（創新制度化）。

（3）創新不只是一個想法，而是要去做出來（Do Something），一個專案團隊一起去做，而且還需要一個很強的專案領導人。每一個人都是「策略行動專家」。

2.顧客是夥伴關係（Partnership）：對客戶「赴湯蹈火，在所不辭」，客戶無論提出什麼問題，都願意為他解決。

3.承諾（Commitment）：對員工、對客戶、對供應商、對股東、對社會、對環境的承諾。

4.誠信（Integrity）：誠信經營、公司治理與品德管理。

圖解企業管理（ＭＢＡ學）

標竿企業的特質

1.堅持，永不鬆懈

2.堅守核心價值不輕言改變

3.堅持改善到底

4.要有遠大夢想，為夢想做接力賽

標竿企業家的理念

1.追根究柢，追求合理化

2.創新，才能做出改變

3.誠信經營

4.集中火力，發揮優勢

知識補充站

未來最大的挑戰——人才、優秀的人才、有創新力的人才
統一企業前董事長高清愿

1. 統一企業成功的因素，就是在於能夠隨時注意時代潮流演進，掌握消費者的生活變遷及消費習性，在適當的時機，針對適當的市場，發展出適當的產品及產業。
2. 我們不打沒有把握的仗。
3. 集中火力，發揮優勢（中國、東南亞市場、亞洲第一大）。
4. 企業家要有宏觀視野，不能故步自封，要能學習國內外及他人的長處，再加上自己的創見，才能變成自己的優勢。
5. 很多人都喜歡把磨練當成受苦，我卻視磨練為老天的一種恩賜。
6. 統一企業文化：「誠實苦幹，創新求進」。

Unit **3-9**
企業不景氣時自我診斷的六大重點

在不景氣的當下，企業需要隨時進行「自我診斷」，檢查項目大致有六項。

一、堅守「核心業務」（Focus Core Business）

千萬不可禁不起誘惑，若是不慎誤採野花，最後，所有因而帶進的營收，都可能是包藏毒藥的糖衣。在不景氣時代中，開拓新事業是很不容易的，何況隔行如隔山，應該做自己最擅長、最有把握成功的事業。

二、公司「現金流量」管理（Manage Cash Flow）

一般而言，接近消費者的商業行為，容易創造出正數的現金流量，如統一便利商店7-11、美國沃瑪（WAL-MART）百貨。至於製造業，因為涉及生產流量、存貨、應收帳款等，使得現金流量呈現負數的機率較高。當企業的現金流量出現負數時，執行長（CEO）必須非常清楚它的成因，並且有把握這只是暫時現象，知道何時現金流量能由負轉正。如果不是如此，在產業景氣不佳的情況下，企業的現金流量若長期處於負數，這家公司很快就會在業界消失。現金流量財務報表是企業經營者及公司事業部高級主管都必須看懂，而且重視的一個報表。

三、掌握產品所提供的價值（Catch Customer's Value）

在市場上，企業要長期保有競爭力，不能單單專注於產品本身，而必須認清這一項產品背後能提供一般消費大眾的價值是什麼，因為，價值是永久的，而產品隨時可能被取代。因此，企業必須有一個單位經常性的負責調查，消費者所要的價值服務是什麼，這就是民調或市調。這是顧客導向實踐的第一個基礎步驟。

四、確定本身的「主控權」（Dominant Power）

依照市場的競爭形勢，一家公司不可能獨立運作，它一定有上、下游合作廠商，這時，掌握主控權很重要，失去了主控權，等於丟掉所有優勢。但是掌握主控權，必須要有財力、研發力及生產規模力的三力配合才行。

五、跨越與建立「門檻」（Build Up Entry Barrier）

企業在市場上持續前進，一方面必須時時注意面前的門檻，隨時準備快速跨越，以確保不斷成長，同時，也應設法在身後立下高競爭門檻，製造後繼者跨入障礙，拉開與追趕者之間的距離。對企業而言，跨越本身所遭遇的門檻尤其重要，以免被自己打敗。

六、收款能力（Quickly Account Receivables）

收款能力和現金流量管理關係密切，而企業的收款能力，也有許多創新的空間。俗話說，會賣東西的，不是最強的；「最強的業務員，是要會收款的業務員」。

企業自我診斷六大重點

1.堅守核心業務

4.確定本身的主控權

2.公司現金流量管理

5.跨越與建立進入門檻

3.掌握產品所提供的價值

6.收款能力

景氣不佳時 ➡ 注意現金流量管理 $

景氣不佳時 ➡ 堅守核心業務

知識補充站

在不景氣時，企業運作應當依照前頁六大項指標，時刻自我檢視經營實況。有許多公司不知道自己為什麼賺錢，特別是在景氣好的時候，它只不過是隨著大環境順勢而上，沒有特別的策略及利基產品，這是很危險的。因此，企業領導人及管理團隊必須深入了解產業環境與競爭者環境的每天變化，掌握自身的優勢，補強自己的弱點，隨時自我體檢，才能長期立於不敗之地。

Unit **3-10**
企業衰敗──凸顯十大弊病

　　根據2005年7月美國《財星雜誌》（*Fortune*）報導，深入分析在2001年～2004年之間，恩龍、世界通訊、沃瑪百貨、寶麗來、安達信、全錄到奎斯特，企業巨人一個個倒下，執行長常找各種藉口來文過飾非，但說穿了，企業沒落或甚至倒閉，可歸咎於十大弊病。企業要長期保持卓越成就，應該自我審視，不要出現這十大現象。

一、因成功而鬆懈（勿驕傲）

　　眾多研究報告顯示，長期的成功讓人志得意滿，較不可能做最適當的決定。恩龍、朗訊和世界通訊營運逆轉直下，之前事業都曾攀抵巔峰。

二、安於現狀，不知禍之將至（要有危機意識）

　　寶麗來和全錄屬於推陳出新以因應變遷的環境，一再把營運不佳怪罪於匯率波動等短期因素，卻不檢討不良的經營模式。

三、畏懼老闆甚於競爭者（講真話，做實事）

　　職員顧忌的不是外來競爭威脅，而是公司內部因素，如主管的想法和做法，因此不敢說真話。如恩龍職員寧可匿名示警，不願冒挨罵的險。

四、暴露於過度的風險（勿輕率大舉擴張）

　　環球電訊、奎斯特等電信公司輕率冒險，未思考諸如光纖網路供過於求或舉債無度的後果。

五、併購狂（勿併購爛蘋果）

　　世界通訊貪婪吞併MCI、MFS及UUNet，一度企圖併購斯普林特，但一味擴張而未用心整合既有部門，終因消化不良而自食惡果。

六、對員工建言置之不理（傾聽員工的意見）

　　朗訊前執行長麥金賣力提供華爾街最愛的爆炸性成長數字，卻忽略工程師和業務員的提醒，殊不知「股價只是副產品，不是原動力」。

七、短線操作（勿短視近利）

　　執行長渴望特效藥救治虛弱的業績，但病急亂投醫，恐致回天乏術。沃瑪百貨經營策略從多角化、併購、大舉投資資訊科技到價格戰，以虛張聲勢居多，缺乏深思熟慮的長遠規劃。

八、危險的企業文化（優良企業文化的重建）

　　安達信、恩龍和所羅門兄弟公司皆因少數害群之馬拖垮整家公司，但禍源是不良的企業文化：鼓勵員工冒險和賺錢，卻未強調負責和自律。

九、新經濟死亡漩渦

　　資訊傳播快速，疑雲宜儘速澄清，以免商譽毀於一旦，遭消費者、評比機構、職員群起背棄。安達信執行長拉狄諾未及時避免危機，終致大勢已去、回天乏術。

十、董事會運作不良

　　恩龍董事會忽略「大如阿拉斯加的危險信號」，凸顯企業董事會的機能障礙。董事會上報喜不報憂是常見現象，對管理團隊實際作為不甚了解。

企業衰敗的十大弊病

10.董事會運作不良

9.新經濟死亡漩渦

1.因成功而鬆懈

8.危險的企業文化

2.安於現狀，不知禍之將至

企業衰敗
十大弊病

3.畏懼老闆甚於競爭者

7.短線操作

4.暴露於過度的風險

6.對員工建言置之不理

5.併購狂

企業成功十大要因

① 勿驕傲

② 要有危機意識

③ 講真話，做實事

④ 勿輕率大舉擴張

⑤ 勿併購爛蘋果

⑥ 傾聽員工的意見

⑦ 勿短視近利

⑧ 建立優良企業文化

⑨ 卓越的董事會運作

⑩ 勿陷入死亡漩渦

Price $

第 **4** 章
企業與
外部經營環境

章節體系架構 ▼

Unit 4-1　企業為何要研究環境

Unit 4-2　企業與供應商環境

Unit 4-3　企業與顧客群環境

Unit 4-4　企業與競爭者環境

Unit 4-5　企業與產業環境

Unit 4-6　企業與經濟環境

Unit 4-7　企業與監測觀察環境

Unit **4-1**
企業為何要研究環境

現代企業對科技、社會、政經、國際化等環境演變，正賦予高度關注，究其原因，可從以下各點分析：

一、錢德勒的論點（策略觀點）

美國著名的策略學者錢德勒（Chandler）曾提出頗為盛行的理論，亦即環境→策略→結構（Environment→Strategy→Structure）的連結理論。錢德勒認為，企業在不同發展階段會有不同的策略，但此不同的策略改變或增加，實係內外環境變化所致，如果環境一成不變，策略也沒有改變之需要。當經營策略一改變，則組織的結構及內涵也必須隨之相應配合，才能使策略落實踐履。因此，在錢德勒的觀點中，環境是企業經營之根本基礎與變數，占有舉足輕重地位，故應深加研究。

二、市場觀點

企業的生存靠市場，市場可以主動發崛創造，也可以隨之因應。而就市場的整合觀念來看，它乃係全部環境變化的最佳表現場所，因此，掌握了市場，正可以說控制了環境，此係一種反溯的論點。

三、競爭觀點

在資本主義與市場自由經濟的運作體系中，都依循價格機能、供需理論與物競天擇、優勝劣敗之路而行。企業如果沉醉於往昔的成就，而不惕勵未來的發展，勢必將面臨困境。因此，企業唯有認清環境，不斷檢討、評估與充實所擁有之「優勢資源」（Competitive Advantage Resources），才能在激烈競爭的企業環境中，立於不敗之地。而環境的變化，會引起企業過去所擁有之優勢資源條件的變化，從而影響整合的競爭力，此乃競爭的觀點。

綜合言之，從以上策略、市場、競爭三個觀點來看待企業與環境之關係，實足以證明環境分析、評估與因應對策，對企業、整體與長期發展而言，具有相當且關鍵之重要角色。

> **案例** 環境商機：國內保健食品市場一年200億，多家廠商投入競逐
>
> 國內保健食品一年至少有200億元的市場規模，並具有多元化、年輕化、流行性、速度快的發展趨勢；統一公司為了進行市場區隔，從母公司日本三得利集團取得芝麻錠的技術，領先同業市場。
>
> 統一致力將傳統食品提升為生技保健食品，近來推出新的機能優酪乳即為一例，並在中央研究院的支援下，把保健的概念放在一般食品中。統一集團對於生技保健產業的目標，短期先著重於營養輔助食品與保健食品的開發；中期計畫開發健康食品，並開始運用基因技術；長期則希望開創基因保健新事業。

企業為何要研究環境

1.策略觀點

2.市場觀點

3.競爭優勢

經營環境
變化

錢德勒看環境變化觀點

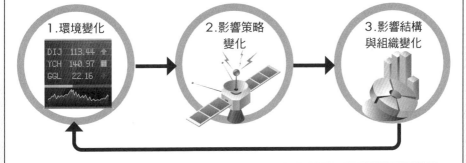

| 1.環境變化 | 2.影響策略變化 | 3.影響結構與組織變化 |

DIJ 113.44
YCH 140.97
GGL 22.16

舉例

1.智慧型手機環境變化 → 2.影響各手機公司轉向開發智慧型手機策略 → 3.影響公司內部組織、人力、資源投入與產品結構之變化

1.老年化社會來臨 → 2.影響公司開發銀髮族商品與服務策略變化 → 3.影響公司的組織與結構之相對應變化

Unit **4-2**
企業與供應商環境

環境是企業營運系統的互動一環，特別是直接、即刻的影響到企業營運的因素，我們就稱為「直接影響環境」。這些直接影響環境，可能即刻影響到企業營運的收入來源、成本結構、獲利結構、市場占有率或是顧客關係等重要事項。

影響企業營運活動的四種主要環境因子，包括：供應商環境、顧客群環境、競爭者環境及產業群等。

一、供應商種類

（一）企業供應商組成類別

1. 如果是製造業，則其上游供應商就可能是零組件供應商、原物料供應商及衛星周邊廠商等。
2. 如果是服務業，則其上游供應商可能是各種商品或服務的提供者。

（二）案例

1. 筆記型電腦的上游供應商，包括CPU供應商、液晶面板供應商、機殼供應商、鍵盤供應商、滑鼠、連接器、電源器等數百個零組件供應商。
2. 便利超商上游供應商可能是上千種的食品、飲料、日用品、菸酒品、熱食、出版品等製造廠、代理商或經銷商等。
3. 汽車的上游供應商，包括引擎供應商、玻璃供應商、水箱、鋼板、儀表、裝飾品等上百個供應商。
4. 鮮奶的上游供應商，包括飼牛業者、砂糖、塑膠瓶等上游供應商。

二、供應商條件談判與要求

通常企業在選擇供應商時，主要條件如下：

1.品質的穩定性；2.研發的前瞻性；3.交貨的及時性；4.付款條件的放寬性；5.價格的合理性；6.安全存貨與備貨的可能性；7.技術的服務性；8.企業的信譽（聲譽）；9.數量的配合性；10.整體售後服務的提供。

企業與供應商關係不夠鞏固，或是供應商環境本身也產生一些變化時，這些均會影響企業生產線作業及成本面，甚至影響到對顧客的準時出貨或是商譽。

三、供應商的問題克服

面對供應商可能出現的問題或困擾，包括：

1.品質不一，品質不穩定；2.交貨期不夠即時或交貨延期；3.交貨數量不能滿足要求；4.技術未更新進步；5.運送慢；6.原料成本上漲或短缺；7.斷貨、缺貨、價格上漲；8.產品來源不齊全；9.服務慢、服務水準不佳。

因此，如何保持與重要、少數的供應商之關係，以永保貨源的穩定性、足量性、準時交貨及成本安定性，將是重要之事。

影響企業的四種直接環境

1.供應商環境

3.競爭者環境

企業

2.顧客群環境

4.產業環境

選擇優良供應商的條件

① 品質穩定性

⑥ 研發前瞻性

② 交貨及時性

⑦ 付款放寬性

③ 價格合理性

⑧ 存貨安全性

④ 技術服務性

⑨ 企業聲譽

⑤ 數量的配合性

⑩ 整體售後服務

供應商問題頻出之影響

1.影響生產線製造量

3.影響出貨期

2.影響產品品質

4.引起下游客戶抱怨

Unit **4-3**
企業與顧客群環境

顧客群是企業營收及獲利的主要來源，企業所有營運活動過程及價值鏈產生的目標，均是為了提供顧客物超所值的產品或服務，並贏得顧客的忠誠。

顧客群的種類，大抵可分為二大類：

一、消費者市場（Consumer Market）

以消費者為對象的商品或服務之提供，例如，洗髮精、鮮奶、服飾、汽車、機車、百貨公司、大飯店、便利店、CD唱片、鞋子、化妝品、保養品、遊樂區、KTV、電影、信用卡、家具、精品、書籍、手機等。對消費者市場的經營，主要是透過行銷策略及行銷活動，以吸引顧客上門消費。

消費者市場又可區分為耐久財與非耐久財（Non-durable Goods）：

1. 耐久財包括：汽車、冰箱、電視、住宅、電腦、手機、電話、音響、沙發、床、冷氣、古董字畫、機車等。
2. 非耐久財包括：食品、飲料、日用品、清潔品等。

二、組織市場（Business Market）

非以個別消費者為對象，而是以一個組織體為購買對象。包括：

（一）生產者市場：如臺灣廣達筆記型電腦工廠為美國Dell（戴爾）大型電腦公司做OEM代工生產；仁寶公司為日本東芝電腦公司做OEM代工等。另外，例如國內很多半導體零組件代理商，亦提供新竹科學園區很多IC半導體組裝工廠的採購來源需求。

再如美商應用材料公司出售半導體生產設備給台積電及聯電公司等。

（二）中間商市場：此即銷售商品給進口商、經銷商、大盤商或代理商等中間通路業者，例如，德國BENZ賓士汽車由中華賓士汽車公司所代理銷售；BMW公司由永業公司所代理，再如世平興業公司為國內最大IC零組件代理公司。

（三）政府市場：政府採購也是一個巨大市場，包括公共工程招標案、電腦招標案、器材招標案、日用品招標案等，每年政府採購金額都在數百億元以上。甚至像防衛性武器採購，都有千億以上預算。

（四）國際市場：企業市場轉到海外國家時，在海外的工廠、進口商、配銷商、大型零售商、連鎖店等，都是國際市場的一環。

小博士解說　消費者洞察（Consumer Insight）

消費品廠商經營消費品市場最重要的，除了做好「產品力」、「行銷力」及「服務力」外，最主要的是要確實深入做好「消費者洞察」的工作。亦即，必須透過各種市場調查方法及觀察方法，不斷洞悉及了解消費者需求的變化、消費行為的改變及整體消費趨勢的變化，然後，及時思考本公司有效的因應對策與做法，才能鞏固市場占有率及品牌地位。

顧客群二大類型

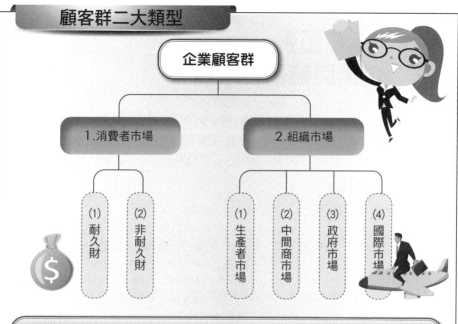

企業顧客群

1.消費者市場
- (1) 耐久財
- (2) 非耐久財

2.組織市場
- (1) 生產者市場
- (2) 中間商市場
- (3) 政府市場
- (4) 國際市場

提供公司

提供耐久財公司

裕隆汽車、東元電機、日立冷氣、LG冰箱、三星手機、遠雄建設、大金冷氣、大同電鍋、櫻花熱水器、BMW汽車等。

提供消費財公司

統一企業、味全公司、金車公司、康師傅公司、維他露公司、可口可樂公司、光泉公司、P&G寶僑公司、聯合利華公司、金百利克拉克公司、花王公司等。

做好消費者洞察最重要

① 第一線門市店
② 第一線業務人員
③ 行銷企劃幕僚人員
④ 研發設計人員
⑤ 商品開發人員

➡️ 做好消費者洞察（Consumer Insight）🔍 ➡️ 物質面需求 滿足消費者心理與 ➡️ 贏得市場領導地位

Unit **4-4**
企業與競爭者環境

　　企業將面對的日常最大挑戰來源，仍是現有競爭者的強力競爭，包括產品競爭、價格競爭、服務競爭、促銷贈品競爭、通路競爭、採購競爭、研發競爭、物流速度競爭、專利權競爭、組織與人才競爭及市場占有率競爭、成本結構競爭等。

一、競爭者分析程序

　　對於競爭者分析的程序，大致有三個階段，如下圖所示：

> 1.對現有及未來潛在競爭者，蒐集他們日常的行銷情報，並提出分析。

> 2.針對雙方的競爭優劣勢、定位及資源力量等加以對照分析。

> 3.提出我們的因應對策，分為短、中、長期行動計畫及可行方案。

二、分析競爭者的14個項目

　　分析競爭者是一個重要的過程，大致可以從以下14項構面去做對照比較：

　　1.定位分析；2.競爭策略分析；3.市場占有率分析；4.顧客分析；5.成本結構分析；6.研發能力分析；7.價格分析；8.產品分析；9.通路分析；10.廣告與促銷分析；11.組織人才與薪獎分析；12.全球布局分析；13.採購與供應商分析；14.資金與財務分析。

三、競爭者資訊情報來源

　　分析競爭對手很重要，但最大的問題點是資訊情報如何得來？大致有以下幾項方式與管道：

1. 從報章、雜誌的專業報導或專訪的文章中，了解到競爭對手的最新發展狀況。例如：《商業周刊》、《天下》、《遠見》、《今周刊》、《經濟日報》、《工商時報》或網路訊息等。
2. 從競爭對手公司的內部人員打探到消息。例如：對方公司的業務人員、對方公司高階主管好朋友等。
3. 從競爭對手所往來的上游供應廠商及下游行銷通路經銷商、零售商，也可以打探到消息。
4. 另外，從競爭對手的會計師（簽證會計師）、律師、協力廠商等，亦可以問到一些資訊情報。
5. 同業公會及其內部會員等，亦是打聽的一個管道。
6. 最後，亦可透過學者群委託專業研究，以獲得訊息情報。

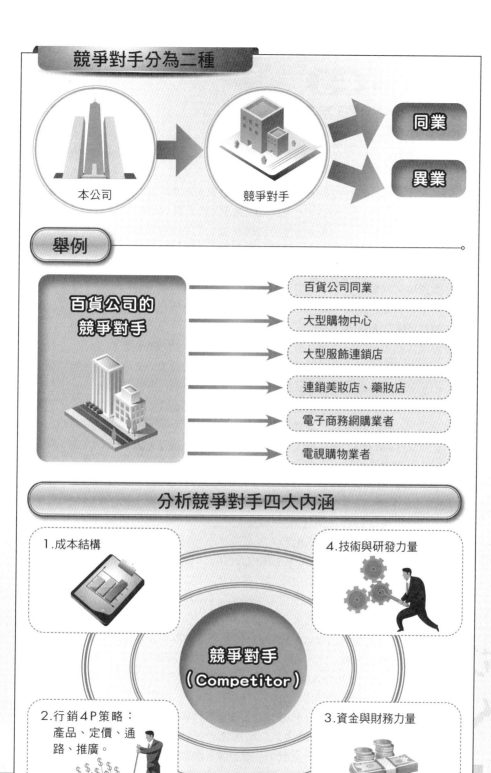

競爭對手分為二種

本公司 → 競爭對手 → 同業 / 異業

舉例

百貨公司的競爭對手
→ 百貨公司同業
→ 大型購物中心
→ 大型服飾連鎖店
→ 連鎖美妝店、藥妝店
→ 電子商務網購業者
→ 電視購物業者

分析競爭對手四大內涵

1.成本結構

4.技術與研發力量

競爭對手（Competitor）

2.行銷4P策略：產品、定價、通路、推廣。

3.資金與財務力量

Unit 4-5
企業與產業環境

產業環境是任何一個企業身處在該產業中，所必須有的基本認識及必要認識。對於本產業的過去、現在、未來發展及演變，必須隨時掌握，然後才會有因應對策及調整策略可言。國內產業包括資訊電腦產業、IC產業、汽車產業、電信產業、有線電視產業、便利超商產業、航空產業、大飯店產業等。產業環境分析的內容如下：

一、產業規模大小分析：了解這個產業規模有多大？產值有多少？是基礎的第一步。包括：市場營收額？市場有多少家競爭者？市場占有率多少？現在多少？及未來成長多少？當產業規模愈大，代表這個產業可以發揮的空間也較大。

二、產業價值鏈結構（上、中、下游）分析：任何一個產業都會有其上、中、下游產業結構，了解其間的關係，才能知道企業所處的位置及可以創造價值的地方，以及如何爭取優勢及成功關鍵因素，才能爭取領導位置。

三、產業成本結構分析：每個產業成本結構都有差異，例如：化妝保養品的原物料成本很低，但廣告及推廣人員費用就占較高比例。而像IC晶圓代工，其廣告宣傳費用就很少支出。另外，像食品飲料、紙品等，其各層通路費用也占較高比例。

四、產業行銷通路分析：每個內銷或外銷產業的通路結構、層次及型態，也會有差異。隨著資訊材料工具普及、直營店擴張及全球化發展，產業行銷通路其實也有很大改變。例如：美國Dell電腦以網上online直銷賣電腦，成效卓著。統一食品工廠自己直營統一7-11的通路體系，也有很大勢力。

五、產業未來發展趨勢分析：例如，桌上型電腦市場已飽和，單價已下降，很難獲利。因此，必須轉向筆記型電腦市場發展。再如Hi-Net撥接上網已漸被寬頻上網（ADSL、Cable Modem）所取代的明顯變化。另外，像手機彩色化、電視畫面液晶化、有線電視數位化及隨選視訊化等。

六、產業生命週期分析（Industry Life Cycle）：產業就如同人的生命一樣，會經歷導入期、成長期、成熟期到衰退期等自然變化。如何觀察及掌握這些週期變化的長度及轉折點，然後訂定公司的因應對策，則是分析的重點。一般來說，大部分的產業是處在成熟期階段，因此產業競爭非常激烈。

七、產業集中度（Concentrate Rate）：產業集中度係指該產業中的產能及銷售量，是集中在哪幾家大廠身上。如果是集中在少數幾家廠商身上，那我們就稱這幾家廠商是「領導廠商」（Dominant Firm）。產業集中度愈高的產業，也代表了這可能是一個典型「寡占」的產業結構。例如，像國內的石油消費市場，中國石油及台塑石油二家公司的產銷規模，即占臺灣95%的石油消費市場，是高度集中的產業型態。

八、產業經濟結構：係指每一個產業的結構性，可以區分為四種型態：1.獨占性產業；2.寡占性產業；3.獨占競爭產業；4.完全競爭產業。一般來說，獨占及寡占性產業的獲利性較高，因為不會面臨競爭壓力，但若是獨占競爭或完全競爭，那麼在面臨價格戰之下，企業獲利就很不容易。對大部分的產業結構來說，以獨占競爭結構的產業居多。亦即，在此產業內，大概有5家至15家的競爭廠商角逐市場。

產業環境分析八個面向

1.產業規模大小分析

2.產業價值鏈結構
（上、中、下游分析）

8.產業經濟結構

產業環境分析

3.產業成本結構分析

7.產業生命週期分析

6.產業未來發展
趨勢分析

4.產業行銷通路分析

5.產業集中度

產業五個生命週期（Industry-life-cycle）

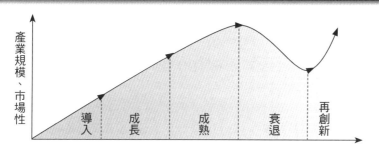

產業規模、市場性

導入　成長　成熟　衰退　再創新

產業生命週期再創新案例

例1　桌上型電腦　→　筆記型電腦　→　平板電腦　

例2　傳統2G手機　→　3G手機　→　智慧型手機　

例3　傳統CRT影像管電視→30吋~45吋液晶電視→60吋液晶電視

例4　　20坪　→　30坪　→　50坪　→　　70坪
（小型便利商店）　　　　　　　　（大型化便利商店）

Unit **4-6**
企業與經濟環境

　　企業與國內經濟環境息息相關。這些國內經濟環境，又可區分為十點來看：

一、證券股票市場環境

　　一旦證券股票市場下跌，公司總市值也會縮水，公司的資金能力就會受到影響，若跟銀行以股票質押時，其擔保價值也會跟著縮水，而必須再增補其他擔保品，或被銀行要求收回放款。公司增資發行新股，也不易受到民眾認股。

二、金融銀行市場環境

　　一旦金融不景氣或為呆帳時，則銀行會向企業抽回銀根，或是到期不再展延，或是不再核放新借款，這些都使企業受到很大影響。

三、出口外銷市場環境

　　一旦出口外銷衰退，則經濟成長率必會衰退，廠商開工率也會下降，裁員、減薪也就跟著發生。

四、匯率市場環境

　　一旦匯率貶值，雖可促進出口報價力，但也增加內銷廠商的進口成本，使物價有上漲壓力。

五、利率市場環境

　　利率涉及融資借款的成本，以目前低利率來看，有助降低企業的資金成本。

六、財政賦稅環境

　　包括土地增值稅、營業稅、綜合營利事業所得稅、關稅等下降、停徵或上升，均會影響企業經營成本。

七、勞工環境

　　勞工素質、勞工數量與勞動工時等狀況，均會影響企業的人力成本負擔。

八、國內消費環境

　　內需市場消費不振或衰退，將使內需廠商營收及獲利也跟著減少。

九、國內投資環境

　　國內或僑外來臺投資若出現減少或衰退，則顯示未來經濟成長會受到傷害。

十、經濟成長率

　　國內經濟成長率下降或衰退，代表著外銷出口的衰退及內需市場的不振，都對企業產生環環相扣的影響。

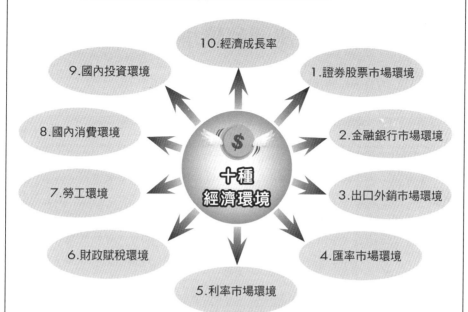

企業與十種經濟環境之互動影響

10.經濟成長率

9.國內投資環境

1.證券股票市場環境

8.國內消費環境

十種
經濟環境

2.金融銀行市場環境

7.勞工環境

3.出口外銷市場環境

6.財政賦稅環境

4.匯率市場環境

5.利率市場環境

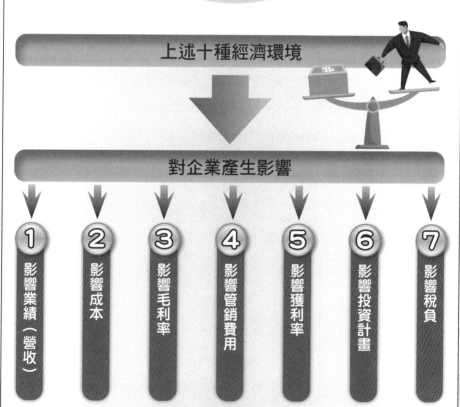

上述十種經濟環境

對企業產生影響

1 影響業績（營收）

2 影響成本

3 影響毛利率

4 影響管銷費用

5 影響獲利率

6 影響投資計畫

7 影響稅負

Unit **4-7**
企業與監測觀察環境

　　由於外在的直接與間接影響環境，頗為複雜且多變化，因此企業必須有一套監測系統，而且要有專人負責，定期提出分析報告及其因應對策。對於緊急且重大的影響，更是要快速、機動提出，以免對企業產生不利的衝突及影響。

一、監測的二種組織單位及功能

　　一般來說，企業內部大致有兩種監測的組織單位；第一種是專責的，例如：經營分析組、綜合企劃組、策略規劃組、市場分析組等不同單位名稱，但做的都是類似的工作任務。第二種是兼責的，例如：各個部門裡，由某個小單位負責。如：營業部、研究發展部、法務部、採購部等設有專案小組，均有其少部分人員兼蒐集市場及競爭者訊息。

二、訊息情報來源管道

　　對於企業外部動態環境的訊息情報來源管道，大概來自下列各方：1.上游供應商（Supplier）；2.國內外客戶（Customer）；3.參加展覽看到的；4.網站上蒐集到的；5.派駐海外的分支據點蒐集到的；6.專業期刊、雜誌報導的；7.同業洩漏的訊息情報；8.銀行來的訊息情報；9.政府執行單位的消息；10.國外代理商、經銷商、進口商所傳來的訊息；11.政府發布的資料數據；12.赴國外企業參訪得到的；13.根據國內外專業研究顧問公司及調查公司得知的。

三、監測分析步驟（Monitoring Process）

　　有關對環境演變及訊息情報的監測分析步驟，如下圖所示：

> 1.針對直接、間接環境變化趨勢方向及重點加以蒐集資料。

> 2.針對蒐集到的資料加以歸納、分析及判斷，提出有利與不利點。

> 3.最後提出本公司因應對策與可行方案。

> 4.專案提報討論及裁示。

針對外部環境變化影響與管理3步驟

① 直接環境

・供應商環境
・顧客環境
・產業環境
・競爭者環境

影響 → **企業** → 對策

對策 ← **企業** ← 影響

② 間接環境

・國際環境
・政治環境
・經濟環境
・法令環境
・社會環境
・人口環境

（1）分析現在環境 ➡ （2）預測未來環境變化 ➡ （3）訂定企業因應對策

外部訊息情報來源管道

1.上游供應商

9.專業書報、雜誌

2.國內外主要大客戶

外部訊息情報來源管道

8.國外企業參訪

3.參展（國外大型展會）

7.國內外代理商、下游經銷商、零售商

4.專業網站蒐集

6.銀行來的訊息

5.海外駐點回報

第 **5** 章

公司治理與
企業社會責任經營

●●●●●●●●●●●●●●●●●●●●●● 章節體系架構 ▼

Unit 5-1　公司治理的源起及其優點

Unit 5-2　公司治理原則 Part I

Unit 5-3　公司治理原則 Part II

Unit 5-4　公司治理機制之設計

Unit 5-5　企業社會責任的定義及範圍

Unit 5-6　企業社會責任的活動及效益

Unit 5-7　企業社會責任的做法 Part I

Unit 5-8　企業社會責任的做法 Part II

Unit 5-9　企業社會責任的評量指標

Unit **5-1**
公司治理的源起及其優點

　　公司治理（Corporate Governance）已成為21世紀各企業所共同關注的議題。但是公司治理為何受到重視？它是如何產生的？為何企業需要公司治理呢？以下我們要來探討之。

一、公司治理的源起

　　現代公司治理理論或可追溯至美國1930年代，當時美國大型股份有限公司中，股權結構相當分散。導致所有權與支配權分離，進而形成經營者支配的現象。在管理階層僅持有少數股份，且股東因過於分散而無法監督公司經營時，管理階層極有可能僅為自身利益而非基於股東最大利益考量來利用公司資產。因此，如何在公司所有者與經營者間建構一制衡機制，以調和兩者利益，並防範衝突發生，乃公司治理必須面對之核心課題。

二、公司治理的強化

　　1997年亞洲金融危機發生後，「強化公司治理機制」被認為是企業對抗危機的良方。1998年經濟合作暨開發組織（OECD）部長級會議更明白揭示，亞洲企業無法提升國際競爭力的關鍵因素之一，即是公司治理運作無法上軌道。2001年美國安隆案（Enron）後，陸續引發的金融危機，促使美國針對企業管控問題採取積極作為，遂有沙賓法案（Sarbanes-Oxley Act）之公布。我國於1998年爆發一連串企業掏空舞弊案件，其後更因金融機構不良債權問題嚴重，金融風暴一觸即發，故主管機關於1998年起，即開始向國內公開發行公司宣導公司治理之重要性，並在臺灣證券交易所（證交所）、櫃檯買賣中心、證券暨期貨市場發展基金會（以下簡稱「證基會」）及中華公司治理協會等單位共同努力之下，陸續推動獨立董事及審計委員會的制度，及制定符合國情之「上市上櫃公司治理實務守則」，引導國內企業強化公司治理，提升國際競爭力。2006年更進一步將公司治理原則法制化，使其具有法律之約束力，為此分別修正公司法、證券交易法及其相關法規，以期完善公司治理制度。

三、公司治理的三大優點

　　（一）公司治理有助企業國際化：公司治理做得好，才能在世界性資本市場獲得青睞與投資，讓公司更容易取得國際性資本，而邁向國際化路途。

　　（二）公司治理代表股東的期待：公司治理是代表全體大小股東共同期待的重視、承擔與負責。

　　（三）公司治理能避免舞弊：公司治理做得好，有助於避免執行幹部群的舞弊及自利主義（Opportunism）傾向，遏阻企業內部不法及不當事件發生。

公司治理的定義及優點

何謂公司治理？
一種指導及管理的機制，並落實公司經營者責任的過程，藉由加強公司績效且兼顧其他利害關係人利益，以保障股東權益。

公司治理三大優點

① 公司治理做得好，才能在世界性資本市場獲得青睞與投資，讓公司邁向國際化。

② 公司治理代表全體股東共同期待的重視、承擔與負責。

③ 公司治理做得好，有助於避免執行幹部群的舞弊，遏阻企業內部不法事件發生。

日本傳統董事會與公司治理董事會之差異

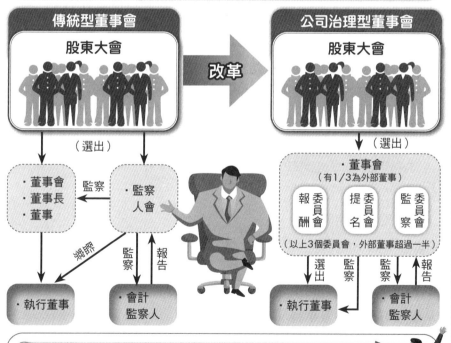

① 報酬委員會：決定董事長、董事、執行董事之薪資、股票分紅等。

② 提名委員會：決定董事人選之提名及選任。

③ 監察委員會：決定對執行董事及專業經理人之監督。

Unit **5-2**
公司治理原則 Part I

　　公司治理在我國日趨重要，不僅因其係國際間的主要議題，更重要的是，優良的公司治理對企業本身助益甚大，因此，公司治理之主要目標在健全公司營運及追求最大利益。根據國內外學者與企業實務的具體做法來看，公司治理有八項原則可供運用。由於本主題內容豐富，特分兩單元介紹。

一、董事會與管理階層應明確劃分

　　大家都很清楚一句名言：「權力使人腐化，絕對權力使人絕對腐化」。如果專業經理人的管理階層可以完全控制董事會，企業將失去制衡與監督機制。這對企業長遠發展將是非常大的傷害。但問題是誰來監督董事會？理論上是股東大會，但股東大會又不一定了解公司運作，因此，還是董事會必須廉潔且有效能。

二、董事會應有半數以上董事是外人

　　在美國，董事是由董事長聘請，但董事長其實只代表董事會裡的一票。一個好的公司，董事長通常會邀請社會的學者、企業家，或是政府部門的人士出任董事，這些人通常也有相當財富，不會受到董事長左右。

　　以美國摩托羅拉公司董事會為例，該公司董事計有15位，其中內部董事只有4人，包括創辦人、現任董事長兼CEO、總經理兼CEO及董事會執行委員會主席等。外部董事則有11人，包括已退休前財務長、默克藥廠資深副總裁、MIT大學媒體實驗室主任、P&G董事會主席、阿肯色大學與Morehouse大學校長，以及其他多位不同行業公司的前任董事長。

　　這些都要建立在一個前提之上，即外部董事必須勇於任事及投入，不是酬庸的位置。

三、董事獨立行使職權

　　董事長聘請董事，就像一個國家的總統，聘請最高法院法官一樣。一旦董事長要解僱董事，必須接受普遍的監督，就像總統不可能隨便開除最高法院法官一樣。如此一來，董事才能獨立行使職權，董事才不會因怕董事長，而不敢發言或反對。

四、董事可以開除董事長

　　董事是向股東負責，不是向董事長負責。董事長經營績效不好，董事可以提出建議、糾正，如果無效，雖然董事是由董事長延聘，但董事可以開除董事長。1993年，有20餘名的IBM董事成員，共同決議開除IBM董事長；美國運通（AE）董事會也做過同樣的事。這種機制在臺灣是看不到的。即使董事長被解聘，但他仍然可以是董事會的董事成員之一。

公司治理八項原則

① 董事會與管理階層應明確劃分
- 不要讓「權力使人腐化，絕對權力使人絕對腐化」的名言成真。
- 管理階層可以完全控制董事會，企業將失去制衡與監督機制。
- 設置董事會，但必須廉潔且有效能。

② 董事會應有半數以上的董事是外人
- 在美國，董事是由董事長聘請，但董事長其實只代表董事會的一票。
- 好公司的董事長通常會邀請學者、企業家或政府部門人士出任董事，因其財富相當，不會受到董事長左右。
- 外部董事必須勇於任事及投入，不是酬庸的位置。

③ 董事要獨立行使職權
- 董事長聘請董事，但不能隨意解僱董事。
- 董事長必須接受普遍的監督，董事才不會怕董事長。

④ 董事可以開除董事長
- 董事是向股東負責，不是向董事長負責。
- 董事長經營績效不好，董事可提出建議、糾正，如果無效董事可開除董事長。

⑤ 董事應持有公司股票

⑥ 董事酬勞大部分應為公司股票

⑦ 建立評估董事機制

⑧ 董事應對股東要求做出回應

經營權與所有權分開，但仍要監督管理團隊

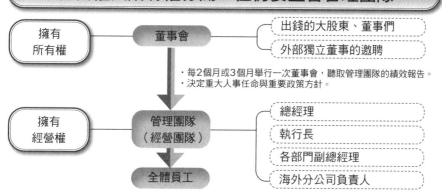

| 擁有所有權 | → 董事會 | ─ 出錢的大股東、董事們 |
| | | ─ 外部獨立董事的邀請 |

- 每2個月或3個月舉行一次董事會，聽取管理團隊的績效報告。
- 決定重大人事任命與重要政策方針。

擁有經營權	管理團隊（經營團隊）	─ 總經理
		─ 執行長
		─ 各部門副總經理
	全體員工	─ 海外分公司負責人

Unit **5-3**
公司治理原則 Part II

優良公司治理的公司，能妥善規劃經營策略、有效監督策略執行、維護股東權益、適時公開相關資訊，為公司爭取投資者的信任，增強投資人之信心，吸引長期資金及國際投資人之青睞尤其重要。因此，公司治理原則的確實運作，更顯得相當重要。

五、董事應持有公司股票

在美國，董事的薪資不高，通常年薪只有2、3萬美元，但擁有相當的股票選擇權。由於董事是「外人」，如果董事沒有公司股票，公司營運好壞則與董事毫無關係，這將很難要求董事確實執行獨立職權。

臺灣許多公司董事是所謂的「法人代表」，公司經營好壞常常與這些人無關，這是不對的。但是很多外部董事，也未必有很多錢可以購買股票（例如學者），因此只要象徵性的買一些，其實也是可以的。

六、董事酬勞大部分應為公司股票

董事酬勞與企業成長有絕對正相關，會刺激董事執行職權，如此一來，董事利益將與股東利益結合，與董事長個人利益無關。

七、建立評估董事機制

董事出席、發言次數、協助決策能力、受其他董事敬重程度等，都可以成為評估董事機制的選項。建立良好的董事評估制度，將使董事更能發揮職權。

國外許多公司的董事責任相當沉重。以德州儀器而言，一個月開一次董事會，每年的年度規劃會議共達4個整天，因此德儀的董事每年必須有15天為德儀開會，開會頻率相當高。

董事不一定只是認可公司提報的規劃，經營層與董事會雙向互動應該非常頻繁；換言之，董事會必須對經營團隊所提出的策略、方向、政策、原則與計畫，提出不同角度與不同觀點的深入分析、辯論，然後形成共識。

八、董事應對股東要求做出回應

在美國，CEO（Chief Executive Office：公司執行長，地位僅次於董事長，是公司第二號有實權地位的最高執行主管）所創造的企業價值太低，而領取過高薪資時，投資機構通常會要求CEO減薪，並要求董事會討論此事。CEO可以毫不理會，但不理會的CEO除非有能力扭轉局勢，否則也將面臨下臺的壓力。尤其在美國經常發生CEO上臺、下臺的情況。

公司治理八項原則

① 董事會與管理階層應明確劃分

② 董事會應有半數以上董事是外人

③ 董事要獨立行使職權

④ 董事可以開除董事長

⑤ 董事應持有公司股票

- 董事沒有公司股票，公司營運好壞則與董事無關，這將很難要求董事確實執行獨立職權。
- 在美國，董事的薪資不高，但擁有相當的股票選擇權。
- 臺灣許多公司董事是「法人代表」，公司經營好壞常常與這些人無關，這是不對的。
- 外部董事只要象徵性的購買一些公司股票，其實也是可以的。

⑥ 董事酬勞大部分應為公司股票

- 董事酬勞與企業成長有絕對正相關，刺激董事執行職權。
- 董事利益將與股東利益結合，與董事長個人利益無關。

⑦ 建立評估董事機制

- 董事出席、發言次數、協助決策能力、受其他董事敬重程度等，都可成為評估董事機制的選項。
- 董事會必須對經營團隊所提出的策略與計畫，提出不同角度的深入分析、辯論，然後形成共識。

⑧ 董事應對股東要求做出回應

- 在美國，CEO所創造的企業價值太低，而領取過高薪資時，投資機構通常會要求CEO減薪，並要求董事會討論此事。
- 董事會有權要求CEO改進，但不理會的CEO除非有能力扭轉局勢，否則也將面臨下臺的壓力。

Unit **5-4**
公司治理機制之設計

公司治理分為內部與外部機制兩種。內部機制是指公司透過內部自治之方式來管理及監督公司業務而設計的制度，例如，董事會運作的方式、內部稽核的設置及規範等。

外部機制是指透過外部壓力，迫使經營者放棄私利，全心追求公司利益，例如，政府法規對公司所為之控制、市場機制中的購併等。

一、我國公司治理機制之設計

我國現行股份有限公司機關之設計，主要係仿效政治上三權分立之精神，設有董事會、監察人及股東會等三個機關，其公司治理內部機制係以董事會為業務執行機關，而由監察人監督董事會業務執行，股東會為最高意思機關，可藉由股東代位訴訟、團體訴訟、歸入權等制度的行使運作，同時監控董事會及監察人兩個機關，藉由此三機關權限劃分之制衡關係，達到公司治理之目的。

二、應比照先進國家設置各種專門委員會

除上述獨立董監事人員外，依歐美先進企業的經驗顯示，為進行各種專門領域之監督，通常會再設立各種專門委員會，包括下列常見的四種：

（一）**審計委員會**：負責檢查公司會計制度及財務狀況、考核公司內部控制制度之執行、評核並提名簽證會計師，且與簽證會計師討論公司會計問題。為貫徹審計委員會之專業性及獨立性，審計委員會通常均由具備財務或會計背景之外部董事參與。

（二）**薪酬委員會**：負責決定公司管理階層之薪資、分紅、股票選擇及其他報酬。

（三）**提名委員會**：主要負責對股東提名之董事人選之學經歷、專業能力等各種背景資料，進行調查及審核。

（四）**財務委員會**：主要負責併購、購置重要資產等重大交易案之審核。

小博士解說

所有權與經營權已漸分離

我國家族企業色彩濃厚。由家族成員擔任公司負責人或管理階層之情形相當普遍，具有所有權與經營權重疊之特性。此項特性雖使得管理階層在公司內之權威更加集中，有助貫徹命令之執行，但卻容易造成負責人獨裁，危害一般小股東之情形。惟近年來隨著產業結構之調整，電子產業的蓬勃發展，主要技術與資本之結合，漸漸擺脫家族企業之色彩，我國上市公司董事及監察人之持股比例呈下降之趨勢，上市公司之股權結構已漸走向經營權與所有權分離之趨勢。

公司治理有問題5指標

① 如何判斷公司治理有風險？

② 董事會成員大部分均為家庭成員

③ 財報附注關係人交易部分複雜且過多

④ 與本業無關的轉投資過多且失當

⑤ 董監事債權設定較多，涉入股市較深

⑥ 連年虧損或獲利比同業差很多

強化公司治理資訊揭露規範

公司治理揭露事項	揭露要求
公開發行公司年報應記載事項（公開發行公司年報應行記載事項準則第七條） 	・致股東報告書 ・公司簡介 ・公司治理報告 ・募資情形：資本及股份、公司債、特別股、海外存託憑證、員工認股權憑證及併購之辦理情形暨資金運用計畫執行情形 ・營運概況 ・財務概況 ・財務狀況及經營結果之檢討分析與風險事項 ・特別記載事項（如關係企業三書表與私募有價證券辦理情事）
強化董事、監察人資訊揭露（公開發行公司年報應行記載事項準則第十條）	・應揭露董、監事及經理人最近年度之酬金，並比較說明給付酬金之政策、標準與組合，訂定酬金之程序及與經營績效之關聯性。 ・應揭露公司董監事所具專業知識及獨立性情形等相關資訊。 ・應揭露董事會運作情形、審計委員會運作情形。 ・與財務報告有關人士辭職解任情形匯總。
股權結構 	・揭露內部人股權轉讓及質押情形。 ・公司與內部人對轉投資事業之控制能力等相關資訊。 ・揭露公司之股東結構、主要股東名單及股權分散與情形。
增列風險管理資訊	・增列財務狀況及經營結果之檢討分析與風險管理事項。 ・應揭露公司員工分紅資訊。 ・更換會計師相關資訊。
其他相關強制揭露資訊 	・公司治理與上市櫃公司治理實務守則差異性。 ・股東會及董事會之重要決議。 ・公司及其內部相關人員之處罰、違反內部控制制度之主要缺失與改善情形。 ・產業之現況與發展，產業上、中、下游之關聯性，產品之各種發展趨勢及競爭情形暨長、短期業務發展計畫。 ・公司各項員工福利措施、進修、訓練、退休制度及其實施情形，以及勞資間協議與各項員工權益維護措施情形。

Unit **5-5**
企業社會責任的定義及範圍

　　隨著消費意識及自我權益認知的高漲，現代企業已充分體認到善盡「企業社會責任」（Corporate Social Responsibility, CSR）的必要性及急迫性。

一、CSR的定義與觀點

　　（一）本著「取之於社會，用之於社會」理念：CSR係指企業應本著「取之於社會，用之於社會」的理念，多做一些善舉，用以回饋社會整體，使社會得到均衡、平安、乾淨與幸福的發展。

　　（二）本著「慈悲的資本主義」精神：CSR係指企業應本著「慈悲的資本主義」觀念，勿造成富人與窮人的對立，也勿造成贏得財富卻毀了這個環境的不利事件。因此，在慈悲的精神下，舉凡環保維護、窮人捐助、病人協助、藝文活動贊助等，都是現代企業回饋社會之舉。

　　（三）內外部全方位的善盡責任：CSR並不是單一的指向社會弱勢團體之捐助。舉凡產品品質的不斷改善、超額不為獲利的價格下降回饋、公司資訊公開透明化、產品與服務的不斷創新改善、勞工保障等，均是現代企業CSR應做之事。

　　（四）要兼顧經濟觀點與社會觀點：CSR觀點係認為企業的功能及任務，並不是唯一的賺錢及獲利。如果只是單一的「經濟觀點」，而缺乏「社會觀點」，那麼在資本主義下的社會，就可能會有失衡與對立的一天。因此，企業必須將經濟觀點與社會觀點同時納入企業的經營理念。這樣才是卓越、優質與獲得大眾好口碑的好企業。

二、CSR與關係人範圍

　　企業社會責任（CSR）要面對哪些關係人（Stakeholders）呢？大體來說，與下列這些人都有一些關係，包括股東、投資機構、顧客、行政主管機關、地區居民、大眾媒體、業界公會、員工、勞工工會、上游供應商、下游通路商，以及非營利事業機關等十二種關係人範圍。企業社會責任即在思考如何滿足這些不同人與不同團體的社會性需求或專業性需求。

小博士解說

良知消費

良知消費（Ethical Consumerism）又稱道德消費，是指購買符合道德良知的商品。一般而言，這是指沒有傷害或剝削人類、動物或自然環境的商品。良知消費除了「正面購買」符合道德的商品，或支持注重世界整體利益而非自身利益營運模式之外，亦可採取「道德抵制」的方式，拒絕購買不符合道德的商品，或是抑制違反道德的公司。

CSR活動主題

- 10.保障勞工基本權益
- 9.對教育活動的贊助
- 1.對環保的實踐
- 8.匡正社會善良風俗
- 2.對弱勢團體的捐助
- 7.對藝文、運動的贊助
- CSR活動主題
- 3.對商品品質的把關
- 6.營運資訊完全公開透明
- 4.落實公司治理
- 5.對節能減碳的實踐

CSR對企業的助益

1.獲得社會及消費者信賴

2.塑造企業優良形象

3.獲得股東支持

4.塑造優良企業文化

5.獲得投資機構的好評

6.間接有助營運績效提升

Unit **5-6**
企業社會責任的活動及效益

　　全球在地化已成趨勢，企業除了關心利潤、投資擴張及股東權益外，愈來愈多的臺灣企業開始展現關懷社會的經營理念，以具體行動，誠心對社會大眾做出貢獻。除了努力創造更美好的環境外，也成為臺灣企業人性化經營的最佳典範。

　　那要如何才能善盡企業社會責任（CSR）呢？良善的活動策劃與舉辦，是一個可與外界連接的橋梁，這股看不見的力量，也會產生意想不到的正面效應。

一、CSR與活動主題內容

　　根據企業實務的作業顯示，大致有下列活動內容，均可歸納為企業應有的社會責任，包括：1.對政府相關法令的遵守及貫徹；2.對外部環境維護與保持（環保）的實踐；3.對顧客個人資訊與隱私資料的維護；4.對社會弱勢團體的救助或贊助捐獻；5.對商品品質與安全的嚴格把關；6.對員工與勞工權益的保障及依法而行；7.對工作場所安全衛生的保護；8.對公司的落實治理（Corporate Governance）；9.對社會藝文與健康活動的贊助；10.對商品或服務定價的合理性，沒有不當或超額利益；11.對媒體界追求知的權利之適度配合公開及接受參訪或訪問；12.公司營運資訊情報依法公開與透明化，以及13.對社會善良風俗匡正的有益貢獻。

二、CSR帶來哪些助益

　　一家企業若能做好CSR，將會為企業帶來長期可見的效益，包括：1.有助該企業獲得社會全體的信賴；2.有助優良企業形象的塑造；3.有助企業獲得良好的大眾口碑支持；4.有助企業品牌知名度、喜愛度、忠誠度及再購率的提升；5.有助大眾媒體正面性的充分報導與媒體露出；6.有助企業長期性優良營運績效的獲致及維繫；7.有助得到消費大眾的正面肯定與支持、敬愛；8.有助得到政府機構的正面協助；9.有助得到大眾股東及投資機構的好評，從而支持該公司股價的上升；10.有助內部員工的榮譽感與使命感建立，並營造出優質的企業文化，以及提升員工對公司的滿意度及向心力，以及11.有助減少外部團體對該公司做出不利的舉動及造成傷害。

小博士解說

全球在地化

全球在地化（Glocalization）也有譯為在地全球化者，是全球化（Globalization）與在地化（Localization）兩字的結合，意指個人、團體、公司、組織、單位與社群同時擁有「思考全球化，行動在地化」的意願與能力。這個名詞被使用來展示人類連結不同尺度規模（從地方到全球）的能力，並幫助人們征服中尺度、有界限的「小盒子」的思考。

善盡企業社會責任主題內容

1. 遵守政府相關法令

2. 對環保的實踐

3. 對顧客資訊隱私的維護

4. 對社會弱勢團體的救助與捐獻

5. 對商品品質嚴格把關

6. 對員工權益的保障

7. 對工作場所安全的維護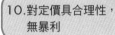

8. 落實公司治理

9. 對社會藝文與健康活動贊助

10. 對定價具合理性，無暴利

11. 公開透明化經營資訊

12. 匡正社會善良風俗

CSR對企業帶來的七大好處

CSR 對企業的好處

① 獲得社會全體信賴

② 塑造優良企業形象

③ 有助品牌知名度、喜愛度及忠誠度提升

④ 間接有助企業經營績效提升

⑤ 間接有助於得到政府產業政策的協助

⑥ 有助該公司股價上升

⑦ 有助內部員工向心力凝聚

CSR好處多多，應努力實踐

企業	短期	長期
・董事會 ・管理團隊	・要獲利 ・要賺錢	・要努力實踐CSR ・才能有效長期永續經營

Unit **5-7**
企業社會責任的做法 Part I

企業社會責任（CSR）有很多面向及多元化的不同取向做法，如果我們以不同對象為例來看，大致有以下做法，可資參考使用。

由於本主題可探討的內容頗為豐富，故特分兩單元予以介紹。

一、對大眾媒體

公司的各項資訊與發展，應充分公開讓大眾媒體知道，以滿足媒體報導的需求，並應樂於接受媒體的各種專訪需求；同時定期邀請媒體記者餐敘或參訪，以促進雙方的良好互動關係及了解。

二、對社會整體

公司應成立文教基金會或公益慈善基金會，以適度能力捐助或贊助社會各種弱勢團體及慈善非營利事業機構，以使他們能夠得到扶助。

公司並且應該不斷改善營運效率及效能，降低成本，利用降價或其他方式回饋給大眾消費者。

三、對環保

公司應投資適當的環保設備及措施，以免汙染外部環境，為社會環境打造乾淨無汙染的空間。

四、對消費者

公司應不斷加強研發與技術能力，以提高產品的品質、功能、耐用期限及設計美感，為消費者帶來更好的使用經驗，並滿足消費者需求。

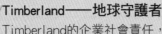

Timberland——地球守護者

Timberland的企業社會責任，代表著Timberland「Humanity人性」、「Humility謙遜」、「Integrity正直」和「Excellence卓越」的核心價值，為了建構強而有力的社群，達成永續經營的目標；Timberland的企業社會責任展現在實踐「環境責任」、「社區參與」和「全球性的人權保護」等政策，朝目標邁進。Timberland推廣「地球守護者」乃起因於熱愛大自然，負有保護天然資源之責任，為了守護地球，採取使地球永續的行為，以種植樹木、使用太陽能源、開發永續產品、獎勵志工活動等方式，表現出對大自然的敬意。

看不見的力量──CSR的做法

1.對大眾媒體

2.對社會整體

3.對環保

9.對大眾股東

CSR

4.對消費者

8.對員工

7.對地方社區

6.對政府機構

5.對投資機構

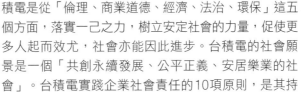

知識補充站

台積電的5落實與10原則

台積電前董事長兼執行長張忠謀先生堅信，所謂「企業社會責任」就是成為促使社會向上提升的力量。張忠謀表示，台積電是從「倫理、商業道德、經濟、法治、環保」這五個方面，落實一己之力，樹立安定社會的力量，促使更多人起而效尤，社會亦能因此進步。台積電的社會願景是一個「共創永續發展、公平正義、安居樂業的社會」。台積電實踐企業社會責任的10項原則，是其持續為社會帶來正向發展的重要圭臬：1.堅持誠信正直，對股東、員工及社會大眾皆同；2.遵守法律、依法行事、絕不違法；3.反對貪腐，拒絕裙帶關係，不賄賂，也不搞政商關係；4.重視公司治理，力求在股東、員工及所有利益關係人之間，達到利益均衡；5.不參與政治；6.提供優質工作機會，包括良好的待遇、具有高度挑戰的工作內容，及舒適安全的工作環境，以照顧員工的身心需求；7.因應氣候變遷，重視並持續落實環境保護措施；8.強調並積極獎勵創新，並充分管控創新改革的可能風險；9.積極投資發光二極體照明以及太陽能等綠能產業，為環保節能盡一份心力，以及10.長期關懷社區，並持續贊助教育及文化活動。

Unit **5-8**
企業社會責任的做法 Part II

　　企業要善盡社會責任的做法，如前文所說，有多種面向及不同取向，不僅對消費者，更要擴大到社會整體；不僅要注重環保，也要將公司的各項資訊與發展公開化。這些做法無非是要向社會大眾宣告——我是禁得起放大檢視的正派企業。

五、對投資機構

　　公司應定期舉辦法人說明會，以使外部投資機構了解本公司的營運狀況，有助於他們做出正確的投資判斷，避免他們投資損失。

六、對政府機構

　　公司應遵守政府的法規，而從事必要的社會責任活動。同時應編製「年度CSR報告書」，以揭露公司每年度做了哪些CSR活動及投入多少財力、人力、物力。

七、對地方社區

　　公司應與當地社會民眾多做溝通，以使地方社區了解公司的各項CSR作為。同時應適度回饋社區，以捐獻或義工支援社區方式，與社區建立良好互動關係。

八、對員工

　　公司應依政府人事規章，遵守法令規定，依法執行對待員工的各項權利及義務；並應依企業經營理念，善待員工，避免過多的勞資糾紛及勞資對立，提升員工對公司的滿意度；同時也可鼓勵員工組成社會志工團隊，投入CSR外部活動。

九、對大眾股東

　　公司應塑造優良CSR的企業形象，並透過好的營運績效，及不斷提升在公開市場的股價，以及回饋理想的股利給股東，使大眾股東得到充分的滿意。

小博士解說

中化製藥的CSR

中國化學製藥股份有限公司成立於1952年，經營藥品製造、販賣以及有關之進出口業務，其專業頗受肯定，陸續與先進國家各大藥廠、醫療用品企業建立技術合作及產銷計畫。該公司為紀念創辦人王民寧先生提升國人健康、製藥技術、帶動國內醫藥事業的志業，於1989年成立財團法人王民寧先生紀念基金會，以獎勵醫藥學術研究和發展醫藥教育，同時也廣泛地參與各項社會公益活動，使基金會的功能更加彰顯。

CSR對投資機構、股東的做法

2.定期出版「年報」

3.營運資訊即時公開、透明、公告

1.定期舉辦法人說明會

4.接受媒體專訪、投資機構專訪

5.遵守政府法令規定

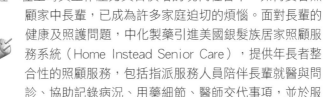

知識補充站

中化製藥——老人照護，面面俱到

根據調查顯示，有超過半數的長輩和子女每天相處不到30分鐘。在工時與工作壓力與日俱增的現代社會中，如何妥善照顧家中長輩，已成為許多家庭迫切的煩惱。面對長輩的健康及照護問題，中化製藥引進美國銀髮族居家照顧服務系統（Home Instead Senior Care），提供年長者整合性的照顧服務，包括指派服務人員陪伴長輩就醫與問診、協助記錄病況、用藥細節、醫師交代事項，並於服務結束後與家屬討論每個細節，減輕家庭照顧者的負擔，強化其照顧能力及意願。除了身體健康面向以外，中化製藥透過有計畫、有目標的活動安排，鼓勵健康的老人走入人群、分享豐富的人生閱歷，增加長輩們心靈上的寄託，增加長輩與社區的互動，達到身、心、靈並重的照顧。

中化製藥並注意到，周全的長輩居家照顧，除了主要照顧者必須擁有對於身體照顧、與長輩的溝通及心理問題等方面的知識與技巧以外，這些知識與技巧也必須落實到長輩周遭的人，因此，中化製藥常利用當地的社區資源舉辦衛教講座。

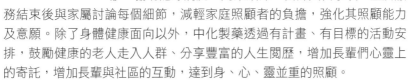

095

Unit **5-9**
企業社會責任的評量指標

　　我國為協助國內上市上櫃公司履行企業社會責任，追求企業永續發展，財團法人中華民國證券櫃檯買賣中心與臺灣證券交易所共同制定「上市上櫃公司企業社會責任實務守則」，於2010年2月8日公布，期望企業能為環境及社會多盡一份心力。

一、國內企業社會責任實務守則

　　櫃買中心表示，企業社會責任實務守則將作為國內上市上櫃公司落實企業社會責任的基本參考原則。

　　櫃買中心指出，隨著地球環境暖化問題日益嚴重，以及全球性金融風暴的發生，愈來愈多的國際組織及專家開始呼籲企業應重視其社會責任，期許企業除了傳統經營宗旨——獲利之外，也能多考量公司在環境、社會、治理、人權等方面的責任與義務。

　　守則內容涵蓋總則、落實推動公司治理、發展永續環境、維護社會公益、加強企業社會責任、資訊揭露以及附則。

二、國外CSR的指數評量

　　國外高盛、花旗、摩根史坦利、金融時報等，均分別發展出CSR指數評量的面向，可以歸納為下列四個面向：

　　（一）公司治理：強調運作透明，才能對員工與股東負責。

　　（二）企業承諾：強調創新與培育員工，不斷提升員工的價值與提供消費者有益的服務。

　　（三）社會參與：就是以人力、物力、知識、技能投入社區。

　　（四）環境保護：強調有目標、有方法的使用與節約能源，減少汙染。

小博士解說

CSR國際標準

CSR標準很多，比較廣泛運用的，包括：1.OECD多國企業指導綱領；2.聯合國「全球盟約」；3.全球蘇利文原則；4.全球永續性報告協會，以及5.道瓊永續性指數。臺灣目前針對國際性的企業社會責任評鑑標準，為企業進行比較完整的CSR體質檢驗的，應該是《天下雜誌》，評鑑標準包括企業治理、企業承諾、社會參與、環境保護等四個面向，比較趨近CSR國際標準。以《天下雜誌》企業公民獎2010年得獎者為例，台達電、台積電與中華電信，都是國內企業社會責任實踐力非常完整的企業。

如何評量企業CSR成效

1.公司治理做得好不好

2.企業承諾實踐得如何

**CSR
評量4指標**

3.對社會參與的熱心與實踐

**4.對環保、綠能、節能減碳
實踐得如何**

知識補充站

KPMG成立全國性志工活動

美國安侯建業聯合會計師事務所（KPMG LLP，審計及稅務諮商事務所）於2011年9月1日宣布成立全國性的志工活動，名為「紀念服務」（Service in Remembrance），紀念911十週年。9月6日至11日開跑之「紀念服務」一系列活動中，上千位KPMG合夥人及員工在全美超過200個非營利組織開始志工行動。

「911留給我們的遺產之一，是人們學會共同為需要幫助的人提供服務。在此十週年紀念日，全國的人們都會自願參與志工服務，以改善這個我們所生活並工作的地方，紀念911中的罹難者及無名英雄。」KPMG主席兼執行長John Veihmeyer如此說道。

美國KPMG除了准予每位員工每年付出12個志工小時之外，還額外提供志工假，鼓勵員工投入服務行列。全美85個KPMG分支與超過200個當地非營利組織合作，支援「紀念服務」活動。KPMG合夥人及員工亦得自由選擇加入非營利組織，提供志工服務。

第 6 章

SWOT分析與
問題解決步驟

章節體系架構 ▼

Unit 6-1　SWOT分析內涵及邏輯架構 Part I

Unit 6-2　SWOT分析內涵及邏輯架構 Part II

Unit 6-3　鴻海郭台銘解決問題的九大步驟 Part I

Unit 6-4　鴻海郭台銘解決問題的九大步驟 Part II

Unit 6-5　鴻海郭台銘解決問題的九大步驟 Part III

Unit 6-6　利用邏輯樹思考對策及探究原因

Unit 6-7　問題解決工具

Unit 6-8　問題解決實例

Unit **6-1**
SWOT分析內涵及邏輯架構 Part I

　　SWOT分析是大家耳熟能詳的分析方法，其有兩種圖示表達方法如右頁，我們可從這兩種角度呈現，並予以分析探討。由於本主題內容豐富，特分兩單元介紹。

一、SWOT分析

　　SWOT分析即強弱危機綜合分析法，是一種企業競爭態勢分析方法，是市場行銷的基礎分析方法之一，透過評價企業的優勢（Strengths）、劣勢（Weaknesses）、競爭市場上的機會（Opportunities）和威脅（Threats），以期在制定企業的發展戰略前，對企業進行深入全面的分析以及競爭優勢的定位。從右圖SWOT之分析架構，我們可得知以下兩點結論：

　　（一）從公司內部環境來看，有哪些強項及弱項：例如，公司成立歷史長短、公司品牌知名度的強弱、公司研發團隊的強弱、公司通路的強弱、公司產品組合完整的強弱、公司廣告預算多少的強弱、公司成本與規模經濟效益的強弱等。

　　（二）從公司外部環境來看，有哪些好機會（好商機）或威脅（不利問題）：例如，茶飲料崛起、健康意識興起、自然、有機、樂活風潮流行、景氣低迷對平價商品或平價商店的機會等。

二、SWOT分析後的因應對策

　　在經過SWOT交叉分析下，可發展出四種可能狀況下的因應對策：

　　（一）攻勢戰略：公司擁有的強項，而且又是面對環境商機出現，則此時本公司應採取什麼樣的A行動。此行動當然即是趕快加入參與的積極攻勢戰略。

　　（二）階段性對策：公司面對環境商機，但公司卻是弱項，則此時公司應考量是否能夠補足這些弱項，轉變為強項，如此才能掌握此商機。此時為B行動。

　　（三）差別化戰略：至於C行動，則是面對環境的威脅與不利，但卻是本公司的強項，此時亦應考慮如何應變。例如，某食品公司的專長優勢是茶飲料，但面對很多對手都介入茶飲料市場，此時該公司應如何應對呢？

　　（四）防守或撤退戰略：最後是D行動，則同時是環境威脅，又是本公司弱項，此時公司就必須採取撤退對策了。

三、企劃部門應有的職責

　　行銷企劃部門或經營企劃部門應有專人專責，定期提出SWOT分析，主要從兩種角度著手：

　　（一）OT分析：公司在行銷整體面向，面臨哪些外部環境帶來的商機或威脅呢？這可從以下幾個面向得知，即：1.競爭對手面向；2.顧客群面向；3.上游供應商面向；4.下游通路商面向；5.政治與經濟面向；6.社會、人口、文化、潮流面向；7.經濟面向，以及8.產業結構面向等。上述1~8項的改變，將會對公司帶來有利或是不利的影響，值得行銷企劃人員予以關注，並深思因應對策。

SWOT分析（知己知彼分析）

1.公司內部環境 （SW分析）	S：強項（優勢）	W：弱項（劣勢）
	S：Strength S：…… S：……	W：Weakness W：…… W：……

2.公司外部環境 （OT分析）	O：機會	T：威脅
	O：Opportunity O：…… O：……	T：Threat T：…… T：……

	S：強項（優勢）	W：弱項（劣勢）
機會	A行動→攻勢戰略	B行動→階段性對策
威脅	C行動→差別化戰略	D行動→防守或撤退戰略

SWOT環境分析架構

環境分析
- 1.內部環境分析（了解自己）
  - **S** 強點
  - **W** 弱點
- 2.外部環境分析（了解外部）
  - **S** 強點
  - **W** 弱點

→ SWOT分析

	《好影響》	《不好影響》
《內部環境》	S（強點）	W（弱點）
《外部環境》	O《機會》	T（威脅）

Unit **6-2**
SWOT分析內涵及邏輯架構 Part II

圖解企業管理（MBA學）

　　SWOT分析，嚴格說來，要分析的細目很多，從各種情報的蒐集，例如，技術革新、新商品開發趨勢、競爭企業的動向、政策與法令的改變、經貿動向、消費者的改變、其他不測事件或突發事件。再將蒐集到的情報做數量與質的雙重預測，以作為機會或威脅程度的判斷依據，然後才能將策略方向明確化，並擬定具體戰略以執行。

三、企劃部門應有的職責(續)

　　（二）**SW分析**：此外，企劃人員也要定期檢視公司內部環境及內部營運數據的改變，而從此觀察到本公司過去長期以來的強項及弱項是否也有變化，即強項是否更強或衰退，以及弱項是否得到改善或更弱。而這些問題要如何得到具體答案呢？我們可從以下幾個變化得知，即：1.公司整體市占率、個別品牌市占率的變化；2.公司營收額及獲利額的變化；3.公司研發能力的變化；4.公司業務能力的變化；5.公司產品能力的變化；6.公司行銷能力的變化；7.公司通路能力的變化；8.公司企業形象能力的變化；9.公司廣宣能力的變化；10.公司人力素質能力的變化，以及11.公司IT資訊能力的變化。看看這十一種變化，哪些是讓公司更強或更弱的關鍵，找到後即能一一突破，然後調整、改善並強化。

四、SWOT分析案例

　　為讓讀者對SWOT分析有更明確的認識，本文以統一速食麵面對味全康師傅速食麵之挑戰的SWOT分析為例，特分述如下：

　　（一）**統一面對威脅**
　　1.康師傅為大陸第一品牌，回攻臺灣第一品牌。
　　2.統一過去速食麵市占率高達50%，反而是一個被分食攻擊的目標，江山難守。
　　3.康師傅之割喉戰超低價殺進市場，會影響整個市場價位向下殺，影響獲利水準。

　　（二）**統一面對機會**
　　1.臺灣速食麵市場可能會因而擴大（注：事實證明是擴大了市場，估計從100億規模，擴大為120億規模）。
　　2.發展高價位的速食麵市場及副品牌市場。

　　（三）**統一擁有的優勢強點**：統一具有品牌知名度高、7-11通路關係良好、產品系列多、品牌忠誠度高，以及集團資源多等五點優勢。

　　（四）**統一的弱點**：統一未必每個系統產品都是物美價廉，同時市占率太高，不易守成，尤其在低價格戰時更是不易。

　　（五）**結果**：統一經過一系列的SWOT分析後，三年後的結果證明，味全康師傅並沒有成功擊敗統一企業泡麵的市場地位與市占率，而來勢洶洶的臺灣康師傅在這場速食麵爭餅大戰中，自己已承認反而打了一場敗戰。

SWOT分析細目

① 公司內部資訊情報的強項與弱項

> 可從組織面向→行銷4P面向→商品及推廣面向來看

組織與管理

企業的營運系統

- 研發技術
- 商品開發
- 採購
- 製造
- 行銷、銷售
- 物流
- 服務

行銷4P

產品 (Product)

定價 (Price)

4P

通路 (Place)

推廣 (Promotion)

商品與推廣

- 產品生命週期
- PPM（產品組合管理；即搖錢樹、明日之星、問題兒童、落水狗等4種產品結構）
- AIDMA（即產品處在認知期、注意期、欲望期、記憶期或行動期等）

② 公司外部資訊情報的商機與威脅

總體環境

政治 Political

經濟 Economy

PEST

社會 Social

科技 Technology

個體環境

供應商環境

通路商環境

競爭者環境

產業五力分析

顧客與競合環境

競爭與合作分析

顧客與競合環境

同業

異業

競爭與合作分析

103

如何分析事業「機會」與「威脅」

① **事業機會與威脅基本影響要因（情報蒐集與分析）**

② **數量預測**

★國內外研究機構、政府機構的推估數據

機會或威脅程度的判斷依據

③ **質的預測**

- 本公司的產業調查及市場調查
- 營業單位的預測
- 經驗的判斷

④ **做出經營決策**

Unit **6-3**
鴻海郭台銘解決問題的九大步驟
Part I

　　國內第一大企業鴻海科技集團創辦人郭台銘，他所自創的「郭語錄」，在該公司內部很有名，幾乎他身邊每個特助及中高階主管都必須熟悉這些郭董事長數十年來的經營心得與管理智慧。「郭語錄」廣泛被員工熟記且經常被考問到的，就是解決問題的智慧及做法。郭台銘提出九大步驟，摘要闡釋如下，因內容豐富，特分三單元介紹。

一、發掘問題

　　企業運作其實都是在解決當前浮現出來的問題。如果沒有問題，就按照慣常方式（Routine）做下去。但是，如果出現棘手問題，就馬上尋求解決問題。不過，企業卓越經營者的定義有兩種：

　　（一）建立標準化：把處理事情的模式，盡量標準化（Standard Operation Process, SOP），亦即我們常說的，要建立一種「機制」（Mechanism），透過法治，而不是人治。法治才可以久遠，人治則將依人而改變處理原則及方式，那會製造更多的問題。有了標準化及機制化之後，問題可能就會減少些。

　　（二）標準化不能解決所有問題：企業不可能在標準化之後，就沒有問題了。一方面是內部環境改變，使問題出現；另一方面是外部環境改變使問題出現。尤其是後者更難以控制，實屬不可控制因素。例如，某個國外大OEM代工客戶，由於某些因素而可能轉向我們的競爭對手後，這就是大問題了。

　　因此，卓越企業的準則是希望提早發現問題，使問題在剛萌芽或發酵的潛伏期，我們就能即刻掌握而快速因應，撲滅或解決尚未形成的問題。因此，「發掘問題」是一門重要的工作與任務。

　　任何公司應有專業部門處理這些潛藏問題的發現與分析；另外，在各既有部門中，也會有附屬單位做這方面的事。當這些單位發掘問題後，就應依循著一定的機制（或制度、規章、流程），反映給董事長、總經理或事業總部副總經理，好讓他們及時掌握問題的變化訊息，然後才能預先防範及思考因應對策。

二、選定題目

　　問題被發掘之後，可能會有下列兩種狀況：

　　（一）問題很複雜也有多種面向：這時候必須深入探索分析，解開盤根錯節，挑出最核心、最根本且最必須放在優先角度來處理的問題。

　　（二）問題比較單純，比較單一面向：這時候，就比較容易決定如何處理。

　　不管是上述哪一種狀況，在此階段，就是必須選定題目，確定要處理的主題或題目是什麼？選定題目有幾項原則，即此項目必須是當前的（當下的）問題、優先處理的問題、重大性的問題、影響深遠的問題、急迫的問題及影響多層面的問題等。這些問題都必須經由老闆或高階主管出面做決策。至於小問題，就由第一線人員、現場人員或各部門人員處理即可。

企業應隨時隨地發掘問題

1.企業內部自身的變化

2.外部競爭對手的變化

3.外部大環境的變化

三大不利變化

- 影響本公司的不利發展
- 隨時隨地發掘潛在不利問題

思考：如何解決與因應對策

問題有簡單與複雜二大類

1.簡單的問題

快速解決

2.複雜的問題

- 多面向的剖析
- 多角度看法
- 挑出核心點
- 找出優先順序（priority）
- 訂出短、中、長期解決時程表

逐步逐項解決

105

為什麼會有問題？

1.企業面對的經營環境，每天都在變化中！

2.企業內部自身的條件及狀況也在變化中！

3.不是一切有SOP，就代表沒有問題了！

所以，企業一定會面臨各式各樣簡單或複雜的不利問題！

面對問題，勇於解決，即刻解決！

Unit **6-4**
鴻海郭台銘解決問題的九大步驟
Part II

成功企業的背後，一定有著其為何成功的定律，「郭語錄」值得細細鑑賞品味。

三、追查原因

在追查原因時，要區分以下兩個層面來看：

（一）**善用分析工具**：比較有系統的分析工具，大概以「魚骨圖」方式或「樹狀圖」方式較為常見。以魚骨圖為例，如右圖所示，乃表示某一個浮現的問題，可以從四大因素與面向來看待，而每個因素又可分析出兩項小因子，因此，總計有八個因子，造成此問題的出現。至於「樹狀圖」也如右頁圖所示，其表示方法則是將問題的所有可能產生原因分層羅列，從最高層開始，並逐步向下擴展。

（二）**有形原因與無形原因**：在追查原因上，我們還要再區分為有形的原因（即是可找出數據、來源或對象等支撐），以及無形的原因（即是無法量化、無法有明確數據，不易具體化的，比較主觀、抽象、感覺或經驗的）。然後，綜合這些有形原因與無形原因，作為追查原因的總結論。

四、分析資料

分析最好要有科學化、統計化，以及系列性、長期性的數據加以支持。不可憑短暫、短期、主觀、片面及單向性的數據，就對問題做出判斷。因此，在進行數據分析時，應注意以下幾項原則：

（一）**歷史性、長期性比較分析**：與過去數據相較，看看發生了什麼變化？

（二）**產業比較分析**：與所在的產業相較，看看發生了什麼變化？

（三）**競爭者比較分析**：與所面對的競爭者相較，看看發生了什麼變化？

（四）**事件行動比較分析**：採取行動後，與沒有採取行動之前相較，看看發生了什麼變化？

（五）**環境影響比較分析**：以外部環境的變化狀況與自己現在的數據相較，看看發生了什麼變化？

（六）**政策改變影響比較分析**：與政策改變後相較，看看發生了什麼變化？

（七）**人員改變影響比較分析**：與人員改變後相較，看看發生了什麼變化？

（八）**作業方式改變比較分析**：與作業方式改變後相較，看看發生了什麼變化？

五、提出辦法

在資料分析後，大致知道該如何處理。接下來，即是要集思廣益，提出辦法與對策。

其中，辦法與對策不應只限於一種，應從各種不同角度來看待問題與相對應的不同辦法，主要是希望思考周全一些，視野放遠一些，以利老闆從各種面向考量，進而做出最有利於當前階段的最好決策。

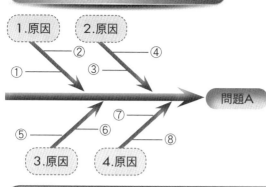

魚骨圖分析問題方法

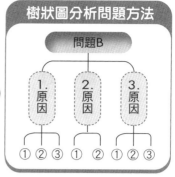

樹狀圖分析問題方法

鴻海郭台銘董事長解決問題的九步驟

① 發掘問題 → **②** 選定題目

③ 追查原因

→①善用系統的分析工具，最為常見的是「魚骨圖」方式或「樹狀圖」方式。
　②在追查原因上，還要再區分為有形的原因與無形的原因，作為追查原因的總結論。
　　★有形的原因→可找出數據、來源或對象等支撐的原因。
　　★無形的原因→無法量化、無法有明確數據，不易具體化的，比較主觀、抽象、感覺或經驗的原因。

④ 分析資料

→(1) 分析最好要有科學化、統計化，以及系列性、長期性的數據加以支撐。
　(2) 數據分析8原則：①歷史性、長期性比較分析；②產業比較分析；③競爭者比較分析；④事件行動比較分析；⑤環境影響比較分析；⑥政策改變影響比較分析；⑦人員改變影響比較分析；⑧作業方式改變比較分析

107

⑤ 提出辦法

→應從各種不同角度來看待問題與相對應的不同辦法，以利老闆從各種面向考量，進而做出最好決策。

⑥ 選擇對策 → **⑦** 草擬行動 → **⑧** 成果比較 → **⑨** 標準化

知識補充站

提出辦法須知原則 ◄

在提出辦法與對策時，應注意以下原則：1.應進行自己部門內的跨單位共同討論，提出辦法；2.應進行跨部門的共同聯合開會討論、辯證、交叉詢問，然後才能形成跨部門、跨單位的共識辦法及對策，以及3.所提出的辦法應具有立竿見影之效與面對現實的勇氣，並分析該辦法可能產生的不同正面效果或連帶產生的負面效果。

Unit 6-5
鴻海郭台銘解決問題的九大步驟
Part III

圖解企業管理（MBA學）

　　郭董的問題解決九大步驟有其實用價值，但企業為了爭取時效，有時也會將一、兩個步驟壓縮進行，但要如何做到忙中有序又不出錯，則端賴領導者的智慧了。

六、選擇對策

　　提出辦法後，必須向各級長官及老闆做專案開會呈報，或個別面報，通常以開會討論方式居多。此時，老闆會在徵詢相關部門的意見與看法之後做決策。也就是老闆要選擇採取哪一種對策。

　　例如，某部門提出如何挽留國外大OEM客戶的兩種不同看法、思路與辦法對策請示老闆，老闆就要做決策，究竟是A案或B案。

　　當然老闆在做決策時，他的思考面向與部屬不一定完全相同，此時老闆的選擇對策，要基於下列比較因素與觀點：1.短期與長期觀點的融合；2.戰略與戰術的融合；3.利害深遠與短淺的融合；4.局部與全部的融合；5.個別公司與集團整體的融合，以及6.階段性任務的考量。

七、草擬行動

　　老闆選擇對策之後，即表示確定了大方向、大策略、大政策與大原則。接下來，權益部門或承辦部門即應展開具體行動與計畫研擬，以利各部門作為實際配合執行的參考作業。

　　在草擬行動方案時，為使其可行與完整，同樣的，也經常結合相關部門單位，共同或分工分組研擬具體實施計畫，然後再彙整成為一個完整的計畫方案。

八、成果比較

　　當行動進入執行階段後，就必須即刻進行觀察成效。有些成效當然是短期內可以看到，但有些成效則需要較長的時間，才可以看到它所產生的效果，這樣才比較客觀。因此，對於成果比較，我們應掌握以下幾點原則：1.短期成果與中長期成果的比較觀點；2.所投入成本與所獲致成果的比較分析；3.不同方案與做法下，所產生的不同成果比較分析；4.戰術成果與戰略成果的比較分析；5.有形成果與無形成果的比較分析；6.百分比與單純數據值的成果比較分析，以及7.當初所設定預期目標數據與實際成果的比較分析。在這七點成果比較分析的兼顧觀點下，才能正確掌握成果比較的真正意義與目的。

九、標準化

　　當成果比較確認了改善或革新效益正確後，即將此種對策做法與行動方案加以文字化、標準化、電腦化、制度化，爾後相關作業程序及行動，均依此標準而行。最後，就成了公司或工廠作業的標準操作手冊及作業守則。

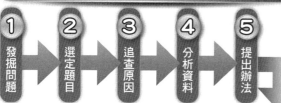

鴻海郭台銘董事長解決問題的九步驟

① 發掘問題 ➡ **②** 選定題目 ➡ **③** 追查原因 ➡ **④** 分析資料 ➡ **⑤** 提出辦法

> 要向各級長官及老闆做專案開會呈報或個別面報

⑥ 選擇對策

→(1) 老闆會在徵詢相關部門的意見與看法後做決策。
  (2) 老闆選定對策的比較因素與觀點：①短期與長期觀點的融合；②戰略與戰術的融合；③利害深遠與短淺的融合；④局部與全部的融合；⑤個別公司與集團整體的融合；⑥階段性任務的考量。

> 老闆選擇對策後，即表示確定了大方向、大策略、大政策與大原則。

⑦ 草擬行動

→權益部門或承辦部門結合相關部門單位，共同或分工分組展開具體行動與計畫的研擬。

> 當行動進入執行階段，要即刻進行觀察成效如何。

⑧ 成果比較

→(1) 有些成效短期內可看到，但有些則要較長時間才可看到效果，這樣才比較客觀。
  (2) 成果比較7原則：①短期成果與中、長期成果的比較觀點；②所投入成本與所獲致成果的比較分析；③不同方案與做法所產生的不同成果比較分析；④戰術成果與戰略成果的比較分析；⑤有形成果與無形成果的比較分析；⑥百分比與單純數據值的成果比較分析；⑦當初所設定預期目標數據與實際成果的比較分析。

109

⑨ 標準化

→當成果比較確認革新效益正確後，即將此種對策做法與行動方案製成公司或工廠作業的標準操作手冊及作業守則。

知識補充站

制敵於機先

前文九項內容說明，係針對鴻海集團郭台銘董事長對該集團面對任何生產、研發、採購、業務、物流、品管、售後服務、法務、資訊、談判、策略聯盟合作、合資布局全球、競爭力分析、降低成本等諸角度與層面，來看待對解決問題的九大步驟。當然，企業為爭取時效，有時會壓縮各步驟的時間或合併幾個步驟一起快速執行，這都是經常可見，也應習以為常。畢竟，在今天企業激烈競爭的環境中，唯有反應快速，才能制敵於機先，搶下商機或避開問題。

Unit 6-6
利用邏輯樹思考對策及探究原因

本章鴻海郭台銘解決問題九大步驟單元中，郭董認為企業遇到問題時，要善用分析工具追查原因。這裡我們要介紹如何用邏輯樹來分析問題及思考對策。

一、什麼是邏輯樹

邏輯樹（Logic Tree）又稱問題樹、演繹樹或分解樹等。就是從單一要素開始進行邏輯式展開，一邊不斷分支，一邊為了進行說明，而將構成要素層層堆疊或展開的一種思考架構。邏輯樹若從由右自左的圖形轉換成由下而上，變成像是金字塔型，故又稱金字塔結構（Pyramid Structure）。邏輯樹是以邏輯的因果關係解決方向，經過層層邏輯推演，最後導出問題的解決之道。以下各種案例將顯示使用邏輯樹來做「思考對策」及「探究原因」，是非常有效的工具技能，值得好好運用。

二、利用邏輯樹思考對策

當公司老闆（董事長）下令希望今年度能夠增加「稅前淨利」（獲利）時，企劃人員可以利用邏輯樹各種可能方法與做法：

（一）**提升業績做法**：包括：1.增加銷售量：加強促銷活動、提升客戶忠誠再購、提升單一客戶業績、增加業務人力、增加新銷售通路，以及提高業務人員與獎勵制度；2.提高單價：折扣減少、提升品質、提升功能、改變包裝和強化品牌，以及3.推出新品牌或新產品：推出副品牌或推出新產品、新品牌等做法。

（二）**降低成本做法**：從下列幾點進行成本費用的降低：1.降低零組件原物料成本；2.利用外包降低人力成本；3.利用自動化設備，降低人力成本；4.減少機器設備；5.減少閒置資產，進行處分；6.減少幕僚人力成本；7.移廠、移辦公室，降低租金，以及8.減少交際費用支出等做法。

（三）**增加營業外效益**：包括：1.減少銀行借款利息成本；2.閒置資金最有效運用，以及3.減少轉投資認列虧損等做法。

三、利用邏輯樹探究原因

為何競爭對手某品牌洗髮精突然成為市場占有率的第一品牌？茲分析如下：

（一）**強力廣告宣傳成功**：1.大額度支出，一次支出，一炮而紅；2.電視CF代言明星找對人，以及3.媒體報導配合良好，記者公關成功。

（二）**定位與區隔市場成功**：1.產品定位清晰有立基點，訴求成功，以及2.區隔市場，明確擊中目標市場。

（三）**價位合宜**：1.價位感覺物超所值，以及2.價格在宣傳促銷上有特別優惠。

（四）**通路商全力配合**：1.通路商因為進行大量廣告宣傳，故大量吃貨配合，以及2.通路商在賣場位置配合理想。

（五）**產品很好**：1.包裝設計突出；2.品牌容易記住，以及3.品質功能佳。

圖解企業管理（MBA學）

邏輯樹思考對策

【案例】如何提升企業集團形象？

① 成立文教慈善基金會
- 定期舉辦各種文教與慈善活動，回饋社會大眾。
- 與外部各種社團保持互動良好關係及活動關係。

② 加強與各媒體關係
- 定期與各平面電子、廣播媒體負責人或主編餐敘聯誼。
- 給予媒體廣告刊登業務的回饋。
- 邀請專訪負責人。

③ 經營資訊完全透明公開
- 定期舉辦法人公開說明會。
- 定期發布各種新聞稿。

④ 提升經營績效獲得外界人士肯定
- 自我努力提升經營績效，名列前茅。
- 參加國內外各種競賽或評比排名。

111

邏輯樹探究原因

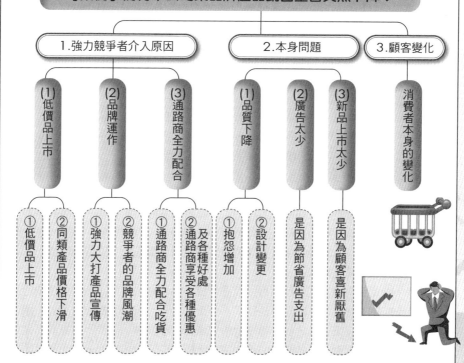

【案例】為何本公司某品牌產品銷售量會突然下降？

| 1.強力競爭者介入原因 | 2.本身問題 | 3.顧客變化 |

- (1)低價品上市
- (2)品牌運作
- (3)通路商全力配合
- (1)品質下降
- (2)廣告太少
- (3)新品上市太少
- 消費者本身的變化

- ①低價品上市
- ②同類產品價格下滑
- ①強力大打產品宣傳
- ②競爭者的品牌風潮
- ①通路商全力配合吃貨
- ②及各種好處通路商享受各種優惠
- ①抱怨增加
- ②設計變更
- 是因為節省廣告支出
- 是因為顧客喜新厭舊

Unit **6-7**
問題解決工具

　　問題解決（Problem Solving）提供的是一套解決問題的邏輯思考方法，並藉由工具與技巧學習，有系統地發現問題的徵兆、原因，研擬解決的步驟、解決方案，以訂定行動計畫，解決問題。

一、問題解決的核心

　　問題解決的重要性，可從其被列為主管必備的八大核心管理能力之一，以及近年來許多外商和國內高科技公司，將其從主管階層往下延伸到一般員工的教育訓練，窺見一二。

　　問題解決的精神，即在於訓練共同思考邏輯，替員工與主管找出順暢解決問題的流程。並簡單藉助一些理性的工具、技巧，譬如以一張「魚骨圖」去判斷問題成因，將引發問題的成因，由大項逐步如魚骨推演到細項，一一檢驗討論，有系統地抓出問題的關鍵。

　　魚骨圖因其形狀如魚骨，故稱「魚骨圖」，又名特性因素圖，乃由日本管理大師石川馨先生發展出來的，故又名「石川圖」。它是一種發現問題「根本原因」的方法，也稱為「因果圖」，原本用於質量管理。

二、問題解決四個階段

　　一般來說，問題解決藉著「描述問題→斷定成因→選擇解決方法→計畫行動步驟與跟進措施」等四個階段，配合運用魚骨圖、評分表、調查表等二十四種方法技巧，協助簡化資料的分析，並激發出具有創意性的解決方案。

　　問題解決四個階段中，第一階段是「描述問題」。所謂描述問題，就是幫問題「定義」，也就是要定義這種情形構不構成問題，清楚地描述問題的輪廓，並與從前比較，是否超過太多而形成問題。再來是斷定成因、選擇解決方法、計畫行動步驟與跟進措施等後續過程，必須仰賴二十四種工具技巧來協助。

三、問題解決二十四種工具技巧

　　這二十四種工具技巧，包括腦力激盪法、紙筆輔助腦力激盪法、循環式腦力激盪法、雙重顛倒法、魚骨圖、流程圖、分布圖、計畫圖表、控制圖表、簡圖、直方圖、調查表、影響力分析、晤談、小組提名過程、意見問卷調查、不同觀點、評級、評分等包羅萬象的問題解決工具。

　　對於一般員工來說，問題解決即是前面所說的四個階段、二十四種方法技巧的教授。對於中高階主管來說，問題解決除了「分析」之外，特別著重「決策」。因為中高階主管必須承擔決策責任，並且尋求創新方法來解決問題，因此不僅需要知道如何分析問題，也必須學會如何做正確決策，確保其所做的決策包含充分的訊息和創新的點子。

問題解決五部曲

1.描述問題　→　2.斷定成因　→　3.選擇解決方案

5.觀察成效　←　4.執行計畫　←

魚骨圖運用範例

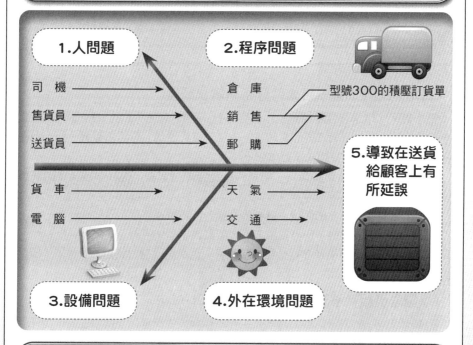

1.人問題

司　機　→
售貨員　→
送貨員　→

2.程序問題

倉　庫
銷　售
郵　購　　型號300的積壓訂貨單

貨　車　→　　天　氣　→
電　腦　　　　交　通　→

5.導致在送貨給顧客上有所延誤

3.設備問題　　**4.外在環境問題**

113

如何從解決問題角度看Q→W→A→R四個步驟思維

Q　→　W　→　A　→　R

Question（問題）	Reason Why（原因）	Answer（對策）	Result（結果）
・問題是什麼應明確界定。	・發生問題的原因是什麼的探索。 ・不斷問why？why？why？直到找出真正原因何在。	・解決此問題及此原因的有效方法、計畫、方案為何？	・執行後的結果為何，是否改善了問題。

Unit **6-8**
問題解決實例

前面提到企業或組織遇到問題應如何解決的方法，現在來看知名企業怎麼做？

一、解決問題的會議模式及流程

解決問題的會議討論模式及流程，包括以下五個流程步驟：1.提出問題：可能是老闆主動提出、權責各部門提出或高階幕僚單位提出；2.研擬提出初步對策方案：可能由權責部門單獨提出方案或是權責部門與跨部門開會討論後，提出共識方案，也可能是高階幕僚單獨提出建議方案；3.向總裁董事長或總經理進行專案報告：會議可能會舉行一次、二次、三次或多次，經過不斷討論；4.形成共識，並由最高主管拍板敲定決議與決策，以及5.若屬公司重大性決策，則需提呈董事會報備或討論修正。

若範圍涉及廣泛，也要邀請外部專業人士列席表達意見，以周延決策。這些外部專業人士包括會計師、律師、顧問、供應商、重要客戶、學者、專家及相關人士等。

二、日本7-ELEVEn董事長如何分析與解決問題

日本最大、也是全世界第一大，已突破1.3萬店的日本7-ELEVEn便利超商公司董事長鈴木敏文在其所著《統計心理學》與《消費心理學》等兩本專書，指出他個人分析與解決問題的四個步驟。茲分述如下：

（一）**蒐集並分析新鮮情報**：對每天一萬店銷售情報，進行問題發現與商機挖掘。

（二）**大膽提出創新的假設**：憑藉著直覺、POS數據科學化而突破創新。

（三）**進行執行檢驗**：研訂對策方案，如無誤則儘快規劃及執行。

（四）**觀察執行結果及進行必要調整改善**：觀察假設是對或錯。若錯了，即刻調整改善，直到對為止。

三、以團隊小組為解決問題之導向(Project Team)

企業實務上，經常針對較大問題及工作事項而成立跨部門及跨單位的「工作團隊小組」，以期收效較大。工作團隊小組的作業流程，大致如下：1.工作小組成立→2.目的與目標的設立→3.問題探索（情報蒐集）→4.情報分析→5.問題原因發現→6.解決Idea的創造→7.Idea評價與整合→8.解決對策的決策→9.工作小組解散及歸建。

四、台塑集團專案小組運作模式及流程

台塑集團如何歷久不衰，可歸功於獨特的集團專案小組，其運作模式及流程如下：1.確定專案目的、範圍、對象及要點；2.組成專案小組（人員專長、部門、人數）；3.釐定工作計畫（進行項目、進度及需配合或協助事項）；4.現狀了解（製程、作業方式、主要特性、績效狀況及特定項目）；5.理出結構（歸納各績效值或了解所知事項，以顯示主要項目）；6.分析要項（針對主要項目之影響績效要因進行分析）；7.發掘問題點並歸納，以及8.問題點求證（依績效值分析結果之問題點，向實際發生部門求證）。

問題分析與解決四步驟

日本7-ELEVEN董事長鈴木敏文的觀點

1. 蒐集並分析→新鮮情報	(1)來自每天POS1.3萬店銷售情報	
	(2)發現問題、發現商機	
2. 大膽提出創新→假設	(1)直觀感覺	
	(2)POS數據科學化	
	(3)突破創新	
3. 進行執行→檢驗	(1)對策方案研訂	
	(2)趕快規劃及執行	
4. 執行後→觀察結果及做必要的調整改善	(1)觀察假設是對或錯	
	(2)若錯了，即刻調整改善，直到對為止。	

解決問題過程中經常借重的外部專業單位

方案	外部單位（外部人員）	問題解決
1.	會計師事務所	財簽、稅簽、併購案、上市、上櫃案、公司申請變、更其他會計與稅務事務等
2.	證券公司（承銷商）	輔導上市、上櫃作業及承銷作業
3.	銀行	融資借款（短期及中長期借款）
4.	財務顧問公司	合併案、資金仲介、收購案、私募增資
5.	投資銀行、投資機構	私募增資、財務結構調整、併購、發行公司債
6.	無形資產鑑價公司	對無形資產（如技術專利、研發Know-How、圖片庫、軟體程式等）鑑價，以作為擔保品融資
7.	不動產鑑價公司	對房屋、土地、大樓、廠房之鑑價
8.	製造技術服務公司	提供某種特殊製程技術之公司
9.	認證公司	各種認證取得之服務公司（例如：ISO 9002）
10.	專利權登記公司	登記各種技術、商標及創新模式專利
11.	設備公司	提供各種精密升級設備
12.	民調、市調公司	對各種商品及消費者進行市場調查，以利行銷決策
13.	專業研究機構	提供產業、市場、技術報告的服務
14.	政府執行管制部門	提供審查、備查及核准營運之管制工作
15.	各產業公會、協會、協進會	反映同業意見、政策需求等相關事宜
16.	企業顧問公司	提供組織、策略、制度、銷售等領域之輔導
17.	人才庫公司	提供人才仲介服務
18.	人力訓練公司	提供企業內部教育訓練規劃、師資邀請等服務
19.	學術界（各大學）	提供學術性及企業性專業研究報告
20.	下游通路業者	提供通路商、商品變化與消費者變化之情報
21.	上游供應商	提供上游供應產品、價格、教學等之情報
22.	外部獨立董監事	提供對公司經營方針與決策之諮詢意見
23.	國外先進同業	提供國外市場與經營組織情報訊息

第 **7** 章
企業改革管理與會議管理

章節體系架構 ▼

Unit 7-1　企業「改造革新管理」十項要訣

Unit 7-2　日本各大卓越企業經營改革與策略之實務啟示 Part I

Unit 7-3　日本各大卓越企業經營改革與策略之實務啟示 Part II

Unit 7-4　日本各大卓越企業經營改革與策略之實務啟示 Part III

Unit 7-5　會議的功能與如何開好會議

Unit **7-1**
企業「改造革新管理」十項要訣

　　台積電前董事長張忠謀在國內一場專題演說中，提出企業改造的經驗。他認為企業改造是一個永恆的過程，也是持續性的過程，不是一次或二次改造即可一勞永逸。因為企業每天會有新問題產生與新目標挑戰，因此，每天都需有新的應對與新的改造。

　　張忠謀董事長歸納出十項他認為比較重要的企業改造管理事宜，如下：

一、客戶導向

　　一家企業如果沒有客戶導向的觀念，將是不可能成長的，這也是企業最基本的要求，每一個員工都應該是公司的推銷員，就如同政府應以人民利益為導向。

二、商務流程暢通化

　　一個公司從客戶下訂單、列入生產計畫、進行生產、交貨到收款等，這一連串的流程都應該暢通，因為對客戶而言，整個公司都是一樣的。每個單位都對顧客服務產生重要的一環。

三、流體組織

　　對客戶而言，其是針對整個公司，而非只對公司內單一部門，因此唯有採行流體組織，隨時相互支援配合，才能因應客戶所需。

四、動態管理

　　一個企業須採動態管理，才能因應環境的變遷。

五、要求創新

　　企業員工須跳出傳統或自設的「框框」，不斷要求創新，以全方位的思維模式經營，才能符合不同客戶的需求。

六、要求主動

　　企業須採取主動，並非「被動」及「防止」，即是要主動、積極，不是坐等顧客上門，而是要與顧客並肩作戰。

七、賞罰制度

　　當員工新進企業時，可能創新意願極高，但時間一久，即心生倦怠，因此，「賞罰制度」的建立益顯重要。

八、企業願景

　　應將企業的願景轉化為員工的使命感，員工有使命感，才會有持續不怠的戰鬥意志與壓力。

九、企業價值觀

　　建立員工的企業價值觀，如：「寧願客戶負我，我不願負客戶」、「隨時創新，隨時採取主動」。

十、公司治理(Corporate Governance)

　　高層經營者及經理階層對於公司治理，不僅為本人利益著想，尚須為全體員工利益及全體股東利益著想，且後者更為重要，否則會出現高階經理人圖利自己的現象。

企業改造的十個要項

```
                    1.客戶導向

10.公司治理                          2.商務流程暢通化

9.企業價值觀        企業改造         3.流體組織
                   十個要項

8.企業願景                           4.動態組織

7.賞罰分明                           5.要求創新

                    6.要求主動
```

企業成功八大要因

堅定客戶導向原則			服務重要客戶為核心
	① 商務流程暢通化	⑤ 要求創新	
	② 流體組織	⑥ 賞罰制度	
	③ 要求主動	⑦ 企業願景	
	④ 動態管理	⑧ 企業價值觀	

企業改革管理，不斷追求進步

·企業唯有：
——不斷改造
——不斷改革
——不斷提升自身的整體競爭力
——才會致勝、才會屹立不搖

·面對國內外強大競爭對手與產業環境巨變

企業：不進則退

Unit **7-2**
日本各大卓越企業經營改革與策略之實務啟示 Part I

一、花王連續30年獲利成長的賺錢祕笈

（一）被譽為獲利常勝軍

2012年營收達9,000億日圓，獲利1,200億日圓。

（二）經營理念的兩個要點

1. 在順境中，時刻保持危機意識。

2. 對現狀永不滿意。

（三）三個競爭優勢

1. 成本競爭力：(1) 自1986年，即展開「全面成本削減」(Total Cost Reduction)活動。(2)從研發、製造、銷售、物流到幕僚，全方位的TCR。(3)每年平均降低100億日圓成本。

2. 商品開發力（研發力）：(1) 5,700名員工中，研究人員即占1,700人。(2)設有七個商品研究所，每年投入300億日圓研發費。(3)每月召開兩次商品研發會議。(4)最高頒發過1,000萬日圓獎勵金。(5)脫離既有清潔用品、健康用油及綠茶等新領域暢銷商品。

3. 製造彈性力：(1) 品項達900種，多樣少量生產，生產線須高度彈性及自動化。(2) SCM及POS系統花了不少資訊科技投資費用。

二、日本京瓷（Kyocera）追求永生不滅，突破成長極限

（一）獲利率10.1%，僅次於武田藥品、佳能、日產汽車及豐田汽車的第五名優質企業。

（二）在一年兩次的「國際經營會議」，訂出2015年集團營收額2兆日圓、獲利率突破20%的新願景目標及新雙高水準。

（三）創業55年來，每年營收平均成長27%。

（四）京瓷的經營理念：透過危機感，刺激強勁鬥志，並以強大意志、不屈不撓，再加上一生懸命的努力，才能突破成長極限。

（五）多角化促進事業成長

1. 「虧損企業是罪惡」及「價值化經營的原則」下，導入各子公司責任利潤中心的預算管理機制，並進入自信有能力的多角化事業領域。

2. 將巨大組織切成數十個事業單位的利潤中心，抱著誓死達成目標的決心。

(六）工廠革新，提升產能

1. 各工廠達成100%良品率目標。

2. 每月一次全國十八個大型生產據點的視訊會議，作為各廠改善成果發表大會，每個人抱著輸人不輸陣的心態，成效佳。

3. 此活動稱為創造改變的成長計畫 (Create Change Grow, CCG)。

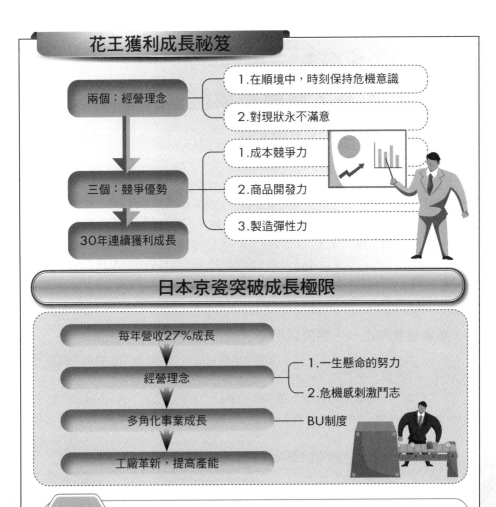

花王獲利成長祕笈

兩個：經營理念
- 1.在順境中，時刻保持危機意識
- 2.對現狀永不滿意

三個：競爭優勢
- 1.成本競爭力
- 2.商品開發力
- 3.製造彈性力

30年連續獲利成長

日本京瓷突破成長極限

每年營收27%成長
↓
經營理念 ── 1.一生懸命的努力
　　　　　 2.危機感刺激鬥志
↓
多角化事業成長 ── BU制度
↓
工廠革新，提高產能

知識補充站

京瓷名譽董事長稻盛和夫的十二個經營哲學

1.事業經營光明正大。
2.懷抱遠大願景。
3.一生懸命努力去做。
4.追求營收成長最大化及控制成本。
5.為顧客創造價值。
6.具體揭示企業目標，讓員工清楚。
7.經營者意志堅定。
8.須有強烈鬥志。
9.勇於擔當。
10.不斷創新與改革。
11.誠實正直經營。
12.懷抱夢想與希望，不斷向前行。

～當企業經營理念淡薄時，即是生命終盡之時。～

Unit **7-3**
日本各大卓越企業經營改革與策略之實務啟示 Part II

圖解企業管理（MBA學）

一、日清食品創新成功經驗，大復活

　　1.日本速食麵王國，屹立50年經營歲月；2.貫徹品牌經理制度，在公司內部彼此勇於挑戰及競爭，才能做出暢銷產品及品牌；3.將組織切割為180個小單位的事業利潤中心（SBU），每個小單位七至八人組成，每人可得利潤獎金；4.鼓勵品牌、廣宣、業務、研發等人員，成立「日清奇人」、「日清變人」，且以此為目標，全力創新；5.支撐未來成長的關鍵市場在中國；6.應從過去成功經驗中抽離跳脫出來，以奇人、變人的創新思維及行動，帶動公司大復活；7.總經理親自召見十位30~39歲的中堅幹部，期勉他們為「2020年的日清願景」而努力。

二、嬌聯變革核心——質問與思考

　　（一）老董事長經營績效不佳，交棒給年輕兒子。展開企業文化變革，擺脫「受命文化」、「體察上意」及「奉命辦事」的組織惡習。

　　（二）每週一次SAPS會議：係Schedule（時效計畫）、Action（行動）、Performance（績效）與Spiral（檢討應變）等管控四循環，亦稱為SAPS變革管理模式。

　　（三）開發新產品以現場主義型市場研究，採行家庭訪問調查。

　　（四）質問與思考的變革理念：「追求全員的合理質問及深度反省思考，是企業保持不斷成長與成功的最大根源，也才能應付日益激烈的環境。」

　　（五）保持嬰兒紙尿褲的第一品牌。

三、松下電器第二波改革啟動

　　（一）2001年虧損達4,000億日圓，松下幸之助的家電王國面臨極大危機。

　　（二）於2000年接任松下社長的中村邦夫，宣示「破壞與創新」經營理念。

　　（三）訂定三年期的「創新21計畫」

1.商品策略的變革，集中公司資源投入其有競爭優勢、獨創性，且對公司收益有貢獻的新商品或改良商品，然後集中行銷火力，強攻市占率。

2.將SBU組織體制，改為顧客導向的行銷業務及品牌本部體制。

　　（四）全力降低工廠成本

1.兩年來裁減及優退1萬名員工。

2.成立生產革新本部，到各地工廠進行現場改革，包括：製程效率化、用人合理化、降低製造成本、提升品質及附加價值。

　　（五）大力投資SCM資訊系統，降低營運成本。

　　（六）活化行銷通路體系，帶動經銷店新思維。

日清食品創新成功

日清食品
經營改革

① 將組織切割為180個小單位SBU

② 成立「日清奇人」、「日清變人」目標，全力創新

③ 期勉未來中堅幹部為「2020年的日清願景」努力

松下電器的改革

1.宣示「破壞與創新」經營理念

2.訂定三年期「創新21計畫」

3.全力降低工廠成本

4.活化行銷通路體系

日本嬌聯的改革

- 首先展開企業文化改造

→

- 每週一次SAPS會議，追蹤辦事績效

→

- 到第一線現場去做市調及新產品開發

→

- 全員不斷質問及思考、反省，找到對的方向與策略、做法

- 不必體察上意
- 不要只會奉命辦事
- 不要沒有自己的想法

圖解企業管理（MBA學）

Unit **7-4**
日本各大卓越企業經營改革與策略之實務啟示 Part III

佳能（Canon）公司秒秒必爭，日日改善，使得佳能成為超優先企業。佳能被票選為日本最受推崇的企業，御手洗富士夫亦被評選為最佳執行長。連續四年營收以及獲利均創新高，歸因於以下三大革新行動：

一、降低製造成本（Cost Down）

1. 著眼於製造成本下降，落實工廠全面改善。
2. 生產革新的結果，每年削減400億日圓，獲利率提升。
3. 革新必先革心，作業員意識改革為第一步，灌輸工廠管理一秒也不允許浪費，必須掃除無效率動作（一秒的觀點）。
4. 由總公司生產革新推進部門及各工廠幹部組成專業小組。
5. 各工廠主管定期提出工廠革新改善報告。
6. 每年舉行工廠改善成果表彰大會。

二、縮短商品研發時程

1. 產品價格滑落，競爭者增加，必須仰賴商品開發部門加速研發。
2. 新商品研發上市，相關部門要一起行動，不是一棒接一棒，而是在設計階段就要一起跑。
3. 新商品研發上市的時間，已大幅縮短30%，新商品占全體營收比率從44%提高到62%，新商品貢獻多。

三、全球據點導入SCM

1. 成立SCM（Supply Chain Management，供應鏈管理系統）推進特種部隊，赴海外78個國家舉辦說明會及互動討論。
2. 庫存量已大幅下降，庫存周轉天數亦有下降之成果。

124

小博士解說

收益力提升之原動力

企業失去了改革，就沒有明天。很多人問我，收益力提升的原動力何在？我的回答是「改革」。生產、研發、業務均須徹底消除無效率，日日改革，週週改善，大步邁出經營改革之路。

Canon公司經營改革

1.降低製造成本
- (1)每年降低400億日圓成本
- (2)任何一秒浪費的動作都要消除
- (3)每年一次舉辦工廠改善成果表彰大會

2.縮短商品研發時程
- (1)商品競爭激烈，必須加速研發
- (2)新品研發上市時間已縮短30%

3.全球據點導入SCM
- 使庫存量及庫存成本下降

知識補充站

何謂「SCM」？

供應鏈管理(Supply Chain Management, SCM)在1985年由 Michael E. Porter提出，有多種不同的定義。

供應鏈管理作為一個戰略概念，以相應的信息系統技術，將從原料採購直到銷售給最終用戶的全部企業活動，集中在一個無縫流程中。

供應鏈管理的目標是在滿足客戶需要的前提下，對整個供應鏈（從供貨商、製造商、分銷商到消費者）的各個環節進行綜合管理，例如從採購、物料管理、生產、配送、營銷到消費者的整個供應鏈的貨物流、信息流和資金流，把物流與庫存成本降到最小。

供應鏈管理就是指對整個供應鏈系統進行計畫、協調、操作、控制和優化的各種活動和過程，其目標是要將顧客所需的正確的產品(Right Product)，能夠在正確的時間(Right Time)按照正確的數量(Right Quantity)、正確的質量(Right Quality)和正確的狀態(Right Status)，送到正確的地點(Right Place)，並使總成本達到最佳化。

全球供應鏈管理(Global Supply Chain Management)：以全球市場為範圍，將跨國公司所涉及的許多不同國家運籌管理功能進行協調與合理化。透過有效的全球供應鏈管理，跨國公司可以節省成本和時間，並增加物料管理與實體運配上的可靠性。

一個公司採用供應鏈管理的最終目的有三個：

1.提升客戶的最大滿意度（提高交貨的可靠性和靈活性）。

2.降低公司的成本（降低庫存，減少生產及分銷的費用）。

3.企業整體「流程品質」最優化（錯誤成本去除，異常事件消弭）。

Unit **7-5**
會議的功能與如何開好會議

當過企業高階主管的人，一定參加過企業內部大大小小的各種會議，也一定會有很多的體會及感受。企業內部會議，有時就像是一場「化裝舞會」，每個人都戴起面具，掩藏真我，並且在面具底下老謀深算。

一、會議種種現象

企業內部會議可說是流露並看透人性的最佳場所，它所顯露出來的原始人性現象，包括：1.會議時，舉目望去，寂寞無聲，人人正襟危坐。而對於批評公司之事，很多人不敢提，因為不敢得罪老闆，或得罪當權的一派人馬。2.各部門主管都努力防衛自己，力辯對方，推卸責任。3.存著幸災樂禍的心理，對其他部門主管挨罵時，私下暗自竊喜。4.看著每位主管的發言，會很有趣的發現，有些人喜歡邀功，有些人很諂媚逢迎，有些人明哲保身等。

二、會議的功能

其實，會議是很重要的一項事務，如果鄭重其事的話，可以達成下列功能：1.可以催促(push)各單位主管努力做好事情，否則在會議上沒有成果可報告，也可能成為別人攻擊的焦點。2.可以使最高主管了解、掌握、協調各單位工作的實況，必要時，可在現場做成決策，以掌握時效。3.會議是企業經營者理念傳達的最適宜場所。4.會議上，往往會暴露上級所未知或公文行程中所無法得知的問題。經過部門人員提出後，才顯露出來。當然，問題出現也必然要解決，會議往往擁有這樣補助性功能。5.全部主管可以在一起溝通，平常各忙各的，可藉會議時間敘敘舊，聯絡感情，打破隔閡。6.當一項專案在執行時，會議可具有統合各單位工作力量的功能。7.會議也是磨練高級主管或接班候選人之膽識、見識、分析、表達、決斷能力的最好場所及訓練方式。

三、如何開好會議

要開好一項會議，必須掌握下列九項原則：1.這項會議有沒有必要開？絕對不開沒有必要的會議。2.參加會議的人員是否適當？企業可以依不同性質的功能，而將與會人員分開，以免人員枯坐，浪費時間。3.會議要有良好的規劃，亦即關於時間、議程、參與人、主席、次數安排、日期安排、事前主管的書面報告，以及事後之會議紀錄等，均必須妥善準備好。4.主席或主持人與與會主管，不必講太冗長的話，切中重點即可，因為會議是要溝通及解決問題，不是教育訓練或專題講座。5.會議一定要「會而有議，議而有決，決而能行」，因此，主席必須明確及果斷地做出結論及決議。6.要追蹤上次會議執行的情形，確實使事情能夠推展及改善。7.會議的目的在發展及解決問題，所以與會人員必須講真話，不要報喜不報憂，只會歌功頌德，淨拍馬屁。8.所有一級主管必須認清，會議不是鬥爭大會，無須畏懼。9.會議主席必須由具有相當裁決權力的人擔當，否則現場不能做決定，須再層層上報，就相當沒有效率了。

會議的功能

1. 催促各單位努力

2. 使最高主管了解工作進度

3. 最高經營者宣傳經營理念

4. 凸顯問題所在

5. 跨部門溝通

6. 可結合各工作部門力量

7. 磨練各級接班人的培訓場所
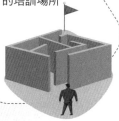

如何開好一項會議

1. 絕不開沒必要的會議

2. 會而有議，議而有決，決而能行

3. 主席必須有裁決能力與權力

4. 勿只會報喜而不報憂

5. 要追蹤上次執行情況

6. 事前要做好議程規劃

第 **8** 章

組織

章節體系架構 ▼

Unit 8-1　組織設計之考慮

Unit 8-2　企業組織設計的四種類型 Part I

Unit 8-3　企業組織設計的四種類型 Part II

Unit 8-4　組織變革的三種途徑

Unit 8-5　管理幅度的意義及決定

Unit **8-1**
組織設計之考慮

我們在談管理時，常提到好的管理要有好的組織運作，才能達到管理目標；可是什麼是「組織」？所謂「組織」是一群執行不同工作，但彼此協調統合與專業分工的人之組合，並努力有效率的推動工作，以共同達成組織目標。

一、設立組織的考慮事項

（一）**確定要做什麼**：組織工作的第一步就是先考慮指派給本單位的任務是什麼，以確定必須執行的主要工作是哪些。例如，要成立新的事業部門或是革新既有的組織架構，成為利潤中心制度的「事業總部」或「事業群」組織架構。再如：成立一個臨時且急迫性的跨部門專案小組組織目的。

（二）**部門劃分指派工作及人員編制數**：是決定如何分割需要完成的工作，亦即部門劃分或單位劃分，並依此劃分而授予應完成之工作。例如，要區分為幾個部門，每個部門下面，又要區分為哪些處級單位。

（三）**決定如何從事協調工作**：有效的各部門配合與協調，才能順利達成組織整體目標，而協調（水平部門）流程及機制為何。

（四）**決定控制幅度**：所謂「控制幅度」，係指直接向主管報告的部屬人數為多少。例如，一個公司的總經理，應該管制公司副總級以上主管即可，中型公司可能有八個，大公司也可能十五個副總主管。

（五）**決定應該授予多少職權**：此步驟為決定應該授予部屬多少職權，亦即授權的範圍、幅度及程度有多少。通常公司都訂有各級主管的授權權限表，以利制度化運作。例如，副總級以上主管任用，必須由董事長權限決定。而處級主管，則到總經理核定即可。

（六）**勾繪出組織圖**：最後必須將組織正式化，繪出組織圖，以呈現組織各關係之架構，包括董事長、總經理、各事業部門副總經理、各廠廠長、各幕僚部門副總經理及細節部門名稱，以及指揮體系圖。

二、組織設計的原則

組織設計有其一定的原則，通常有以下幾點：1.確定組織目的：即組織一致目標原則、組織效率原則、組織效能原則及組織願景原則；2.組織層次起因：因控制幅度原則的考量與組織扁平化最新設計趨勢，因此必須精簡組織層級架構的規劃；3.組織權責界定：即授權原則、權責相稱原則、統一指揮原則及職掌明確原則；4.組織部門劃分：分工原則與專業原則；5.組織彈性運作目標：不必太拘泥於官僚式僵硬層級組織，而應像變形蟲式的，以完成特定重大任務為要求的彈性化、機動式組織因應，以及6.為組織單位設計各種適當名稱等。

組織定義

專業分工・團隊努力

A群人	B群人	C群人	D群人	E群人

達成共同組織目標

讓組織存活下去

設立組織步驟

1. 確定要做什麼

2. 部門劃分指派工作及人員編制數

3. 決定如何協調工作

4. 決定控制幅度

5. 決定應該授予多少職權

6. 勾繪出組織圖

組織設計六大考量原則

① 先確定組織目的

② 組織層級考量

③ 組織權責界定

④ 組織部門劃分

⑤ 組織彈性運作目標

⑥ 組織單位適當名稱

知識補充站

組織單位也要命名？

組織單位的名稱，最好讓人能一看便知其工作內容，例如，專業總部、事業部或事業群；再如財務、會計、採購、法務、企劃、生產、行銷、倉儲、資訊、策略、經營分析、稽核、人力資源、總務、行政、祕書、R&D研究、工程技術、品管、海外事業單位、售後服務、客服中心、分店、分公司、直營門市、加盟店等適當名稱。

Unit **8-2**
企業組織設計的四種類型 Part I

　　隨著時代趨勢及環境的變化，企業為求生存，便發展出更多元的組織設計以因應。實務上來說，目前企業的組織設計大致可區分為四種類型，即事業部、功能性、專案小組及矩陣等組織。由於內容豐富，分兩單元介紹。

　　當然，企業國際化是一股擋不住的趨勢，我們也將其形成原因及組織型態，整理於後文說明。

一、事業部組織（Divisional-organization）

　　（一）**意義**：此組織結構已為人所深知，此係依各市場別、產品、或消費客戶群別為中心，而結合產銷機能於一體之獨立營運單位。

　　（二）**適用**：也是決定因素之意，即當組織有下列情形時，即能採用：1.市場具多樣性，而必須加以切割時；2.當組織的技術系統能有效加以分割；3.權責必須一致，要有人擔負總責任，以及4.培養高級主管人才。

　　（三）**案例**：國內各大型企業的組織，目前已大多採取事業部、事業總部、或事業群的組織架構，即：1.較大規模的企業組織；2.有不同的產品線，可加以劃分；3.每一種產品線，其市場容量均足以支持這種獨立事業部產銷之運作，以及4.強調各部門責任利潤中心式經營，自負盈虧責任之經營管理導向。

　　（四）**優點**：1.產銷集於一體，具有整合力量之效果；2.可減少不同部門過多的協調與溝通成本；3.自成一個責任利潤中心，可使其事業部主管努力降低成本，增加營業額，以獲取利潤獎金分配之報償；4.是高度授權的代表，有助獨當一面將才之培養；5.可有效及快速反映市場之變化，而求因應對策；6.形成事業部之間相互競爭的組織氣氛，以及7.建立明確的績效管理導向，以獎優汰劣。

二、功能性組織（Fuctional- organization）

　　（一）**意義**：係按各企業不同功能，而區分為不同部門，此係基於專業與分工之理由。

　　（二）**適用**：1.中小型企業組織體產品線不多，部門不多，市場不複雜，以及2.即使在大型企業裡，會按地理區域或產品別劃分事業部組織。但在每一個事業部組織裡，仍然需要功能式組織單位。

　　（三）**功能部門缺失**：以功能為基礎而劃分部門之組織，雖具有簡單、專業化及分工化之優點，但也相對顯示出以下缺失：1.過分強調本單位目標及利益，而忽略公司整體目標及利益；2.缺乏水平系統之順暢溝通，容易形成部門對立或本位主義；3.缺乏整合機能，該部門只能就各單位事務進行解決，但對公司整體之整合機能則無法做到，而在事業部的組織裡則可以；4.高階主管可能會忙於各部門之協調與整合，而疏忽了公司未來發展及環境變化，以及5.功能性組織實屬一種封閉性系統，各單位內成員均屬同一背景，因此可能會抗拒其他革新行動。

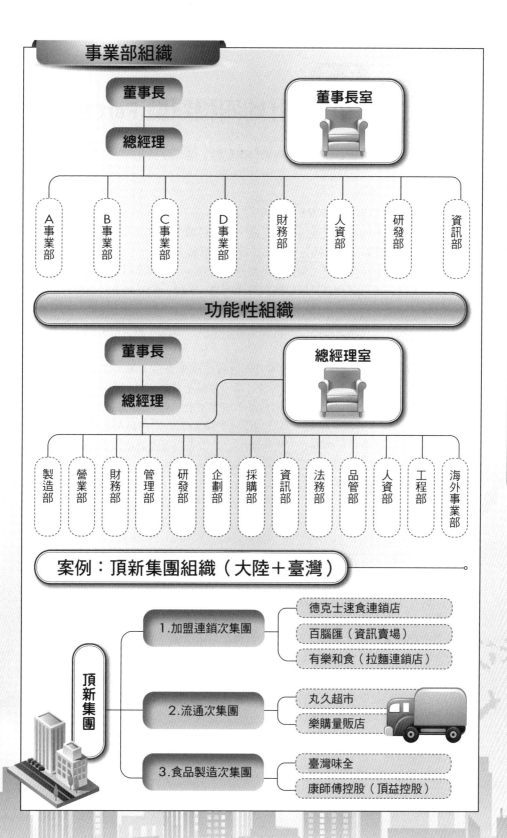

事業部組織

董事長 ── 董事長室

總經理

A事業部　B事業部　C事業部　D事業部　財務部　人資部　研發部　資訊部

功能性組織

董事長 ── 總經理室

總經理

製造部　營業部　財務部　管理部　研發部　企劃部　採購部　資訊部　法務部　品管部　人資部　工程部　海外事業部

案例：頂新集團組織（大陸＋臺灣）

頂新集團

1.加盟連鎖次集團
- 德克士速食連鎖店
- 百腦匯（資訊賣場）
- 有樂和食（拉麵連鎖店）

2.流通次集團
- 丸久超市
- 樂購量販店

3.食品製造次集團
- 臺灣味全
- 康師傅控股（頂益控股）

133

Unit **8-3**
企業組織設計的四種類型 Part II

前文Part I介紹事業部及功能性兩種組織型態，接著說明專案及矩陣兩種組織型態，俾使讀者有更深一層的認識。

三、專案組織（Project- organization）

（一）**意義**：為因應某特定目標之完成，可由組織內各單位人員中，挑選出優秀人員形成的一個任務編組，包括各種專案委員會或專案小組。

（二）**優點**：1.任務具體而明確，是採任務導向，不用管原有單位事務；2.可發揮立即整合力量，不必再透過其他協調與溝通管道；3.由一頗為高階之主管人員統一指揮，不會有本位主義或多頭馬車之情況；4.每一位小組成員均以此為榮，具有高度之激勵效果；5.具高度彈性化，不為原有法規、指揮、系統、制度所限制，以及6.廣納各方面優秀人才，實力堅強。

（三）**可能的問題**：1.小組的領導者如何發揮高度整合力量，以化解不同背景及部門成員之不同認知、態度與職位，而使其一致融合共處，是其關鍵點；2.專案小組如果存在時間太長，則可能造成熱情消減，成效不彰，成為虛設單位的情況；3.對於專案小組的任務完滿達成之後，應該給予適切獎勵，否則成員可能不會全心全力付出；4.任務小組必須有足夠權力，才能做出成效；否則處處碰壁，其敗可期，以及5.小組或委員會的召集人其職位須夠高，才能統御小組成員。

（四）**案例**：例如，新產品開發小組、成本降低小組、轉投資小組、新事業開發小組、上市上櫃小組、西進大陸小組、業務特攻小組、品管圈小組、創意小組、稽核小組等。

四、矩陣組織

（一）**意義**：係指組織之結構體，一方面由原有部門功能組織形成，另一方面又有不同的專案小組成立；如此縱橫相交並立，即形成「矩陣組織」。在此矩陣組織內，專案小組總負責人的權力是大於各部門主管。

（二）**與專案小組之差異**：矩陣組織與專案小組組織之差異，在於專案小組是完全獨立之單位，人員也專屬此小組，在任務未完成之前，成員不可能為別單位或原有單位服務，而是專心為此小組工作。而矩陣組織成員可同時為兩個組織服務，但專案組織的工作優先於原有單位的工作，除了人員之外，其他像設備工具、財務等，也都可能是獨立擁有的，與他部門無涉。

（三）**缺點**：太複雜了。又是水平指揮，又是垂直指揮，有違指揮系統的一元性。不過企業實務上還是經常可見，顯示此種組織型態仍有其功能。

（四）**案例**：大學中的組織，包括既有各種學院，及跨學院的整合性學程組織設計。

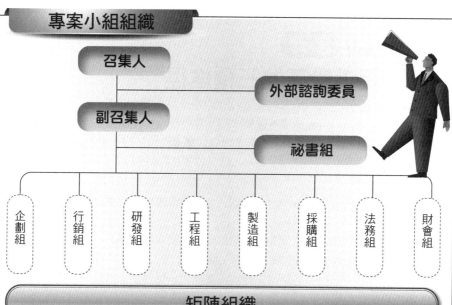

專案小組組織

召集人

外部諮詢委員

副召集人

祕書組

企劃組　行銷組　研發組　工程組　製造組　採購組　法務組　財會組

矩陣組織

原有部門 新成立小組	製造部	財務部	管理部	業務部	研發部	採購部	企劃部
成本降低專案小組	△	△	△	△	△	△	
新產品開發專案小組	○			○		○	
管理革新專案小組	□	□	□	□			□

註：圖中有記號者，表示兩種組織有相互往來的關係。

全球產品組織　　全球組織架構　　全球地區組織

知識補充站

全球組織架構

這是企業為因應全球化趨勢所形成的。主要原因是企業為尋求不斷的成長以及產銷作業更具成本競爭力，而導致現地設廠及併購他公司之經營方向，所以才形成以全球各地為產銷據點之組織體。目前最常見的組織型態為：1.全球產品組織：此係以產品來劃分組織，以及2.全球地區組織：此係以大區域來劃分組織。

Unit **8-4**
組織變革的三種途徑

　　組織變革之途徑，可從結構性改變、行為改變及科技性改變三種方式著手，本單元簡要說明如下，提供讀者當組織需要改變時，變革之路能因此走得更為順暢。

一、結構性改變

　　所謂結構性改變（Structural Change），係指改變組織結構及相關權責關係，以求整體績效之增進。又可細分為：

　　（一）改變部門化基礎：例如，從功能部門改變為事業總部、產品部門或地理區域部門，使各單位最高主管具有更多的自主權。

　　（二）改變工作設計：包括從工作如何更簡化、更豐富化以及彈性度加高等方面著手，而最終能使組織成員從工作中得到滿足及適應。

　　（三）改變直線與幕僚間之關係：例如，增加高階幕僚體系，專責投資規劃及績效考核工作；或機動設立專案小組，在要求期限內達成目標；或增設助理幕僚，以使直線人員全力衝刺業績；或調整直線與幕僚單位之權責及隸屬關係。

二、行為改變

　　（一）行為改變的意義：係指試圖改變組織成員之信仰、意圖、思考邏輯、正確理念及做事態度等方向，希望所有組織成員藉由行為改變，改善工作效率及工作成果。這些行為改變之方法有敏感度訓練、角色扮演訓練、領導訓練以及最重要的教育程度提升。

　　（二）黎溫（Lewin）對改變個人行為的三階段理論：大部分行為改變的方法，多以黎溫所提出的改變三階段理論為基礎，現概述如下：

1. 解凍階段：本階段之目的，乃在於引發員工改變之動機，並為其做準備工作。例如：消除其所獲之組織支持力量；設法使員工發現，原有態度及行為並無價值，以及將獎酬之激勵與改變意願連結；反之，則懲罰與不願改變連結。
2. 改變階段：此階段應提供改變對象新的行為模式，並使其學習這種行為模式。
3. 再凍結階段：此階段係使組織成員學習到新的態度與新行為，並獲得增強作用；最終目的是希望將新改變凍結完成，避免故態復萌。

三、科技性改變

　　隨著新科技、新自動化設備、新電腦網際網路作業、新技巧、新材料等之改變，也會連帶使組織部門之編制及人員質量之搭配，產生組織體上之相應改變，此即為科技性改變。例如：引進自動化設備，將使低層勞工減少，高水準技工人數增加。

組織變革途徑

① 結構性改變
這是指改變組織結構及相關權責關係，以求整體績效之增進。

② 行為改變
這是指試圖改變組織成員之信仰、意圖、思考邏輯、正確理念及做事態度等方向，希望所有組織成員藉由行為改變，改善工作效率及工作成果。這些行為改變之方法有敏感度訓練、角色扮演訓練、領導訓練以及最重要的教育程度提升。

③ 科技性改變
這是指隨著新科技、新自動化設備、新電腦網際網路作業、新技巧、新材料等之改變，也會連帶使得組織部門之編制及人員質量之搭配，產生組織體上之相應改變。

組織變革三大途徑

黎溫改變個人行為3階段

本階段應提供改變對象新的行為模式，使其學習這種行為模式。

 1 解凍階段 ➡ 2 改變階段 ➡ 3 再凍結階段

本階段的目的在於引發員工改變之動機，並為其做準備工作。

本階段是使組織成員學習到新態度與新行為，並獲得增強作用；最終目的是希望將新改變凍結完成，避免故態復萌。

Unit **8-5**
管理幅度的意義及決定

為何要有管理幅度的控制？乃因企業為因應瞬息萬變及競爭激烈的市場，讓組織朝向扁平化發展，所以就產生一套分層授權的制度。但是如何授權對組織發展才是正面影響呢？因茲事體大，需要謹慎思考設計。

一、管理幅度的意義

「管理幅度」又稱為「控制幅度」（Span of Control），係指一位主管人員所能有效監督屬員的人數，是有一定限度的。

管理幅度與管理層次是進行組織設計和診斷的關鍵內容，組織結構設計包括縱向結構設計和橫向結構設計兩個方面。縱向結構設計即管理層次設計，就是確定從企業最高一級到最低一級管理組織之間應設置多少等級，每一個組織等級，即為一個管理層次；橫向結構設計即管理幅度設計，就是透過找出限制管理幅度設計的因素，來確定上級領導人能夠直接有效管理的下屬數量。

但事實上沒有所謂的最佳解答。管理幅度的大小應考量其影響因素，如組織結構、工作規範、工作內容、產業環境、管理者能力等。例如，能力強的管理者，所能管理的部屬比較多；複雜度高的工作，管理幅度會變小；工作規範及內容愈清楚者，管理幅度則會增加。因此，管理幅度應視組織及管理需求的不同而有所調整。

二、決定管理幅度的因素

以今日觀點而言，一個特定主管之有效管理控制限度大小，應考慮三方面因素：

（一）個人因素

1. 主管個人偏好：例如其有較強烈之「權力需要」，可能希望控制幅度較大；反之，則希望屬員人數不要太多。
2. 主管能力：能力較強之主管，控制幅度可較大。
3. 屬員能力：如果屬員能力較強，則主管之控制幅度也可望增加。

（二）工作因素

1. 主管本身工作性質：如果一位主管須花相當時間在規劃或部門間協調時，很顯然地，他將無法有太多時間去監督屬下。因此，控制幅度必須小些。
2. 屬員工作性質：屬員的工作性質是否必須經常和主管商討；如果是，則主管之控制幅度自然會減少。
3. 屬員工作之相似及標準化程度：如果相似程度及標準化程度愈高，則主管之控制幅度可相對擴大。

（三）環境因素：通常是技術問題。大量生產方式之下，控制幅度可以增加；反之，控制幅度可縮小。

管理控制幅度

1. 管理幅度與管理層次是進行組織設計和診斷的關鍵內容。

2. 組織結構設計包括縱向結構設計和橫向結構設計兩個方面。

3. 縱向結構設計即管理層次設計，就是確定從企業最高一級到最低一級管理組織之間應設置多少等級，每一個組織等級即為一個管理層次。

4. 橫向結構設計即管理幅度設計，就是透過找出限制管理幅度設計的因素，來確定上級領導人員能夠直接有效管理的下屬的數量。

長官、主管

部屬

決定管理幅度因素

1. 個人因素	主管個人偏好如何
	主管能力強或弱
	屬員能力強或弱

2. 工作因素	主管本身工作性質如何
	屬員工作性質如何
	屬員工作標準化程度如何

| 3. 環境因素 | 技術標準化程度如何 |

139

知識補充站

要管多少人呢？

依古典組織理論來看，一位主管之管理控制幅度不應太大，否則將不能有效監督。

例如以一個課長而言，該課直接隸屬於其職掌的課員有5名，則可稱該課長的管理幅度為5。一般而言，建議管理幅度為7左右。

又如一家大公司總經理之管理控制幅度，亦不應超過副總經理級20人以上。超過就代表他管的太細了，或是部屬能力不足。

第 **9** 章

規劃

章節體系架構 ▼

Unit 9-1 規劃的特性及好處

Unit 9-2 規劃的原因與程序

Unit 9-3 目標管理的優點及推行

Unit 9-4 企劃案撰寫的5W/2H/1E原則 Part I

Unit 9-5 企劃案撰寫的5W/2H/1E原則 Part II

Unit 9-6 好的規劃報告要點

Unit **9-1**
規劃的特性及好處

我們常聽到很多規劃種類，舉凡生涯規劃、理財規劃、節稅規劃、營運規劃等，從自然人到法人，無不需要規劃，有了規劃意味著會是一個好的開始。

這表示規劃乃是「未雨綢繆」、「謀定而後動」之意。從企業管理來看，擬定一套良好的規劃，可使管理者在面對多變的環境時，能具有主動影響未來的能力，而不是被動地接受未來。

一、規劃的基本特性

從管理觀點來看，規劃（Planning）乃代表一種針對未來所擬定採取的行動，進行分析與選擇的程序，包含：定義組織目標、建立整體策略，以及發展全面性的計畫體系，來整合與協調組織的活動。基本上，規劃具有以下特性：

（一）**基本性**：規劃乃係管理循環之首先步驟，規劃做不好，接下來的組織領導、協調、考核等就會有所偏差，可見規劃乃是管理之基本。

（二）**理性**：規劃是全憑事實客觀根據，經過科學化與邏輯性分析、評估所形成，可說是相當理性而不夾雜人情或情緒。

（三）**時間性**：規劃具有時間性之構面，此係指規劃應具有時效性與優先次序之考量。

（四）**繼續性**：規劃要前後連貫，不可中斷或分歧；有一套短、中、長期持續規劃，才能發揮其累積的效用。

（五）**前瞻性**：規劃如果不能掌握前瞻特性，在面對大好機會時，可能因此無法先搶占市場，而錯失商機。

二、規劃的好處

企業可透過規劃研擬的過程中，進一步地開發新的商機和擬定策略，也可藉此防止封閉思維、協助企業及早因應可能的風險。因此善於規劃的企業，將可能蒙受以下潛在益處：

（一）**使管理階層能有效適應環境之改變**：規劃能提供環境變化的立即訊息讓高階人員參考，使其能思考對策方案，以使高階管理有效掌握環境之動態演變。

（二）**可增進成功之機會**：規劃針對環境演變而提出因應之選擇方案及執行步驟，亦即面對動態，也能不超出其掌握範圍內，因此，可增進企業各方面成功之機會。

（三）**可促使各成員關注組織的整體目標**：平常各部門只忙於各自目標，對於公司整體目標未知，也無暇顧及，因此可能會損害整體績效。因此，乃有賴於企劃單位做好整體目標之規劃，促使各成員關注組織之整體目標。

（四）**有助於其他管理功能之發揮**：有了第一步的規劃，爾後之執行、督導、激勵與考核等管理過程，才能有一個依據可遵循，故有助於其他管理功能之發揮。

規劃的特性及好處

規劃五大基本特性

1.規劃的必要性

3.規劃要有時間觀念

2.規劃要具理性與邏輯性

5.規劃要有前瞻性

4.規劃要有連貫性

規劃四大好處

1.可使管理階層有效適應環境改變

3.可促使成員關注整體目標

2.可增進企業成功之機會

4.有助其他管理功能之發揮

知識補充站

何謂企業資源規劃？

企業資源計畫或稱企業資源規劃，簡稱ERP(Enterprise Resource Planning)，是由美國著名管理諮詢公司Gartner Group Inc.於1990年提出的，最初被定義為應用軟體，但迅速被全世界商業界所接受，現已經發展成為現代企業管理理論之一。企業資源計畫系統是指建立在資訊技術基礎上，以系統化的管理思想，為企業決策層及員工提供決策執行手段的管理平臺。企業資源計畫也是實施企業流程再造的重要工具之一，是個屬於大型製造業所使用的公司資源管理系統。

Unit **9-2**
規劃的原因與程序

　　企業面對多變的市場，稍有疏忽，便成為落後者。常言道：「機會是留給準備好的人」，因此善於規劃的企業便能掌握市場脈動，這也是近幾年規劃興起的原因。

一、規劃功能採行因素

　　數年來，企劃的精神在實務上廣泛被使用，主要植基於以下六因素：

　　（一）**企業不再是完全受市場宰割的無力羔羊**：企業若能善用成員之腦力，包括積極冒險精神及冷靜分析能力，不僅能夠適應並跟隨趨勢，尚能創造有利局勢。

　　（二）**技術革新的採用率大大提高**：第二個因素是技術革新，在各行各業採用成功的比率大大提高，所以為了競爭，不得不及早計畫未來。

　　（三）**企管工作愈來愈複雜**：因此不能不多做規劃。尤其企業規模擴大，產品線及市場區隔日益多角化，所以必須依賴團隊的計畫、執行及控制，才能順利運作。

　　（四）**同業競爭壓力滋長不息**：同業競爭壓力促使企業必須妥善計畫未來，不可坐以待斃。

　　（五）**環境變化及社會責任**：企業經營的生態愈來愈複雜、企業社會責任日漸受重視等，均使企劃分析日益重要。

　　（六）**決策時間幅度愈來愈長**：長期性規劃的系列性甚為重要。因此，企劃工作成為企業經營管理的首要機能。

二、規劃程序

　　有關規劃程序（Planning Procedure），茲概述如下：

　　（一）**界說企業之經營使命**：此經營使命，乃在說明企業所能提供社會與客戶之效用或服務。有此經營使命之後，企業才能確定本身的生存理由與發展方向。

　　（二）**設定目標**：依據經營使命，必須設定企業想達成的各種目標，以為努力之指標。

　　（三）**進行有關環境因素之預測**：一企業要有效達成設定之各目標，受到環境因素影響頗大，因此，必須努力減低對環境之依賴性，並進行評估與預測，此包括經濟景氣、消費者變化、市場競爭、政治社會之改變等。

　　（四）**評估本身資源條件**：要認真評估自己所擁有之資源條件是否足以支持所設目標、手段與方法；否則眼高手低，目標必然無法順利達成，而且徒增浪費資源。

　　（五）**發展可行方案**：目標確立、條件充足之後，再來要研訂幾套不同的可行方案，作為決定最適方案。當然，執行的結果或許會有差異，必要時應以備案支援。

　　（六）**實施該計畫方案**：經慎思擇定之計畫方案，便要全力投入，不可半途而廢、虎頭蛇尾，或是同時分散力量，做太多計畫方案。

　　（七）**評估、修正及再出發**：針對執行之結果，必須評估其成效如何，有必要更改處應予修正，以符實際需要，並創造更可觀之績效。

規劃的原因及程序

1.企業不再成為無力羔羊

6.決策時間愈來愈長

2.技術創新大大提高

企業採行規劃的六大原因

5.企業環境日益複雜且變化大

3.企管工作日益複雜

4.同業競爭壓力大

規劃七大程序

1.界說企業經營使命

2.設定目標

3.進行環境因素預測

4.評估本身資源條件

5.發展可行方案

6.實施計畫方案

7.評估、修正及再出發

145

如何進行環境預測

企業擬定規劃之前的市場環境預測,實屬必要。但如何進行呢?即是運用因果性原理和定性、定量分析相結合的方法,預測國內外的社會、經濟、政治、法律、政策、文化、人口、科技、自然等環境因素的變化,對特定的市場或企業的生產經營活動會帶來什麼樣的影響(包括威脅和機會),並尋找適應環境的對策。

Unit **9-3**
目標管理的優點及推行

　　「目標管理」一詞最早於1954年，在管理學之父彼得‧杜拉克（Peter Drucker）所寫的《管理實踐》（*The Practice of Management*）一書中出現，目前已從當初的觀念漸漸落實到成為一種技術。

　　可見目標管理已是企業必然的管理趨勢，將目標管理有系統的應用於企業內，必可獲得很好的效果。

一、目標管理的意義

　　所謂目標管理（Management by Objective, MBO）是以團隊精神為根本，以提高績效為導向。擬達成向上目標，必須全員集思廣益，貢獻力量。因此唯有主管充分授權，造就民主參與氣氛，才能實現。

　　基本上，目標管理具有以下涵義：1.它設定要求目標，各級單位均應以此目標為達成使命；2.它強調有手段、有計畫、有方法的去達成，而非漫無方式；3.在設定目標過程中，充分讓部屬參與意見溝通，以及4.它具有考核獎懲的後續作為，而非做多少算多少。

二、目標管理的優點

　　依據管理學家的研究，一個有目標的人，其成就通常比沒有目標的人為高。因此，目標管理對於企業界提振工作效率，具有相當重要的影響。其優點如下：1.讓屬下有目標可依循；2.讓部屬參與訂定目標，可幫助目標之有效執行；3目標成為考核之依據，也是賞罰分明之判斷，有助公正、公開、公平之管理精神建立；4.有助發掘優秀人才；5目標管理有助於授權與分權之徹底落實；6.讓部屬管理自己，建立單位主管擔當責任，並賦予權力的良性組織氣候，以及7.透過以上優點，可有助於高階主管與其部屬間之合作共識。

三、目標管理之推行

　　為使目標管理之有效推展，應包括以下步驟：1.清晰說明公司採行MBO之目的何在；2.明列實施MBO之部門與單位；3.釐清在MBO中各部門之權責關係；4.明列各部門與單位應完成之目標責任；5.明列實施MBO之時程進度，以及6.明列獎懲措施並定期考核。

四、預算管理是核心

　　對國內大型企業或上市上櫃公司而言，在執行目標管理的落實上，經常採用的方法就是年度預算、季預算或月預算的目標設定及追蹤考核，而這些財務預算包括營業收入、營業成本、營業費用及營業淨利等在內。因此，「預算管理」可說是目標管理的核心。

目標管理

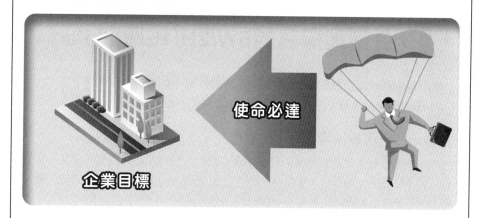

企業目標　←　使命必達

目標管理六大優點

① 讓屬下有目標可循

② 目標可成為考核及賞罰依據

③ 有助授權與分權之貫徹

④ 有助發掘優秀人才及優秀單位

⑤ 有助公司營運績效提升

⑥ 有助企業競爭力提升

目標管理的核心

在實務上，「預算管理」是目標管理經常執行的核心焦點。

知識補充站

預測哪些市場環境呢？

例如：人口總量和人口結構的變化，對產品的需求會帶來哪些影響；人口老齡化意味著什麼商機；產業政策、貨幣政策、就業政策、能源政策等調整，對企業的生產經營活動有何影響，應如何利用這些政策；國際政治動盪、經濟危機、地區衝突對國內企業有何衝擊，應採取哪些對策等，都是市場環境預測的具體內容。

Unit **9-4**
企劃案撰寫的5W/2H/1E原則 Part I

當撰寫任何一個企劃案時，必須審慎思考及注意企劃案內容與架構，是否已包含5W/2H/IE的精神及內涵。由於本主題內容豐富，故分兩單元介紹。

一、What——何事、何目的、何目標

首先要注意這次企劃案撰寫的最主要核心目的、目標及主題為何，而且一定要界定得相當清楚明確，範圍也不能太大。因此，當主題、目的、目標確立之後，就可以環繞在這個主軸上，展開企劃案的架構設計、資料蒐集、分析評估及撰寫工作。

二、How——如何達成

再來就是要陳述如何達成前面提到的企劃案的主題、目的與目標。在這個階段要特別注意到：1.有哪些假設前提？2.這些假設前提有何客觀科學數據支持？3.這些客觀科學數據的來源及產生又是如何？4.要如何說服別人相信這些想法與做法是可以有效達成的？以及5.是否能展現一些創新與突破，而不是只有傳統做法？

三、How Much——多少預算

大部分的企劃案，一定都要有數字出現，不能只有文字。因為任何企劃案，最後都要付諸執行；只要是執行，就一定會有預算出現。因此，「How Much」是一個企劃案的表現重點之一。因為，很多決策必須依賴最後數字，才能做決策；否則沒有客觀數據分析為基礎，經常無法做決策或誤導成錯誤的決策。在預算方面，包括營收、成本、資本支出、管銷費用、人力需求、廠房規模、損益以及資金流量等預估。

四、When——何時計劃與安排

這個階段一定要陳述計畫的執行時程安排如何？包括何時開始正式啟動？何時應該依序完成哪些工作項目？最後總完成時間大概為何時？假設某銀行信用卡部門將推出新上市的信用卡行銷活動，因此必須列出信用卡新上市所有工作時程表，包括卡片設計、審卡、記者會、廣告CF上檔、促銷活動、新聞報導、贈品採購、業務組織與推展、客服中心等數十個工作事項，均應列入工作時程表內，然後依時程全面展開工作。因此，企劃案中的時間點，應該非常明確。

五、Who——組織配置

一個企劃案沒有人力組織，就無法執行。因此，企劃案中對於將來執行本案的組織、人力及相關配置需求，也要說明清楚。這包括公司內部既有的組織與人力，以及外部待聘的組織及人力。特別是一個新廠擴建案，必然會帶動新組織與新人力需求的增加。在這個階段，應該注意到必須有專責人員來負責特別的企劃案，這樣權責一致，才能有效推動任何的企劃案。

企劃案撰寫八大原則

企劃案內容撰寫的重要原則

① What

做何事？何目的？何目標？何主題？

· 當主題、目的、目標確立之後，就可以環繞在這個主軸上，展開企劃案的架構設計、資料蒐集、分析評估及撰寫工作。

② How

如何做？如何讓人相信是可以達成的？

· 有哪些假設前提？
· 這些假設前提，有何客觀科學數據支持？
· 這些客觀科學數據的來源及產生又是如何？
· 要如何說服別人相信這些想法與做法，是可以有效達成的？
· 是否能展現一些創新與突破，而不是只有傳統的做法？

③ How Much

要多少預算、要花多少錢？

· 包括營收預算、成本預算、資本支出預算、管銷費用預算、人力需求預算、廠房規模預算、損益預算及資金流量預估等。

④ When

何時做？時程計劃安排為何？

· 何時開始正式啟動？何時應該依序完成哪些工作項目？最後總完成時間大概何時？

⑤ Who

何人做？哪些組織、人力及配置？

· 包括公司內部既有的組織與人力，以及外部待聘的組織及人力。

⑥ Where

何地做？國內或國外？單一地或多元化？

⑦ Why

為什麼要這麼做？

⑧ Evaluation

評估有形或無形的效益

Unit **9-5**
企劃案撰寫的5W/2H/1E原則 Part II

　　由前文Part I我們得知，一份完整周詳的企劃案撰寫，是要考慮各種面向，缺一不可；事實上，這也是理所當然的。

　　試想如果紙上作業都不完善了，哪來具體執行的可能呢？以下我們繼續介紹其他三種原則。

六、Where──何地

　　這個階段必須對企劃案內容中的地點加以說明，意即其中所涉及到的地點是在國內或國外、單一地點或多元地點？例如：某電子廠到大陸投資生產，其據點可能包括上海、昆山、深圳等多個地點；再如很多公司提到要全球布局及全球運籌，那麼究竟要在哪些國家及城市設立生產據點、研發據點、物流倉庫、採購據點或行銷營業中心呢？

七、Why──為何

　　企劃案撰寫中，經常要問自己很多「Why」。唯有能夠很正確有力的答覆Why，企劃案才不會怕別人挑戰與批評。例如：撰寫企劃案後，常會被人挑戰說：1.為什麼對產業成長數據如此樂觀預估？2.科技變化的速度是否列入考慮？3.競爭者難道不會取得核心技術能力？4.美國經濟環境會如期復甦嗎？5.自身的核心競爭力已是對手難以追上的嗎？以及6.市場需求會有跳躍式的成長嗎？

　　為了回答這一連串的Why，企劃人員必須很深入的做好產業分析、市場分析、競爭者分析、顧客分析、自我分析、科技分析、法令分析及外部政經環境分析。

　　企劃人員如果真能掌握這些複雜的分析情報，那麼在撰寫企劃案中，將對如何達成目標（How）的問題，更加有自信與看法。

八、Evaluation──效益評估

　　企劃案最後一個重要原則，必須對本案的效益評估做出說明，以作為結論引導。對企業的效益可以區分為「有形效益」及「無形效益」兩種：

　　（一）**有形效益**：指的是可以明確衡量的效益。例如：帶動營收額增加、獲利增加、市占率上升、生產成本大幅下降、股價上升、顧客滿意度上升、品牌知名度上升、組織人力精簡、資金成本降低、生產良率提高、專利權申請數增加、關鍵技術突破順利上線等。

　　（二）**無形效益**：指的是難以用立即呈現眼前的數據衡量。例如：1.策略聯盟所帶來的戰略效益；2.企業形象變好，對企業銷售的無形助力；3.技術研發人員送至國外受訓，其所增進的開發技術與知識的潛在增加；4.公益活動所帶來的社會良好口碑與認同，以及5.出國考察參訪及見習所感受到的創新、點子與模仿。

企劃案撰寫八大原則

企劃案內容撰寫的重要原則

1 What

做何事？何目的？
何目標？何主題？

2 How

如何做？如何讓人相信是
可以達成的？

3 How Much

要多少預算、要花多少錢？

4 When

何時做？時程計畫安排為
何？

5 Who

何人做？哪些組織、人力及配置？

6 Where

何地做？國內或國外？單一地或多元化？
・國內或國外？
・單一地點或多元地點？
・全球布局時，究竟要在哪些國家及城市設立生產據點、研發據點、物
　流倉庫、採購據點或行銷營業中心呢？

7 Why

為什麼要這麼做？
・為什麼對產業成長數據如此的樂觀預估？
・科技變化的速度是否列入考慮？
・競爭者難道不會取得核心技術能力？
・美國經濟環境會如期復甦嗎？
・自身的核心競爭力已是對手難以追上的嗎？
・市場需求會有跳躍式的成長嗎？

8 Evaluation

評估有形或無形的效益
➾有形效益：指的是可以明確衡量的效益。例如：帶動營收額增加、市
　占率上升、生產成本下降、顧客滿意度上升、品牌知名度上升、組織
　人力精簡、生產良率提高等。
➾無形效益：指的是難以用立即呈現眼前的數據衡量。例如：
　・策略聯盟所帶來的戰略效益。
　・企業形象變好，對企業銷售的無形助力。
　・技術研發人員送至國外受訓，其所增進的研發技術與知識的潛在增加。
　・公益活動所帶來的社會良好口碑與認同。
　・出國考察參訪及見習所感受到的創新、點子與模仿。

Unit **9-6**
好的規劃報告要點

　　既然規劃意味著「未雨綢繆」、「謀定而後動」，那麼善於規劃的企業就會蒙受有效適應環境改變、促使成員關注整體目標並增進企業成功機會等潛在益處。也就是說，好的開始就是成功的一半。那麼怎樣的規劃是好的呢？而一份好的規劃報告要包含哪些內容？以下歸納整理說明之。

一、什麼才是好的規劃

　　實務上，一份好的規劃必須包含十三個要點：1.案子能夠立即、有效地解決公司當前的問題；2.案子能夠帶給公司獲利、賺錢的商機；3.案子能夠顯著及大幅度改善公司事業或產品戰略結構，並且影響深遠；4.案子具有可行性及可執行性；5.企劃案是能夠做對的事情，做出正確的事情；6.案子能夠解決公司面臨的重大危機，轉危為安；7.案子具有高度及全局的洞見思維；8.案子結構性完整、邏輯性嚴謹以及具有創新之作；9.案子能夠維繫公司領導地位與領先地位；10.案子能夠反敗為勝；11.案子能夠超越競爭對手；12.案子能夠持續強化公司的核心競爭力，以及13.案子能夠累積公司的無形資產價值，如形象案子能夠超越競爭對手、品牌案子能夠超越競爭對手、專利案子能夠超越競爭對手、智財權案子能夠超越競爭對手，以及顧客資料庫等。

二、規劃報告應備要點

　　有了以上縝密思考，確定案子的可行性後，就要開始將思考內容以書面報告呈現，著手撰寫規劃報告並付諸行動。完整的規劃報告內容應具備十七個要點：1. What：要做什麼、什麼目標與目的；2.Why：為何如此做，是何原因；3.Where：在何處做；4.When：何時做、何時完成；5.Why：誰去做、誰負責；6.How to Do：如何做、創意為何；7.How Much Money：要花多少錢做、預算多少；8.Evaluate：評估有形及無形效益；9.Alternative Plan：是否有替代方案及比較方案；10.Risky Forecast：是否想到風險預測、風險多大；11.Market Research：是否有進行市調、行銷研究；12.Balance Viewpoint：是否有平衡觀點，沒有偏頗；13.Competitive：是否具有贏的競爭力；14.How Long：要做多久；15.Logically：是否具合理性及邏輯性；16.Comprehensive：是否有完整性及全方位觀，以及17.Whom：對象、目標是誰。

小博士解說

你的態度／形象如何呢？
簡報成功的關鍵可以歸納為內容、態度／形象和聲音三部分。試問哪項是簡報成功的關鍵？或許有人會說是內容囉！錯，我們辛苦準備的內容只占7%；簡報成功最主要的關鍵是態度／形象，占58%；其次是聲音，占35%。回想一下所謂的名嘴，那麼這層道理也就不說自明了。

好的規劃案要素及報告要點

好的規劃案十三要素

1. 案子能夠立即、有效地解決公司當前的問題
2. 案子能夠帶給公司獲利、賺錢的商機
3. 案子能夠顯著改善公司事業或產品戰略結構
4. 案子具有可行性及可執行性
5. 企劃案是能夠做對的事情，做出正確的事情
6. 案子能夠解決公司面臨的重大危機，轉危為安
7. 案子具有高度及全局的洞見思維
8. 案子結構性完整、邏輯性嚴謹以及具創新性
9. 案子能夠維繫公司領導地位與領先地位
10. 案子能夠反敗為勝
11. 案子能夠超越競爭對手
12. 案子能夠持續強化公司的核心競爭力
13. 案子能夠累積公司的無形資產價值

規劃報告十七要點

① What：要做什麼、什麼目標與目的？
② Why：為何如此做，是何原因？
③ Where：在何處做？
④ When：何時做、何時完成？
⑤ Who：誰去做、誰負責？
⑥ How to Do：如何做？創意為何？
⑦ How Much Money：要花多少錢做？預算多少？
⑧ Evaluation：評估有形及無形效益。
⑨ Alternative Plan：是否有替代方案及比較方案？
⑩ Risky Forecast：是否想到風險預測、風險多大？
⑪ Market Research：是否有進行市調、行銷研究？
⑫ Balance Viewpoint：是否有平衡觀點，沒有偏頗？
⑬ Competitive：是否具有贏的競爭力？
⑭ How Long：要做多久？
⑮ Logically：是否具合理性及邏輯性？
⑯ Comprehensive：是否具完整性及全方位觀？
⑰ Whom：對象、目標是誰？

第 **10** 章

領導（Leadership）

●●●●●●●●●●●●●●●●●●●●●●●●●●●● 章節體系架構 ▼

Unit 10-1　領導的意義及力量基礎

Unit 10-2　領導三大理論基礎

Unit 10-3　成功領導者的特質與法則

Unit 10-4　分權的好處及考量

Unit 10-5　領導人VS.經理人

Unit **10-1**
領導的意義及力量基礎

　　有人說「領導」是一種藝術，既是藝術，就要不斷學習；而藝術也千變萬化，各有特色。身為領導者要如何將多樣的團隊成員歸於一心，進而發揮每個團隊成員的才智，以匯集成一股力量，是領導者和成員都必須深思的問題。

　　真正的領導者，不一定是自己能力有多強，只要懂得信任、下放權力、尊重專業、珍惜其他成員的長處等，必能凝結超越自己N倍的力量，從而提升自己及企業的身價。

一、領導的意義

　　管理學家對「領導」之定義，有些不同的看法。

　　戴利（Terry）認為：「領導係為影響人們自願努力，以達成群體目標所採之行動。」

　　坦邦（Tarmenbaum）則認為：「領導係為一種人際關係的活動程序，一經理人藉由這種程序以影響他人的行為，使其趨向於達成既定的目標。」

　　而另一種對「領導」比較普遍性的定義是：「在一特定情境下，為影響一人或一群體之行為，使其趨向於達成某種群體目標之人際互動程序。」

　　換句話說，領導程序即是：領導者、被領導者、情境等三方面變項之函數。

　　用算術式表達：即為：L= f〔l, f, s〕

> l:leader, f:follower, s:situation

二、領導力量的基礎

　　管理學者對於主管人員領導力量之來源或基礎，含括以下幾種：

　　（一）傳統法定力量（**Legitimate Power**）：一位主管經過正式任命，即擁有該職位上之傳統職權，亦即有權力命令部屬在責任範圍內應有所作為。

　　（二）獎酬力量（**Reward Power**）：一位主管如對部屬享有獎酬決定權，即對部屬之影響力也將增加，因為部屬的薪資、獎金、福利及升遷均操控於主管手中。

　　（三）脅迫力量（**Coercive Power**）：透過對部屬之可能調職、降職、減薪或解僱之權力，可對部屬產生嚇阻作用。

　　（四）專技力量（**Expert Power**）：一位主管如擁有部屬所缺乏之專門知識與技術，則部屬應較能服從領導。

　　（五）感情力量（**Affection Power**）：在群體中由於人緣良好，隨時關懷幫助部屬，則可以得到部屬衷心配合之友誼情感力量。

　　（六）敬仰力量（**Respect Power**）：主管如果德高望重或具正義感，且因此備受部屬敬重，進而接受其領導。

領導的意義

| 領導力
(Leadership) | = | 領導者
(leader) | + | 跟隨者
(follower) | + | 情境
(situation) |

領導力量六大基礎

1.傳統法定力量
一位主管經過正式任命，即擁有該職位傳統職權，亦即有權力命令部屬在責任範圍內應有所作為。

2.獎酬力量
一位主管如對部屬的薪資、獎金、福利及升遷享有獎酬決定權，對部屬之影響力也將增加。

3.脅迫力量
透過對部屬之可能調職、降職、減薪或解僱之權力，可對部屬產生嚇阻作用。

4.專技力量
一位主管如擁有部屬所缺乏之專門知識與技術，則部屬應較能服從領導。

5.感情力量
隨時關懷幫助部屬，則可以得到部屬衷心配合之友誼情感力量。

6.敬仰力量
主管如果德高望重或具正義感而使部屬對他敬重，進而接受其領導。

知識補充站

影響作用之表現方式

領導者要如何才能完全發揮其領導效能，除有上述基礎外，尚有以下方式可資運用：1.身教：以身作則，言行如一，成為部屬模仿的典範，所謂身教重於言教、言教不如身教，即為此意；2.建議：提出友善的建議，期使部屬改變作為；3.說服：必須以比建議更直接的表達方式，具有某些壓力或誘因，以及4.強制：具體化的壓力，此乃不得已的下下策手段。

Unit **10-2**
領導三大理論基礎

管理學者對領導之看法，曾提出三大類的理論基礎，茲概述如下，提供參考。

一、領導人「屬性理論」或稱「偉人理論」

此派學者認為成功的領導人，大多由於具有這些異於常人的一些特質屬性，包括：外型、儀容、人格、智慧、精力、體能、親和、主動、自信等。當然也有其缺失，即：1.忽略被領導者的地位及其影響；2.屬性特質很多，相反的屬性也有成功的事例，因此，對於到底哪些是成功屬性很難確定；3.各種屬性之間，難以決策彼此之重要程度（權數），以及4.這種領袖人才是天生的，很難描述及量化。

二、領導行為模式理論

此派學者認為領導效能如何，並非取決於領導者是怎樣的一個人，而是取決於他怎樣做，也就是他的行為。因此，行為模式與領導效能就產生了關聯，其類型如下：

（一）**懷特與李皮特的領導理論**：即指權威式領導、民主式領導，以及放任式領導。

（二）**李氏的工作中心式與員工中心式理論**：管理學者李克將領導區分為兩種基本型態：1.以工作為中心：任務分配結構、嚴密監督、工作激勵及依詳盡規定辦事，以及2.以員工為中心：重視人員的反應及問題，利用群體達成目標，給員工較大裁量權。依其實證研究顯示，生產力較高的單位，大都以員工為中心；反之，則以工作為中心。

（三）**布萊克及寧頓的管理方格理論**：此係以「關心員工」及「關心生產」構成領導基礎的二個構面，各有九型領導方式，故稱之為管理方格，即：1-1型：對生產及員工關心度均低，只要不出錯，多一事不如少一事；9-1型：關心生產，較不關心員工，要求任務與效率；1-9型：關心員工，較不關心生產，重視友誼及群體，但稍忽略效率；5-5型：中庸之道方式，兼顧員工與生產，以及9-9型：對員工及生產均相當重視，既要求績效，也要求溝通融洽。

三、情境領導理論

費德勒提出他的情境領導理論，其情境因素有三：1.領導者與部屬關係：部屬對領導者信服、依賴、信任與忠誠的程度，區分為良好及惡劣；2.任務結構：部屬工作性質清晰明確，以結構化、標準化的程度區分為高與低，例如：研發單位的任務結構與生產線的任務結構就大不相同，後者非常標準化及機械化，前者就非常重視自由性與創意性，而且也較不受朝九晚五之約束，以及3.領導者地位是否堅強：此係指領導主管來自上級的支持與權力下放之程度，區分為強與弱，愈由董事長集權的企業，領導者就愈有地位。將這三項情境構面各自分為兩類，則將形成八種不同情境，對其領導實力各有其不同的影響程度。

158

領導理論及基礎

領導三大理論

領導人屬性理論（偉人理論）
1. 領導人是天生的
2. 自然具有領袖魅力

領導行為模式理論
1. 權威、民主、放任式領導
2. 以工作為中心、以員工為中心
3. 關心員工、關心生產

情境領導理論
1. 領導者與部屬關係
2. 任務結構因素
3. 領導者地位是否堅強

管理方格的領導理論

高 ⑨

1-9型	9-9型

5-5型

1-1型	9-1型

關心員工 ⑤

低 ⑤ 高
關心生產

各種情境領導狀況

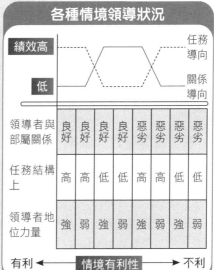

績效高　　　　　　　　　　　　　任務導向
低　　　　　　　　　　　　　　　關係導向

領導者與部屬關係	良好	良好	良好	良好	惡劣	惡劣	惡劣	惡劣
任務結構上	高	高	低	低	高	高	低	低
領導者地位力量	強	弱	強	弱	強	弱	強	弱

有利 ◄── 情境有利性 ──► 不利

在此種理論下，沒有一種領導方式可以適用於任何情境都有高度效果，而必須求取相配對目標。費德勒認為，當主管對情境有很高控制力時，以生產工作為導向的領導者，其績效會高。反之，只有中等程度控制時，以員工為導向的領導者，其會有較高績效。費德勒的理論，一般又稱為「權變理論」。

Unit 10-3
成功領導者的特質與法則

　　現在成功的領導人及經理人須把整個組織的價值及願景帶進他們所領導的團隊，並與團員分享，而且指揮若定、全心投入，以達成公司的策略目標。

　　為實踐分享式的管理，並在組織內成為一位價值非凡的領導人，需要具備以下重要特質及領導原則。

一、成功領導人五種特質

　　（一）使員工適才適所：了解下屬的新責任領域、技能及背景，使其適才適所，與工作搭配得天衣無縫。若你想透過授權以有效且有用的方式執行更廣泛的指揮權，就需要把握下屬資訊。

　　（二）應隨時主動傾聽：這涵蓋了傾聽明說或未明說之事。更重要的一點是，這意味著你呈現一種願意改變的態度，等於是送出願意分享領導權的訊號。

　　（三）要求部屬工作應目標導向：你與下屬間的作業內容，與整個部門或組織目標之間應存在一種關係。在交付任務時，你應作為這種關係的溝通橋梁。下屬應了解其作業程度，才能主動做出可能是最有效率的決策。

　　（四）注重員工部屬的成長與機會：無論何種情況，領導人及經理人必須向下屬提出樂觀的遠景，以半杯水為例，鼓勵員工注意半滿的部分，不要看半空的部分。

　　（五）訓練員工具批判性與建設性思考：在完成一項工作後，鼓勵下屬馬上檢視一些指標，包括如何進行、為何進行以及要做些什麼，並讓他們發問（例如過去如何完成這項工作），鼓勵他們想出新的作業流程、進度或操作模式，使其工作更有效率與效能。

二、成功領導者六大法則

　　（一）尊重人格原則：主管與部屬間雖有地位上之高低，但在人格上完全平等。

　　（二）相互利益原則：相互利益乃是「對價」原則，亦即互惠互利，雙方各盡所能、各取所需，維持利益之均衡化，關係才會持久。上級領導，也須注意下屬利益。

　　（三）積極激勵原則：人性擁有不同程度及階段性之需求，領導者必須了解其真正需求，多加積極激勵，以激發下屬的充分潛力。

　　（四）意見溝通原則：透過溝通，上下及平行關係才能得到共識，從而團結，否則必然障礙重重。順利溝通，是領導的基礎。

　　（五）參與原則：採民主作風之參與原則，乃是未來大勢所趨，也是發揮員工自主管理及潛能的最好方法，這也是集思廣益的最佳方法。

　　（六）相互領導：以前認為領導就是權力運用，是命令與服從關係，其實不是，現代進步的領導，乃是影響力的高度運用。而主管並非事事都懂，有時部屬會有獨到見解。

成功領導者五大特質

① 使員工適才適所

了解下屬新責任領域、技能及背景，使其適才適所，與工作搭配得天衣無縫。

② 應隨時主動傾聽

涵蓋傾聽明說或未明說之事，意味著領導者呈現一種願意改變的態度，等於是送出願意分享領導權的訊號。

③ 要求部屬工作應目標導向

與下屬間作業內容，應與整個部門或組織目標有所關聯，下屬應了解作業程度。

④ 注重員工部屬成長與機會

無論任何情況，領導人必須向下屬提出樂觀的遠景。

⑤ 訓練員工具批判性與建設性思考

部屬完成一項工作後，鼓勵下屬馬上檢視一些指標，包括如何進行、為何進行，以及要做些什麼，並給予機會發問，鼓勵他們想出更有效率與效能的作業方式。

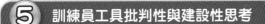

成功領導者六大法則

1.尊重人格原則
職位雖有高低，但人格無貴賤，一律平等，所謂敬人者，人恆敬之。

2.相互利益原則
即對價原則，互惠互利，各盡所能、各取所需，維持利益平衡。

3.積極激勵原則
了解個人不同程度的需求，以積極的激勵，激發成員之最大潛力。

4.意見溝通原則
透過垂直與平等關係的溝通，得到共識，促成團結，破除障礙。

5.參與原則
民主作風為未來之大趨勢，發揮成員自主管理及潛能，更能達到集思廣益之效。

6.相互領導
現代領導是影響力的高度運用，主管未必事事精通，因此，主管要有雅量接納部屬比自己高明的意見。

Unit **10-4**
分權的好處及考量

　　由一個組織授權程度的大小，可以形成組織結構面上一個重要問題，那就是分權與集權。如果一個組織各級主管授權程度極少，大部分大小職權均集中在很少數的高階主管，則稱為集權組織；反之，各項權力均普及到各階層指揮管道，則稱為分權組織。從分權主導集權的角度來看，正反映此企業經營者之經營管理風格。

一、分權組織的利益

　　一個分權化的組織，可產生利益如下：1.各單位主管可因地制宜，即時有效解決各個經營與管理問題，具有決策快速反應的效果；2.相當適合大規模、多角化及全球化經營組織體，依各自的產銷專長發揮潛力；3.各階層主管擁有完整的職權及職責，將會努力完成組織目標，以及4.能夠有效培養獨當一面之各級優秀主管人才。

二、分權的環境趨勢及條件

　　（一）分權的環境趨勢：基本上，當企業考量環境趨勢要朝多角化、國際化及生產科技自動化等三種方向發展時，正是有利於分權化組織之採行。

　　（二）分權的條件：1.組織屬大規模；2.產品線繁多，多角化程度高；3.市場結構分散且複雜；4.工作性質多變化；5.外在環境難以精確預測；6.決策者面臨彈性需求，以及7.海外事業單位繁多者。

　　（三）分權的原則：1.產品愈多樣化，分權化愈大；2.公司規模愈大，分權化愈強；3.企業環境變動愈快，企業決策愈分權化；4.管理者應當對那些耗費大量時間，但對自己權力及控制損失極小的決策，讓部屬執行；5.對下授的權力予以充分及適時控制，本質上就是分擔，以及6.產業市場及科技快速變化時，企業組織就愈分權。

三、集權與分權的考量因素

　　（一）**組織規模**：這是最基本的因素。因為分權化的發生，也是為因應組織規模擴大後，實質管理上分工的高度需求。

　　（二）**產品組合**：產品線愈多或多角化程度日益升高，為因應對不同產品之產銷作業，是以分權化獨立營運的要求也就增加。

　　（三）**市場分布**：市場區域分布愈廣，也就迫使走上分權化組織。例如：國際化發展下，全球就是一個大市場，各市場距離如此遙遠，實在難以使用集權化組織。

　　（四）**功能性質**：企業各部門因功能不同，故可能採取不同權力方式組織。如：財務、企劃及稽核單位就傾向集權，而業務、廠務及海外事業單位則較分權化。

　　（五）**人員性質**：人員程度不同，也會影響組織方式。例如：研發人員自主性較高，故採分權化組織；而廠務工作人員工作較標準化，故採集權化組織。

　　（六）**外界環境**：組織面臨環境變動較大，採分權組織；變動較小，採集權組織。

分權的意義

集權　　　　　　　分權

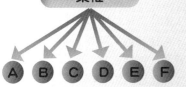

A B C D E F

A權 →

B權 →

C權 →

D權 →

E權 →

F權 →

分權的好處

① 各單位不因地制宜，反應迅速

② 各單位努力完成自己目標

③ 有助於培養獨當一面人才

④ 適合大規模企業不斷發展

分權的條件

① 組織規模大

② 多角化程度高

③ 海內外事業單位多

④ 外部環境變化快且大

⑤ 面對決策要快且彈性高

⑥ 產品線繁多且複雜

選擇集權或分權的考量

集權 VS. 分權

① 組織規模大或小

② 產品組合多或少

③ 市場分布大或小

④ 組織部門功能的差別

⑤ 人員性質的差別

⑥ 外界環境變化大或小

Business NEW

Unit **10-5**
領導人VS.經理人

什麼是「領導」？領導人的特質有哪些？與經理人又有何不同？

一、領導與管理的定義不同

前文提到「領導」的定義是：「在一特定情境下，為影響一人或一群體之行為，使其趨向於達成某種群體目標之人際互動程序。」

而「管理」的定義則是：「管理者立基於個人的能力，包括事業能力、人際關係能力、判斷能力及經營能力；然後發揮管理機能，包括計畫、組織、領導、激勵、溝通協調、考核及再行動，以及能夠有效運用企業資源，包括人力、財力、物力、資訊情報力等，做好企業之研發、生產、銷售、物流、服務等工作，最終能達成企業與組織所設定的目標。」

雖然領導人與經理人的角色乍看之下類似，但由上所述，顯然有其不同之處，再經過以下仔細分類對照後，會發現真的很不同。

二、領導人與經理人的角色不同

（一）**方向不同**：經理人基本上「向內看」，管理企業各項活動的進行，確保目標的達成。領導人則多半「向外看」，為企業尋找新的方向與機會。

（二）**面對問題不同**：管理的工作是要面對複雜，為組織帶來秩序、控制和一致性。領導卻是要面對變化、因應變化。企業組織裡，必然有一部分的高層職務需要較多的領導。另外一部分職位，則需要較多的管理。

（三）**兩者無法彼此取代**：管理無法取代領導，同樣地，領導也不是管理的替代品，兩者其實是互補的關係。

（四）**工作重點不同**：管理的工作重點，是掌握預算與營運計畫，專注的核心是組織架構與流程、是人員編制與工作計畫、是控制與解決問題。而領導的重點卻是策略、願景和方向，專注的是如何藉由明確有力的溝通，激發出員工的使命感，共同參與創造企業的未來。正因如此，管理與領導兩者缺一不可。缺乏管理的領導，將引發混亂；缺乏領導的管理，容易滋生官僚氣習。

不過，面對不確定的年代，隨著變化的腳步不斷加快，為了因應多變的市場與競爭，領導對於企業組織的興衰存亡，已經愈來愈重要了。

小博士解說

什麼是經理人？

《民法》稱經理人者，謂有為商號管理事務，及為其簽名之權利之人。《公司法》則規定，公司得依章程規定設置經理人。實務上，經理人包含總經理、副總經理、協理、經副理等職；至於協助總經理的特別助理，位階略高於經理。而計畫主持人、專案經副理等職，也屬於經理人。

領導人與經理的區別

	經理人的角色	領導人的角色
1	管理	創新
2	維持	開發
3	接受現實	探究現實
4	專注於制度與架構	專注於人
5	看短期	看長期
6	質問How & When	質問How & Why
7	目光放在財務盈虧	目光在公司未來
8	模仿	原創
9	依賴控制	依賴信任
10	優秀的企業戰士	自己的主人

領導與管理的差異

1 出發點不同

· 管理是找出員工個人的特質與能力，將人擺在適當的位置，以正確有效的執行。
· 領導是找出追隨者的共同心理，而加以利用，以達到領導的目的。

2 要求不同

· 管理是要求人按照基準的方法、制度、系統、規範、程序，正確執行工作。
· 領導是希望人更積極的發揮創意，改善現有的做事方法。

3 目的不同

· 管理講究的是執行力。
· 領導所追求的是自發的創造力。

4 人力運用不同

· 管理是要有效的利用人力資源。
· 領導是要激發人力資源的潛在價值。

第 **11** 章

溝通協調與激勵

章節體系架構 ▼

Unit 11-1 溝通的程序與管道

Unit 11-2 組織溝通之障礙與改善

Unit 11-3 協調的技巧與途徑

Unit 11-4 馬斯洛的人性需求理論

Unit 11-5 常見激勵理論 Part I

Unit 11-6 常見激勵理論 Part II

Unit **11-1**
溝通的程序與管道

現代人凡事講求溝通，無非是希望透過溝通而達到情感交流、合作協議及目的等效果。但什麼是「溝通」？溝通要如何進行才能達到效果？當組織的溝通途徑有一些隱而不見、似是而非的訊息散布時，又要如何因應？以下本文將探討之。

一、溝通的意義與程序

所謂溝通係指一人將某種想法、計畫、資訊、情報與意思，傳達給他人的一種過程。溝通學家白羅（Berio）認為，溝通程序應包括：溝通來源、變碼、信息、通路、解碼及溝通接受者等六要素。所以溝通不是僅透過文字、口頭訊息傳遞給某人就好了，更重要的是，要求對方有沒有正確無誤的了解你的意思，而且要有某種程度接受，不能全然拒絕；否則這種無效的溝通，稱不上是真正的溝通。

二、正式與非正式溝通

實務上，溝通的途徑有兩種，即正式溝通與非正式溝通，茲分述如下：

（一）正式溝通：係指依公司組織體內正式化部門及其權責關係，而進行之各種聯繫與協調工作，其類別有以下幾種：1.下行溝通：一般以命令方式傳達公司決策、計畫、規定等信息，包括各種人事命令、內部刊物、公告等；2.上行溝通：是由部屬依照規定，向上級主管提出正式書面或口頭報告；此外，也有像意見箱、態度調查、提案建議制度、動員月會主管會報或e-mail等方式。以及3.水平溝通：常以跨部門集體開會研討，成立委員會小組；也有用「會簽」方式，執行水平溝通。

（二）非正式溝通：係指經由正式組織架構及途徑以外之資訊流通程序，此種途徑通常無定型、較為繁多，而信息也較不可靠，常有小道消息出現。

組織管理學者戴維斯（Davis）對非正式溝通區分為四種型態：1.單線連鎖：即由一人轉告另一人，另一人再轉告給另一人；2.密語連鎖：即由一人告知所有其他人，猶如其為獨家新聞般的八卦；3.集群連鎖：即有少數幾個中心人物，由他們轉告若干人，以及4.機遇連鎖：即碰到什麼人就轉告什麼人，並無一定中心人物或選擇性。

三、對非正式溝通的管理

面對非正式組織溝通帶給公司之困擾，應採取以下對策：1.最基本解決之道，應尋求部屬對上級各主管之信任，願意相信公司正式訊息，而拒斥小道消息；2.除少數極機密之人事、業務或財務外，均可對所有員工正式公開，謠言自可不攻而破；3.應訓練全體員工對事情正確判斷及處理方法；4.勿使員工過於閒散而無聊到傳播訊息；5.公司一切運作，均應依制度而行，而不操控於某人，如此就會減少不必要揣測，以及6.應徹底打破及嚴懲製造不正確消息之員工，建立良好組織氣候。

白羅溝通程序六要素

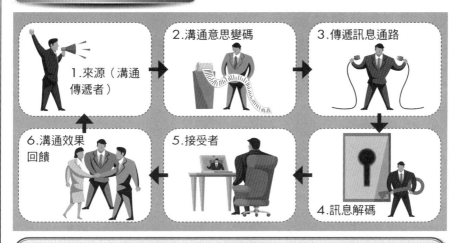

1.來源（溝通傳遞者）
2.溝通意思變碼
3.傳遞訊息通路
4.訊息解碼
5.接受者
6.溝通效果回饋

正式溝通

長官　長官
員工　水平溝通　員工
下行溝通　上行溝通
部屬　部屬

戴維斯非正式溝通四種型態

1.單線連鎖
即由一人轉告另一人，另一人再轉告給另一人。

2.密語連鎖
即由一人告知所有其他人，猶如其為獨家新聞般的八卦。

3.集群連鎖
即有少數幾個中心人物，由他們轉告若干人。

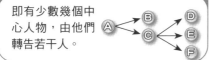

4.機遇連鎖
即碰到什麼人就轉告什麼人，並無一定中心人物或選擇性。

Unit **11-2**
組織溝通之障礙與改善

圖解企業管理（ＭＢＡ學）

環顧周遭不論我們身處哪個環節，幾乎都離不開「溝通」；萬一產生說者與聽者理解上的差異時，我們會說這是溝通不良所致的。輕則一笑置之，重則老死不相往來，甚至兩國開戰，可見溝通的頻繁性與重要性。

有學者說：「溝通是人與人之間、人與群體之間思想與感情的傳遞和反饋的過程，以求思想達成一致和感情的通暢。」

既然人是溝通中的主要元素，就難免會有失序的時候。這套用在組織上，也是一樣的道理。

然而當組織中產生溝通不良時，管理者要尋求哪些途徑解決並改善呢？以下有精闢解說。

一、常見的組織溝通障礙

實務上，組織最常發生的溝通障礙，大致有以下原因：

（一）**訊息被歪曲**：在資訊流通過程中，不管是向上、向下或平行，此訊息經常被有意或無意的歪曲，導致收不到真實的訊息。

（二）**過多的溝通**：管理人員常要去審閱或聽取太多不重要且細微的資訊，而不見得每個人都會判斷哪些是不需要看或聽的。

（三）**組織架構的不健全**：很多組織中出現溝通問題，但其問題本質不在溝通，而是在組織架構出了差錯，包括指揮體系不明、權責不明、過於集權、授權不足、公共事務單位未設立、職掌未明、任務目標模糊，以及組織配置不當等。

二、如何改善組織溝通

要徹底改善組織溝通障礙，可從幾個方向著手：

（一）**溝通管道機制化**：將溝通管道流程化與制度化，即以「機制」代替隨興。

（二）**將P-D-C-A落實在資訊流通上**：將管理功能（規劃、組織、執行、控制、督導）的行動，加以落實而改善資訊流通。

（三）**建立上下左右回饋系統**：應建立回饋系統，讓上、下、水平組織部門及成員都能知道任務將如何執行？執行的成果如何？將如何執行下一步？

（四）**應建立員工之各項建議系統**：如此將有助於組織成員能把心中不滿、疑惑、建言等意見，讓上級得知並予以處理。

（五）**發行組織文宣加以宣導**：運用組織的快訊、出版品、錄影帶、廣播等，作為溝通之輔助工具。

（六）**善用資訊科技加強溝通效率**：運用資訊科技來改善溝通，例如：跨國的衛星電視會議、網路視訊會議、電視會議等。此外，亦經常使用公司內部員工網站或e-mail電子郵件系統，以傳達溝通內容並達成溝通效果。

組織溝通障礙三大原因

組織溝通障礙的原因

1.訊息被歪曲　　2.過多的溝通　　3.組織架構不健全

改善組織溝通六大方法

1.溝通管道制度化、機制化

2.將P-D-C-A落實在資訊流通上

3.建立上下左右回饋系統

4.建立員工的各項建議系統

5.發行快訊、出版品、影帶、廣播

6.運用資訊工具，例如e-mail、視訊會議、電話會議

171

知識補充站

你的身體會說話

溝通的模式，基本上有語言及肢體語言兩種方式。

可是企業組織溝通大多著重在語言溝通方面，即一般我們熟知的有效溝通方式：口頭語言、書面語言、圖片、圖形，甚至現在使用很普及的e-mail等。但卻忽略了可能也會是重大的影響關鍵，即肢體語言的溝通。

肢體語言其實非常廣泛又豐富，包括我們的動作、表情、眼神，甚至說話的聲調，這都是肢體語言的一部分。

總括來說，語言溝通的是信息，肢體語言則是溝通人與人之間的思想和情感。

Unit **11-3**
協調的技巧與途徑

協調與溝通有何不同呢？就表面字義來說，協調是協議調和，使意見一致；溝通是彼此間意見的交流或訊息的傳遞。因此，兩者是不同的。然而組織為何需要協調？協調時要有哪些技巧？有何管道可以有效達成協調目的？本文將說明之。

一、協調的意義

協調活動是一種將具有相互關聯性的工作，化為一致行動的活動過程。基本上，只要有兩個或以上相互關聯的個人、群體、部門，希望達到共同目標時，都需要協調活動。例如：政府為推動重大政務的各部會協調功能，或是企業要推動某項重大事項，也必須協調組織內部各部門。

二、協調型態與技巧

團隊要成功，除了團隊本身努力之外，如何與組織內其他部門協調合作更是關鍵。專案經理人更常需要透過縱向、橫向（上、中、下）的溝通，取得其他部門的配合與支援，才能達成專案目標。因此，管理階層人員擬獲得成功的協調，須對協調型態與技巧有所了解才行。

（一）**協調型態**：組織理論學者亨利‧明茲伯格（Henry Mintzberg,1993）提出五種組織協調設計型態：1.監督簡單化：以直接監督為基礎，重視決策高層之簡單結構；2.流程標準化：以工作流程標準化為基礎，重視技術參謀之機械式科層組織；3.運作專業化：以技能與知識標準化為基礎，重視運作階層之專業化科層組織；4.生產部門化：以工作產出標準化為基礎，重視中層管理者之部門化形式，以及5.結構彈性化：以相互調適為基礎，重視支援幕僚之機動式組織。

（二）**協調技巧**：由上述理論得知，實務上的管理階層人員可以考慮使用以下協調方法，讓組織運作更為順暢：1.利用規則、程序、辦法或規章進行協調；2.利用目標與標的協調；3.利用指揮系統（組織層級）協調；4.經由部門化組織協調（即改善組織配置）；5.由高階幕僚或高階助理代表最高決策人進行協調；6.利用常設之委員會或工作小組協調，以及7.經由非正式溝通管道，達成整合者或兩個部門間的協調。

三、協調的途徑

協調的途徑因為科技進步，也跟著多元豐富起來。除一般傳統上常進行的會議協調方式，親自拜訪現場協調者，也大有人在，而網路的便利，以電子郵件快速往返溝通達成協調也頗為頻繁。為方便讀者參考，茲將組織常用的協調途徑，整理如下：1.利用召開跨部門、跨公司之聯合會議討論；2.利用電話親自協調；3.親自登門拜訪協調；4.利用e-mail訊息協調，以及5.利用公文簽呈方式協調等。

協調的意義

只要有兩個或以上相互關聯的個人、群體、部門，希望達到共同目標時，都需要協調活動。
例如：政府為推動重大政務的各部會協調功能，或是企業要推動某項重大事項，也必須協調組織內部各部門。

協調設計型態

① 監督簡單化

以直接監督為基礎，重視決策高層之簡單結構。

> 組織理論學者亨利·明茲伯格(Henry Mintzberg, 1993)提出五種組織協調設計型態

② 流程標準化

以工作流程標準化為基礎，重視技術參謀之機械式科層組織。

③ 運作專業化

以技能與知識標準化為基礎，重視運作階層之專業化科層組織。

④ 生產部門化

以工作產出標準化為基礎，重視中層管理者之部門化形式。

⑤ 結構彈性化

以相互調適為基礎，重視支援幕僚之機動式組織。

173

協調途徑

① 召開面對面跨部門、跨公司會議協調

② 利用電話親自協調

③ 親自登門拜會協調

④ 利用 e-mail 訊息協調

⑤ 利用書面公文或電子公文簽辦協調

Unit 11-4
馬斯洛的人性需求理論

美國人本主義心理學家馬斯洛（Maslow）的需求層次理論，是研究組織激勵時，應用得最為廣泛的理論。他認為人類具有五個基本需求，即從最低層次到最高層次之需求。這五種需求即使在今天，仍有許多人停留在最低層次而無法滿足。

一、生理需求

在馬斯洛的需求層次中，最低層次是對性、食物、水、空氣和住房等需求，都是生理需求。例如：人餓了就想吃飯，累了就想休息。人們在轉向較高層次的需求之前，總是盡力滿足這類需求。即使在今天，還有許多人不能滿足這些基本的生理需求。

二、安全需求

防止危險與被剝奪的需求就是安全需求，例如：生命安全、財產安全以及就業安全等。對許多員工來說，安全需求的表現，即如職場的安全、穩定以及有醫療保險、失業保險和退休福利等。如果管理人員認為對員工來說安全需求最重要，他們就在管理中強調規章制度、職業保障、福利待遇，並保護員工不致失業。

三、社會需求

一旦人們的生理與安全需求得到滿足後，這些需求再也不能激勵行為了。此時，社會需求就成為行為積極的激勵因子，這是一種親情給予及接受關懷友誼的需求。

例如：人們需要家庭親情、男女愛情、朋友友情等。

四、自尊需求

此需求是有關個人的自尊，亦即對自信、自立、成就、信心、知識、地位、尊敬與鑑賞的需求，包括個人有基本高學歷、公司高職位、社會高地位等自尊需求。

五、自我實現需求

最終極的需求是自我實現，或是發揮潛能，開始支配一個人的行為。每個人都希望成為自己能力與夢想追求所達成的人，達到這樣境界的人，能接受自己，也能接受他人。例如：成為創業成功的企業家。

小博士解說　　**高低需求的分界點**

生理與安全需求屬於較低層次需求，而社會、自尊與自我實現，則屬於較高層次的需求。一般社會大眾都只能滿足到生理、安全及社會需求。而社會上較頂尖的中高層人物，包括政治人物、企業家、名醫、名律師、個人創業家或專業經理人等，才易有自我實現的機會。

馬斯洛人性需求理論

最高層次需求

5.
自我
實現需求

4.自尊需求

3.社會需求

2.安全需求

1.生理需求

低層次需求

知識補充站

靈性需求

馬斯洛到了60年代開始感受到原先五種人性需求理論之分析仍有不足之處，最高層次的自我實現需求，似乎仍不足以說明人類精神生活所追求的終極目標，人們需要「比我們更大的東西」來超越自我實現。他在去世前一年(1969)發表一篇名為「Theory Z」的文章，反省原先發展出的需求理論之不足，提出了第六階段「最高需求」。他用不同字眼來描述這新加的最高需求，諸如超個人、超越靈性、超人性、超越自我、神祕的、有道的、超人本、天人合一以及「高峰經驗」、「高原經驗」等，都屬於此一層次。

Unit 11-5
常見激勵理論 Part I

　　除前文提到的馬斯洛五種人性需求的激勵理論外，還有其他學者專家提出的六種激勵理論，可資參考運用。由於內容豐富，分兩單元說明之。

一、雙因子理論或保健理論

　　雙因子理論或保健理論是赫茲伯格（Herzberg）研究出來的，他認為保健因素（例如：較好的工作環境、薪資、督導等）缺少了，則員工會感到不滿。但是，一旦這類因素已獲相當滿足，則一再增加並不能激勵員工；這些因素僅能防止員工的不滿。另一方面，他認為激勵因素（例如：成就、被賞識、被尊重等）卻將使得員工在基本需求滿足後，得到更多與更高層次的滿足。例如：對副總經理級以上的高階主管來說，對於薪水的增加，已沒有太大感受，如每月10萬元薪水，增加一成到11萬元，並不重要。重要的是，他們是否有成就感，是否被董事長尊重及賞識，而不是像做牛做馬一樣被壓榨。另外，他們是否有更上一層樓的機會，還是就此退休。

二、成就需求理論

　　心理學家愛金生（Atkinson）認為，成就需求理論是個人的特色。高成就需求的人，受到極大激勵來努力達到工作成就或目標的滿足，同時這些人喜歡聽到別人對他們工作績效的明確反應與讚賞。此理論之發現：1.人類有不同程度的自我成就激勵動力因素；2.一個人可經由訓練獲致成就激勵，以及3.成就激勵與工作績效有直接關係，即愈有成就動機之員工，其成長績效就愈顯著。

三、公平理論

　　公平理論認為，每一個人受到強烈的激勵，使他們的投入、貢獻與報酬之間，維持一個平衡；亦即投入與結果之間應有合理比率，而不會有認知失調的失落。換言之，愈努力工作以及對公司愈有貢獻的員工，其所得到之考績、調薪、年終獎金、紅利分配、升官等，就愈受肯定及更多。因此，這些員工在公平機制激勵下，即會更加努力，以獲得代價與收穫。例如：中國信託金控公司在2010年因盈餘達150億元，因此，員工年終獎金即依個人考績，可獲得4至10個月不等薪資的激勵。

四、期望理論

　　期望理論認為，一個人受到激勵而努力工作，是基於對成功的期望。佛洛姆（Vroom）對此提出三個概念：1.預期：表示某種特定結果對人是有報酬回饋價值或重要性，因此員工會重視；2.方法：認為自己工作績效與得到激勵之因果關係的認知，以及3.期望：努力和工作績效之間的認知關係；也就是我努力工作，必會有好的績效出現。

馬斯洛與赫茲伯格之比較

馬斯洛VS.赫茲伯格

自我實現
自尊
社會
安全
生理

Self-Net Esteem	Motivator
Social Safety and Security Physiological	Hygiene Factors

需求 ← → 激勵因素

2.激勵因素

1.維持因素

Vroom 的期望理論

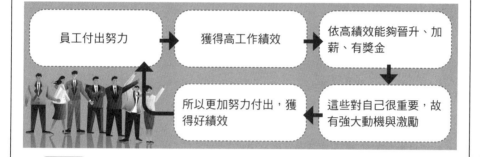

員工付出努力 → 獲得高工作績效 → 依高績效能夠晉升、加薪、有獎金

所以更加努力付出,獲得好績效 ← 這些對自己很重要,故有強大動機與激勵

知識補充站

期望理論下的激勵程序

汝門將激勵程序歸納為三個步驟:1.人們認為諸如晉升、加薪、股票紅利分配等激勵對自己是否重要?Yes。2.人們認為高的工作績效是否能導致晉升等激勵?Yes。3.人們是否認為努力工作就會有高的工作績效?Yes。

【關係圖】

努力 ─ 高的工作績效 ─ 導致晉升、加薪 ─ 對自己很重要

1.期望　　　　2.方法　　　　3.預期

MF=動機作用力(MF=Motivation Force) MF=E*V;E=期望機率;V=價值

【案例】國內高科技公司因獲利佳、股價高,且在股票紅利分配制度下,每個人每年都可以分到數十萬、數百萬,甚至上千萬元的股票紅利。因此,更加促進這些高科技公司的全體員工努力以赴。

Unit **11-6**
常見激勵理論 Part II

前文Part I已介紹了雙因子理論、成就需求理論、公平理論與期望理論等四種激勵理論，現在要繼續說明其他學者對激勵的看法。

五、波特與勞勒的動機作用模式

波特與勞勒（Porter & Lawler）兩位學者綜合各家理論，形成較完整之動機作用模式。他們將激勵過程視為外部刺激、個體內部條件、行為表現和行為結果的共同作用過程。他們認為激勵是一個動態變化迴圈的過程，即：獎勵目標→努力→績效→獎勵→滿意→努力，這其中還有個人完成目標的能力，獲得獎勵的期望值，覺察到的公平、消耗力量、能力等一系列因素。只有綜合考慮到各個方面，才能取得滿意的激勵效果。

綜上所述，我們得知此理論的幾個要點：

1. 員工自行努力，乃因其感受到努力所獲獎金報酬的價值很高，以及能夠達成之可能性機率。
2. 除個人努力外，還可能因為工作技能、對工作之了解等兩種因素所影響。
3. 員工有績效後，可能會得到內在報酬（如成就感）及外在報酬（如加薪、獎金、晉升）。
4. 這些報酬是否讓員工滿足，則要看心目中公平報酬的標準為何；另外，員工也會與外界公司比較，如果感覺比較好，就會達到滿足了。

六、麥克蘭的需求理論

學者麥克蘭的需求理論（McClellands Need Theory）係放在較高層次需求，他認為一般人都會有三種需求：

（一）**權力需求**：權力就是意圖影響他人。有了權力就可以依自己喜愛的方式去做大部分的事情，並且也有較豐富的經濟收入。例如：總統的權力及薪資就比副總統高。

（二）**成就需求**：成就可以展現個人努力的成果，並贏得他人的尊敬與掌聲。例如：喜歡唸書的人，一定要有個博士學位，才覺得有成就感；而在工廠的作業員，也希望有一天成為領班主管。

（三）**情感需求**：每個人都需要友誼、親情與愛情，建立與多數人的良好關係，因為人不能離群而索居。

麥克蘭的三大需求理論與馬斯洛的五大需求理論有些近似，不過前者是屬於較高層次的需求，至少是馬斯洛第三層次以上需求。

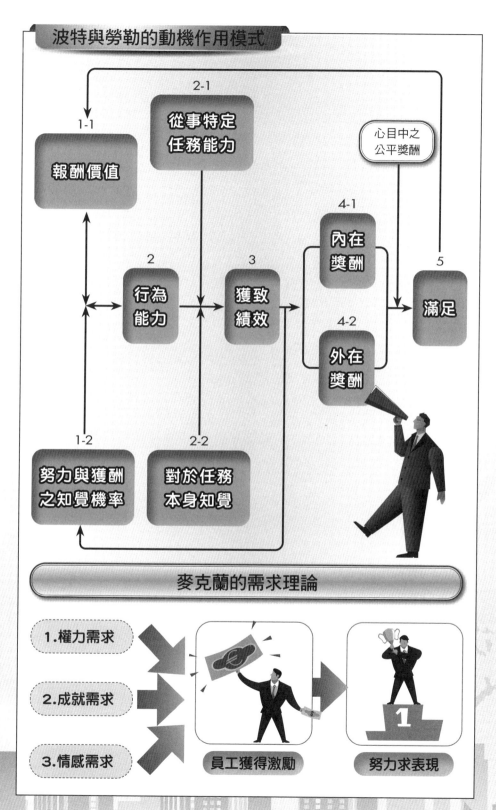

波特與勞勒的動機作用模式

2-1
從事特定
任務能力

1-1
報酬價值

心目中之
公平獎酬

4-1
內在
獎酬

2
行為
能力

3
獲致
績效

5
滿足

4-2
外在
獎酬

1-2
努力與獲酬
之知覺機率

2-2
對於任務
本身知覺

麥克蘭的需求理論

1.權力需求

2.成就需求

3.情感需求

員工獲得激勵

努力求表現

第 12 章

決策（Decision-making）

●●●●●●●●●●●●●●●●●●●●●●● 章節體系架構 ▼

Unit 12-1　決策模式的類別與影響因素

Unit 12-2　管理決策上的考量與指南

Unit 12-3　如何提高決策能力 Part I

Unit 12-4　如何提高決策能力 Part II

Unit 12-5　如何提高決策能力 Part III

Unit 12-6　管理決策與資訊情報

Unit **12-1**
決策模式的類別與影響因素

決策是一個決策者在一個決策環境中所做的選擇；既然是選擇，就很難保證一定正確無誤，所以下決策時絕對不可輕忽可能會影響決策的每個環節及因素。

一、決策模式類別

決策程度模式可以區分為三種型態：

（一）**直覺性決策**：此係基於決策者靠「感覺」什麼是正確的，而加以選定。不過，這種決策模式已愈來愈少。

（二）**經驗判斷決策**：此係基於決策者靠「過去的經驗與知識」而擇定方案。這種決策在老闆心中，仍然是存在的。

（三）**理性的決策**：此係基於決策者靠系統性分析、目標分析、優劣比較分析、SWOT分析、產業五力架構分析及市場分析等而選定最後決策。這是最常用的決策分析。

二、影響決策因素

哪些因素會影響決策呢？以下為決策分析應考量的六個構面：

（一）**策略規劃者或各部門經理人員的經驗與態度**：經理人員過去對企業發展成功或失敗的經驗，常造成首要的影響因素。而對環境變化的看法與態度也會影響決策之選擇，有些經理人員目光短淺，只重近利，則與目光宏遠、重視短期及長期利潤協調之經理人員，自有很大不同。因此，成功的策略規劃人員及專業經理人，應該都要接受策略規劃課程的訓練為佳。

（二）**企業歷史的長短**：若企業營運歷史長久，而且經理人員也是識途老馬，對於決策選擇之掌握，會做得比無經驗或較新企業為佳。

（三）**企業的規模與力量**：如果企業規模與力量相形之下強大，則對環境變化之掌握控制力也會比較得心應手，亦即對外界的依賴性會較小。因此，大企業的各種資源及力量也比較厚實，包括人才、品牌、財力、設備、R&D技術、通路據點等資源項目。因此，其決策的正確性、多元性及可執行性，也就較佳。

（四）**科技變化的程度**：第四個構面是所處的科技環境相對之穩定程度，此包括環境變動之頻率、幅度與不可預知性等。當科技環境變動多、幅度大，且常不可預知時，則經理人員對其所投下之心力與財力就應較大，否則不能做出正確決策。

（五）**地理範圍是地方性、全國性或全球性**：其決策構面的複雜性也不同，例如：小區域之企業，決策就較單純；大區域之企業，決策就較複雜；全球化企業的決策，其眼光與視野就必須更高、更遠。

（六）**企業業務的複雜性**：企業產品線與市場愈複雜，其決策過程就較難以決定，因為要顧慮太多的牽扯變化。若只賣單一產品，做決策就容易多了。

決策模式類別

1.直覺性決策 → 這種決策模式已愈來愈少。

2.經驗判斷決策 → 這種決策在老闆心中,仍然是存在的。

3.理性決策 → 這是最常用的決策分析。決策者會基於系統性分析、目標分析、優劣比較分析、SWOT分析、產業五力架構分析及市場分析等做決策。

影響決策六大構面因素

影響決策的因素

1.策略規劃者的經驗及態度

2.企業歷史的長短

3.企業的規模與力量

4.科技變化的程度

5.地理範圍的大小

6.企業業務與市場的複雜性

Unit **12-2**
管理決策上的考量與指南

有效的管理決策應考慮哪些變數,才能讓決策有實質效果?以下我們探討之。

一、管理決策上的考慮點

一個有效的管理決策,應該考慮到以下幾項變數之影響:

（一）**決策者的價值觀**:一項決策的品質、速度、方向之發展,與組織之決策者的價值觀有密切關係,特別是在一個集權式領導型的企業中。例如:董事長式決策或總經理式決策模式。

（二）**決策環境**:包括確定情況如何、風險機率如何,以及不確定情況如何。

（三）**資訊不足與時效限制**:決策有時有其時間上的壓力,必須立即做決策,若資訊不足會存在風險。此外,另一種狀況是此種資訊情報相當稀少,也存在風險。這在企業界也是常見的。因此,更須仰賴有豐富經驗的高階主管判斷。

（四）**人性行為的限制**:包括負面的態度、個別的偏差以及知覺的障礙。

（五）**負面的結果產生**:做決策時,也必須考量到是否會產生不利的負面結果,以及能否承受。例如:做出提高品質的決策,可能相對帶來更高的成本。

（六）**對他部門之影響關係**:對某部門的決策,可能會不利其他部門時,也應一併顧及。

二、有效決策之指南

要讓決策有實質效果,應該掌握以下幾點:

（一）**要根據事實**:有效的決策,必須根據事實的數字資料與實際發生情況訂定,切勿道聽塗說。因此,決策前的市調、民調及資料完整、數據齊全是很重要的。

（二）**要敞開心胸分析問題**:在分析的過程中,決策人員必須將心胸敞開,不能侷限於個人的價值觀、理念與私利,如此才能尋求客觀性與可觀性。另外,也不能報喜不報憂,或是過於輕敵與自信。

（三）**不要過分強調決策的終點**:這一次的決策,並非此問題之終點,未來持續相關的決策還會出現,而且僅以本次決策來看,也未必一試即能成功;必要時,仍要彈性修正,以符合實際。實務上也經常如此,邊做邊修改,沒有一個決策是十全十美、可以解決所有問題的,決策是有累積性的。

（四）**檢查你的假設**:很多決策基礎是源於既定的假設或預測,然而當假設預測與原先構想大相逕庭時,這項決策必屬錯誤。因此,事前必須切實檢查所做之假設。

（五）**做決策時機要適當**:決策人員跟一般人一樣,也有情緒起伏。因此為了不影響決策之正確走向,決策人員應於心思最平和、穩定以及頭腦清楚時,才做決策。

管理決策上的考慮點

1.決策者的價值觀	→	例如董事長式決策或總經理式決策模式。
2.決策環境	→	包括確定情況如何、風險機率如何,以及不確定情況如何。
3.資訊不足與時效限制	→	這在企業界也是常見的,更須仰賴有豐富經驗的高階主管判斷。
4.人性行為的限制	→	負面的態度、個別偏差,以及知覺的障礙。
5.負面結果產生	→	例如做出提高品質的決策,可能相對帶來更高的成本。
6.對他部門的影響	→	對某部門所做之決策,可能會不利於其他部門。

有效決策指南要點

1.要根據事實

決策之前的市調、民調及資料完整、數據齊全是很重要的。

2.要敞開心胸分析問題

決策人員不能侷限於個人的價值觀、理念與私利,如此才能客觀。也不能報喜不報憂,或過於輕敵與自信。

3.不要過分強調決策終點

實務上,也經常邊做邊修改,沒有一個決策是十全十美、可以解決所有問題,決策是有累積性的。

4.檢查你的假設

為免假設與原先構想大相逕庭,事前必須切實檢查所做之假設。

5.做決策時機要適當

決策人員應該於心思最平和、穩定,以及頭腦清楚時,才做決策。

Unit **12-3**
如何提高決策能力 Part I

作為一個企業家、高階主管、企劃主管,甚至是企劃人員,最重要的能力是展現在其「決策能力」或「判斷能力」上。因為,這是企業經營與管理的最後一道防線。究竟要如何增強自己的決策能力或判斷能力?國內外擁有幾萬名、幾十萬名員工的大企業領導人,他們之所以卓越成功,擊敗競爭對手,取得市場領先地位,不是沒有原因的。最重要的原因是——他們有很正確與很強的決策能力與判斷能力。

依據筆者工作與教學經驗,歸納十一項有效增強自己決策能力的做法,由於內容豐富,分為三單元提供讀者參考。

一、多吸取新知與資訊

多看書、多吸取新知,包括同業及異業資訊,是培養決策能力的第一個基本功。統一超商前任總經理徐重仁曾要求該公司主管,不管每天如何忙碌,都應靜下心來,讀半個小時的書,然後想想看,如何將書上的東西運用到自己的公司自己的工作單位。

依筆者的經驗與觀察,吸取新知與資訊大概有幾種管道:1.國內外專業財經報紙;2.國內外專業財經雜誌;3.國內外專業研究機構的出版報告;4.專業網站;5.國內外專業財經商業書籍;6.國際級公司年報及企業網站;7.跟國際級公司領導人訪談、對談;8.跟有學問的學者專家訪談、對談;9.跟公司外部獨立董事訪談、對談,以及10.跟優秀異業企業家訪談、對談。

值得一提的是,吸收國內外新知與資訊時,除了同業訊息一定要看,異業的訊息也必須一併納入。因為非同業的國際級好公司,也會有很好的想法、做法、戰略、模式、計畫、方向、願景、政策、理念、原則、企業文化及專長等,值得借鏡學習與啟發。

二、掌握公司內部會議自我學習機會

大公司經常舉行各種專案會議、跨部門主管會議或跨公司高階經營會議等,這些都是非常難得的學習機會。從這裡可以學到什麼呢?

(一)學到各部門專業知識及常識:包括財務、會計、稅務、營業(銷售)、生產、採購、研發設計、行銷企劃、法務、品管、商品、物流、人力資源、行政管理、資訊、稽核、公共事務、廣告宣傳、公益活動、店頭營運、經管分析、策略規劃、投資、融資等各種專業功能知識。

(二)學到資深報告臨場經驗:學到高階主管如何做報告及如何回答老闆的詢問。

(三)學到卓越優秀老闆如何問問題、裁示、做決策,以及他的思考點及分析構面:另外,老闆多年累積的經驗能力,均是值得傾聽的。老闆有時會主動拋出很多想法、策略與點子,也是值得吸收學習的。

圖解企業管理(MBA學)

有效增強決策能力的十一項要點

1. 多看書、多吸取新知與資訊（包括同業與異業）

2. 應掌握公司內部各種會議的學習機會

3. 應向世界級卓越公司借鏡

4. 提升學歷水準與理論的精實

5. 應掌握主要競爭對手與主力顧客的動態情報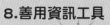

6. 累積豐厚的人脈存摺

7. 親臨第一現場，腳到、眼到、手到、心到

8. 善用資訊工具

9. 思維要站在戰略高點與前瞻視野

10. 累積經驗能量，養成直覺判斷力或直觀能力

11. 有目標、有計畫、有紀律的終身學習

幹部人員增強決策能力與判斷力的十一項要點

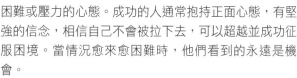

知識補充站

得勝的人生

人生不可避免的，每天必須面對大小問題，同時要成為一個得勝者。「得勝」的希臘文意思是「解決問題」，因此一個得勝者就是解決問題的人，其成功的祕訣在於面對問題、困難或壓力的心態。成功的人通常抱持正面心態，有堅強的信念，相信自己不會被拉下去，可以超越並成功征服困境。當情況愈來愈困難時，他們看到的永遠是機會。

Unit **12-4**
如何提高決策能力 Part II

前文Part I提到多吸取新知與資訊，以及掌握公司內部會議自我學習機會等兩種有效增強決策能力的要點，本單元繼續介紹其他三種，希望讀者能從中得到如何增強決策能力的啟示。

三、應向世界級卓越公司借鏡

世界級成功且卓越的公司一定有其可取之處，臺灣市場規模小，不易有跨國與世界級公司出現。因此，這些世界級大公司的發展策略、人才培育、經營模式、競爭優勢、決策思維、企業文化、營運做法、獲利模式、組織發展、研發方向、技術專利、全球運籌、世界市場行銷、國際資金等，在在都有精闢與可行之處，值得我們學習與模仿。

借鏡學習的方式，包括以下幾種：1.展開參訪見習之旅，讀萬卷書，不如行萬里路，眼見為憑；2.透過書面資料蒐集、分析與引用，以及3.展開雙方策略聯盟合作，包括人員、業務、技術、生產、管理、情報等多元互惠合作，必要時要付些學費。

四、提升學歷水準與理論精進

現代上班族的學歷水準不斷提升，大學畢業生滿街都是，進修碩士成為晉升主管的「基礎門檻」，進修博士也對晉升為總經理具有「加分效果」。這當然不是說學歷高就是做事能力佳或人緣好，而是說如果兩個人具有同樣能力及經驗時，老闆可能會拔擢較高學歷的人或名校畢業者擔任主管。

另外，如果你是40歲的高級主管，但30多歲部屬的學歷都比你高時，你自己也會感受到些許壓力。

提升學歷水準，除了增加自己的自信心之外，在研究所所受的訓練、理論架構的井然有序、專業理論名詞的認識、整體的分析能力、審慎的決策思維，以及邏輯推演與客觀精神建立等，對每天涉入快速、忙碌、緊湊的營運活動與片段的日常作業中，恰好是一個對比的訓練優勢。唯有實務結合理論，才能相得益彰、文武合一（文是學術理論精進，武是實戰實務）。這應是最好的決策本質所在。

五、應掌握主要對手動態與主力顧客需求情報

俗稱「沒有真實情報，就難有正確決策」，因此，盡量周全與真實的情報，將是正確與及時決策的根本。要達成這樣的目標，企業內部必須要有專責單位，專人負責此事，才能把情報蒐集完備。

好比是政府也有國安局、調查局、軍情局、外交部等單位，分別蒐集國際、大陸及國內的相關國家安全資訊情報，這是一樣的道理。

188

提升判斷力的十六項要點

如何提升判斷力的十六項要點

① 個人經驗要加速累積
② 具有經驗的長官要好好指導
③ 個人要更加勤奮，勤能補拙
④ 個人要累積更多的專長及非專長知識
⑤ 個人要看更多的、更廣泛性的常識
⑥ 個人要養成大格局/全局的觀念
⑦ 個人要具有高瞻遠矚的眼光
⑧ 個人要參考以前成功或失敗的經驗
⑨ 要加強各種方式的訓練
⑩ 要加強各種語言的充實
⑪ 不懂的要多問
⑫ 要多思考、深思考、再思考
⑬ 要了解、體會及記住老闆的訓示
⑭ 要接觸更多外部的人
⑮ 要堅持科學化、系統化的數據分析
⑯ 最後靠直覺也很重要

知識補充站

得勝者面對困境應有的態度

想成為一個得勝者，面對困難應有的基本心態是：1.困難是暫時的，沒有什麼問題是永遠存在，要永遠存有盼望；2.困難帶有好機會，每件事都有正反兩面，換個角度來看，就會帶來好處；3.困難試驗信心，如果自己的信心只在順境時堅強，這信心不是真的，以及4.困難能帶來成長，面臨困難時，不要讓自己因困境而變得苦惱，反倒要因此成長。

困難就好比舉重，不練習舉重就不會有肌肉；困境就像生命的重量，鍛鍊個人性格的肌肉。當面臨受傷、痛苦、難過時，不必裝出快樂的樣子，受傷就是受傷了。但是在面對傷害的同時，還是可以選擇積極地面對，只有經由對壓力的反應，才能更認識自己性格的深度。

當一切進行順利時，對別人好很容易；但更重要的是，當人對我們不公平的時候，我們是否仍然恩慈待人。

Unit **12-5**
如何提高決策能力 Part III

圖解企業管理（MBA學）

前文Part I與Part II已提出五種有效增強決策能力的要點，本單元繼續介紹其他六種。

六、累積豐厚的人脈存摺

豐厚人脈存摺對決策形成、決策分析評估及做出決策，有著顯著影響。尤其，在極高層才能拍板的狀況下，唯有良好的高層人脈關係，才能達成目標，這不是年輕員工能做到的。此時，老闆就能發揮必要的臨門一腳效益。對一般主管而言，豐富的人脈自然要建立在同業或異業的一般主管。人脈存摺不必然是每天都會用到的，但需要用時，就能顯現它的重要性。

七、親臨第一線現場

各級主管或企劃主管除了坐在辦公室思考、規劃、安排並指導下屬員工，也要經常親臨第一線，這樣才不會被下屬蒙蔽，有助決策擬定。例如：想確知週年慶促銷活動效果，應到店面走走看看，感受當初訂定的促銷計畫是否有效，以及什麼問題沒有設想到，都可以作為下次改善的依據。

八、善用資訊工具提升決策效能

IT軟硬體工具飛躍進步，過去需依賴大量人力作業，且費時費錢的資訊處理，現在已得到改善。另外，由於顧客或會員人數不斷擴大，高達數十萬、上百萬筆等客戶資料或交易銷售資料，要仰賴IT工具協助分析。目前各種ERP、CRM、SCM、PRM、POS等，都是提高決策分析的工具。

九、思維要站在戰略高點與前瞻視野

年輕的企劃人員比較不會站在公司整體戰略思維高點及前瞻視野來看待與策劃事務，這是因為經驗不足、工作職位不高，以及知識不夠寬廣。這方面必須靠時間歷練，以及個人心志與內涵的成熟度，才可以提升自己從戰術位置躍升到戰略位置。

十、累積經驗能量成為直覺判斷力

日本第一大便利商店7-11公司前任董事長鈴木敏文曾說過，最頂峰的決策能力，必須變成一種直覺式的「直觀能力」，依據經驗、科學數據與個人累積的學問及智慧，就會形成一種直觀能力，具有勇氣及膽識做決策。

十一、有目標、有計畫、有紀律的終身學習

人生要成功、公司要成功、個人要成功，總結而言，就是要做到「有目標、有計畫、有紀律」的終身學習。

缺乏判斷力會造成的九大不利

缺乏判斷力的後果

1.蒐集不到更有效的訊息情報撰寫企劃案。

2.寫不出老闆想要的內容。

3.洞見不到潛在的新商機。

4.洞見不到潛在的新威脅。

5.可能會誤導老闆做出錯誤的決策。

6.可能在執行過程中，發生疏失或問題。

7.可能使公司不知為何而戰。

8.不可能寫出一份非常好的企劃案。

9.最終，可能使公司失去整體競爭力及領先地位。

191

知識補充站

有助決策的第一現場

主管做決策時，最好常親臨以下幾個第一線現場：1.直營店、加盟店門市；2.大賣場、超市；3.百貨公司賣場；4.電話行銷中心或客服中心；5.生產工廠；6.物流中心；7.民調、市調焦點團體座談會場；8.法人說明會；9.各種記者會；10.戶外活動，以及11.顧客所在現場等，如此才不會被屬下蒙蔽。

Unit **12-6**
管理決策與資訊情報

資訊情報對任何一個部門的重要性,當然不可言喻,以下我們將探討之。

一、資訊情報的重要性

過去筆者在撰寫經營企劃、競爭分析、行銷企劃或產業商機報告時,最感到困難之處,就是外部資訊情報不易準確、及時的蒐集。特別是競爭對手的發展情報,以及某些新產品、新技術、新市場、新事業獲利模式等;國外最新資訊情報,也是不容易完整取得,甚至要花錢購買或赴國外考察,才能獲得一部分的解決。

資訊情報一旦不夠完整或不夠精確時,當然會使自己或長官、老闆無法做出精確有效的決策,也連帶使得你的報告受到一些質疑或重做的處分。因此,總結來說,企劃人員的一大挑戰,就是外部資訊是否能夠完整的蒐集到,這對企劃寫手是一大考驗。

二、資訊情報獲取來源

依筆者多年實務經驗,撰寫企劃案的資訊情報主要來源,可歸納為以下幾點:

(一)**經由大量閱讀而來的資訊情報**:這是最基本的。先蒐集大量資訊情報,透過快速的閱讀、瀏覽,然後擷取其中重點及所要的內容段落。

(二)**親自詢問及傾聽而來的資訊情報**:這是指有些資訊情報無法經由閱讀而來,必須親自詢問。這部分比例不少,只是必須有能力判斷是否正確。但不管如何,就顧客導向而言,詢問及傾聽其需求,當然是企劃案撰寫過程非常重要且必要的一環。

(三)**親臨第一線現場觀察與體驗**:除了上述兩種資訊情報來源外,最後還有一個很重要的是,必須親赴第一現場,親自觀察及體驗,才可以完成一份好的企劃案,如果不親赴現場,與現場人員共同規劃、分析、評估及討論,又怎麼能夠憑空想像出來呢?因此,走出辦公室,走向第一現場,從「現場」企劃起,也是重要的企劃要求。

三、平常養成資訊情報的蒐集

企劃高手或優秀企劃單位的養成,並非一蹴可幾,至少需要5年以上的歷練及養成,包括人才、經驗、資料庫、單位的能力與貢獻。筆者認為從平常開始,就應展開以下有系統之蒐集更多、更精準的各種資訊情報:

(一)**不出門,而能知天下事——閱讀而來,大量閱讀**:必須指定專業單位、專業人員閱讀,並且提出影響評估及因應對策上呈。

(二)**詢問及傾聽而來——多問、多聽、多打聽**:必須指定專業單位及專業人員去問、去聽,並且提出報告上呈。

(三)**現場觀察而得**:經常定期親赴第一線生產、研究、銷售、賣場、服務、物流、倉儲等據點仔細觀察,並且提出報告上呈。

(四)**平時應主動積極的參與各種活動**:藉此建立自己豐沛的外部人脈存摺。

圖解企業管理(MBA學)

資訊情報獲取三來源

1.閱讀來源

① 閱讀國內/國外各種專業、綜合財經與商業的報章雜誌、期刊、專刊、研究報告、調查統計等。

② 閱讀國內/國外同業及競爭對手的各種公開報告與非公開報告（包括上網閱讀）。

③ 閱讀國內/國外重要客戶及其上、中、下游產業價值鏈等業者的動態資訊。

④ 閱讀有關消費者研究報告。

2.詢問及傾聽

向下列單位或人員詢問及傾聽，包括：通路商、銀行、會計師、律師、投資銀行、外資、證券公司、同業記者、上游供應商、競爭對手公司內部消息、政府行政主管單位及其他等。

3.現場觀察

向下列單位現場人員觀察而來，包括：國內外生產公司、經銷商、零售商、研發中心、設計中心、採購中心、全球營運中心及競爭對手等。

蒐集資訊情報的管道

1.不出門，而能知天下事——閱讀而來，大量閱讀：必須指定專業單位、專業人員閱讀，並且提出影響評估及因應對策上呈。

2.詢問及傾聽而來——多問、多聽、多打聽：必須指定專業單位及專業人員去問、去聽，並且提出報告上呈。

平常蒐集更多、更精確的資訊情報之準備

4.平常應主動積極的參與各種活動：藉此建立自己豐沛的外部人脈存摺及活躍的人際關係。

3.現場觀察而得：經常定期親赴第一線生產、研究、銷售、賣場、服務、物流、倉儲等據點仔細觀察，並且提出報告上呈。

第 **13** 章
控制與經營分析

●●●●●●●●●●●●●●●●●●●●●●●●●●●●●●●● 章節體系架構 ▼

Unit 13-1　控制類別與原因

Unit 13-2　有效控制的原則

Unit 13-3　控制中心的型態

Unit 13-4　企業營運控制與評估項目

Unit 13-5　經營分析的比例用法

Unit 13-6　財務會計經營分析指標

Unit **13-1**
控制類別與原因

控制是一項確保各種行動均能獲致預期成果的工作。如果沒有控制或考核制度與相關部門，那麼計畫的推動就很難百分百的落實。

一、控制的類別

基本上，組織內各種營運工作，應有以下三種類別的控制方法可資運用：

（一）**事前控制或初步控制**：係指在規劃過程時，已採取各種預防措施，例如：政策、規定、程序、預算、手續、制度等之研訂以及各種資源之準備與配置。例如：SOP制度（Standard of Procedure）及預算目標等。

（二）**即時同步控制**：係指在有異常狀況之執行當時，即同步獲得資訊，並馬上進行處理改善；此有賴於良好的資訊管理回饋系統。例如：預定的出貨數量是否已準時生產完成，或銷售目標是否已達成等。

（三）**事後管制**：係指在事件發生一段時間後，再進行檢討執行狀況以為改正。例如：年度總檢討、月檢討、特大專案檢討等。

二、為何需要控制

控制的意義係確保組織能達成預算目標的一種過程，其需要控制之理由如下：

（一）**環境的不確定性**：組織的計畫及設計都是以未來環境為預估背景，然而社會價值、法律、科技、競爭者等環境變數都可能改變。因此，面對環境的不確定性，控制機能的發揮是不可或缺的。尤其在激烈變動的產業環境中，像高科技產業，變化更是巨大。

（二）**危機的避免**：不管是外部環境或內部環境的變化，使組織運作產生一些偏差與失誤時，若不及時予以控制，可能將面臨更大、更意想不到的危機。例如：國外OEM（委託代工）大客戶可能異動的訊息，就必須及時有效的控管及因應。

（三）**鼓勵成功**：對員工激勵其士氣並回饋其成果，透過控制系統中的回報作業，即可達到此目的。因此控制系統之主要目的，係為鼓勵全員努力之成功。

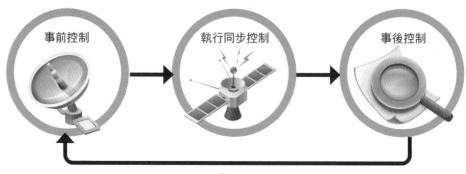

Time

控制與考核的意義

  控管

確保事情如實推動與目標達成

控制三大類別

1.事前控制

例如：ＳＯＰ制度(Standard Operation Procedure)及預算目標等。

2.即時同步控制

例如：預定的出貨數量是否已準時生產完成，或銷售目標是否已達成等。

3.事後控制

例如：年度總檢討、月檢討、特大專案檢討等。

為何需要控制

1.因面對環境不確定性 ➡ 例如：社會價值、法律、科技、競爭者等環境變數都可能改變。

2.危機的避免 ➡ 例如：國外ＯＥＭ（委託代工）大客戶可能異動的訊息，必須及時有效的控管及因應。

3.鼓勵成功 ➡ 對員工激勵其士氣並回饋其成果，透過控制系統中的回報作業，即可達此目的。

Unit **13-2**
有效控制的原則

對組織內部營運體系的有效控制，應把握下列原則，才能做好控制作業與目標。

一、適時的控制

有效的控制必須能夠適時發現問題，以便管理者及時採取補救措施。更進一步來說，管理者最好能夠防患於未然；再不然，也要同步控制才行。

二、要能鼓勵員工一致配合

控制考核的標準要能鼓勵員工一致配合，即控制標準的設計應該：1.公平且可以達成；2.可以觀察及衡量；3.必須明確不可模糊；4.控制標準值不宜太高，但非輕易可達成；5.控制標準必須完整，以及6.由員工參與設定，或由單位提報，呈送上級核定。

三、運用例外管理

所謂「例外管理原則」，係指管理者只須注意是否與標準有重大差異，不必埋首於平凡細微事務。

例如：台塑企業集團的例外差異管理就做得非常好，只要與既定目標數有差異，電腦會自動列印出來，相關單位主管就必須填報為何有差異以及如何因應。

四、績效迅速回饋給員工

管理者必須將績效迅速的回饋給員工，以提高員工們的士氣。例如：有好的績效達成、超前的生產量完成等。

五、不可過度依賴控制報告

有些控制報告只告訴我們事情的結果，但對於背後真實情況，必須親自發掘。換言之，只知What，但不知Why及How。因此，還必須搭配專案改善小組的功能。

六、配合工作狀況決定控制程度

高階人員必須知道何時應予控制、何時多讓屬下自我控制，此乃管理藝術之發揮。其實，最好的控制是員工或單位自我控制，總公司只做重要項目的控制及稽核。

七、避免過度控制

實務上有時會發生總管理處幕僚人員對程序管制過於嚴苛，讓第一線人員無法專責或發揮應有的戰力。因此，必須明白控制的目的是為了更好的結果，而非控制。

八、建立雙向溝通促進了解

控制考核單位與被考核單位，雙方人員應多雙向溝通、協調及開會討論，才能有效達成目的，解決問題。

控制考核八項原則

有效控制考核的原則

1.適時的控制

2.控制標準 要能鼓勵員工一致配合

3.運用例外管理

4.將績效迅速回饋給員工

5.不可過度依賴控制報告

6.配合工作狀況 決定控制程度

7.避免過度控制

8.建立雙向溝通，促進了解

如期、如實推動各部門內工作進展，並順利達到組織目標。

Unit 13-3
控制中心的型態

　　就會計制度而言，為達成財務績效，對組織內部可區分為四種型態來評估其績效。

一、利潤中心

　　利潤中心是一個相當獨立的產銷營運單位，其負責人具有類似總經理的功能。實務上，大公司均已成立「事業總部」或「事業群」的架構，做好利潤中心運作的核心。營收額扣除成本及費用後，即為該事業總部的利潤。

二、成本中心

　　成本中心是事先設定數量、單價及總成本的標準，執行後比較實際成本與標準成本之差異，並分析其數量差異與價格差異，以釐清責任。實務上，成本中心應該會包括在利潤中心制度內。成本中心常運用在製造業及工廠型態的產業上。

三、投資中心

　　投資中心是以利潤額除以投資額去計算投資報酬率，以衡量績效。例如：公司內部轉投資部門，或是獨立的創投公司。

四、費用中心

　　費用中心是針對幕僚單位，包括財務、會計、企劃、法務、特別助理、行政人事、祕書、總務、顧問、董監事等幕僚人員的支出費用，加以總計，並且按等比例分攤於各事業總部。因此，費用中心的人員規模不能太多、太龐大；否則各事業總部會對分攤比例有意見。當然，一家數億、上百億、上千億大規模的公司或企業集團，勢必會有不小規模的總部幕僚單位，這也是有必要的。

小博士解說

責任中心與利潤中心

當企業成長已具相當規模時，為減輕高階主管的重擔，通常會採分權化組織。因此內部會形成許多被高階主管授權從事決策及日常營運的單位或部門，這些單位及其負責人，也必須對其上一層級之單位主管加以負責。此一分權化單位或部門，即為一般所稱之「責任中心」。

責任中心制度是一種分權化組織的管理控制制度，激勵各中心主管做到「全員經營」的理想境界，就其職權透過高效能與高效率之管理，完成其所應負的責任目標；此責任目標可能為成本、收益、利潤、投資報酬率，或其他品質、技術水準等非貨幣的成就。故組織中的一個部門或單位，其管理人員負責該責任中心的成本控制與利潤創造等經營績效，即稱之為「利潤中心」。

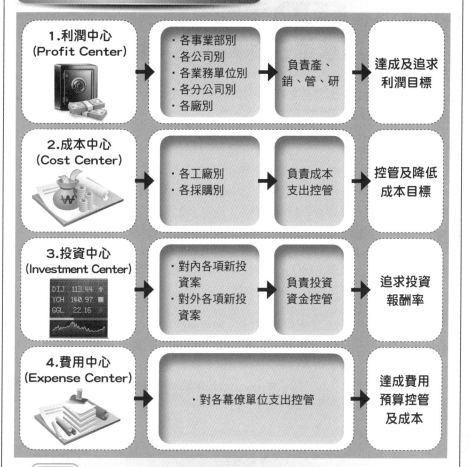

控制中心四種型態及目的

1.利潤中心 (Profit Center)	・各事業部別 ・各公司別 ・各業務單位別 ・各分公司別 ・各廠別	負責產、銷、管、研	達成及追求利潤目標
2.成本中心 (Cost Center)	・各工廠別 ・各採購別	負責成本支出控管	控管及降低成本目標
3.投資中心 (Investment Center)	・對內各項新投資案 ・對外各項新投資案	負責投資資金控管	追求投資報酬率
4.費用中心 (Expense Center)	・對各幕僚單位支出控管		達成費用預算控管及成本

責任會計制度

前面提到責任中心如何成為利潤中心的過程,然而要將責任中心裡的利潤表現出來,就需要有一套合適的會計制度,這個會計制度,我們稱為「責任會計制度」。

責任會計制度是現代分權管理模式的產物,它透過在企業內部建立若干個責任中心,並對其分工負責的經濟業務進行計畫與控制,以實現業績考核與評價的一種內部控制制度。

這種制度要求根據授予各級單位的權力、責任及對其業績的評價方式,將企業劃分為各種不同形式的責任中心,建立起以各責任中心為主體,以權、責、利相統一為特徵,以責任預算、責任控制、責任考核為內容,透過信息的累積、加工和回饋而形成之企業內部控制系統。責任會計就是要利用會計信息,對各分權單位的業績進行計量、控制與考核。

Unit **13-4**
企業營運控制與評估項目

在企業實務營運上，高階主管較重視的控制與評估項目，茲整理如下，希望透過簡明扼要的介紹，讓讀者對此管理議題能有通盤的概念。

一、財務會計面

市場是現實的，企業營運如果沒有獲利，將如何永續經營，所以高階主管首先要了解的是企業的財務會計，並針對以下內容加以控制與評估，即：1.每月、每季、每年的損益獲利預算目標與實際的達成率；2.每週、每月、每季的現金流量是否充分或不足；3.轉投資公司財務損益狀況之盈虧；4.公司股價與公司市值在證券市場上的表現；5.與同業獲利水準、EPS（每股盈餘）水準之比較，以及6.重要財務專案的執行進度如何，例如：上市櫃（IPO）、發行公司債、私募、降低聯貸銀行利率等。

二、營業與行銷面

再來是營業與行銷，這是企業獲利的主要來源及管道，而以下數據及市場變化，會有助於高階主管了解企業產品在市場上的流通狀況：1.營業收入、營業毛利、營業淨利的預算達成率；2.市場占有率的變化；3.廣告投資效益；4.新產品上市速度；5.同業與市場競爭變化；6.消費者變化；7.行銷策略回應市場速度；8.OEM大客戶掌握狀況，以及9.重要研發專案執行進度如何。

三、研究與發展面

企業不能僅靠一種產品成功就停滯不前，必須不斷研究與發展（R&D），才能有創新的突破，因此高階主管必須對以下研發相關進展有所掌握：1.新產品研發速度與成果；2.商標與專利權申請；3.與同業相比，研發人員及費用所占營收比例之比較，以及4.重要研發專案執行進度如何。

四、生產／製造／品管面

企業不斷研發，但生產、製造、品管產品及完成時間如何，這是攸關企業的專業與信譽，當然也是高階主管必須重視的，即：1.準時出貨控管；2.品質良率控管；3.庫存品控管；4.製程改善控管，以及5.重要生產專案執行進度如何。

五、其他面向

上述四個控制與評估項目，幾乎是高階主管必修的課題，除此之外，還有以下列入專案管理的項目，也必須予以特別留意並控制與評估：1.重大新事業投資專案列管；2.海外投資專案列管，3.同／異業策略聯盟專案列管；4.降低成本專案列管；5.公司全面e化專案列管；6.人力資源與組織再造專案列管；7.品牌打造專案列管；8.員工提案專案列管；以及9.其他重大專案列管。

考核與控制五大面向

1.財務會計面

5.其他面向
（人資、管理、資訊）

考核與
控管的
面向

2.營業與行銷面

4.生產、製造與品管面

3.研究與發展面

知識補充站

什麼是IPO？

IPO是指初次上市櫃之意。正式說法是首次公開募股(Initial Public Offerings, IPO)，即企業透過證券交易所首次公開向投資者增發股票，以期募集用於企業發展資金的過程。

對應於一級市場，大部分公開發行股票由投資銀行集團承銷而進入市場，銀行按照一定的折扣價，從發行方購買到自己的帳戶，然後以約定的價格出售，公開發行的準備費用較高，私募可以在某種程度上，部分規避此類費用。

這個現象在90年代末的美國發起，當時美國正經歷科網股泡沫化。創辦人會以獨立資本成立公司，並希望在牛市期間透過首次公開募股(IPO)集資。由於投資者認為這些公司有機會成為微軟第二，股價在它們上市的初期，通常都會上揚。不少創辦人都在一夜之間成了百萬富翁。而受惠於認股權，雇員也賺取可觀的收入。在美國，大部分透過首次公開募股集資的股票都會在納斯達克市場內交易。很多亞洲國家的公司都會透過類似方法來籌措資金，以發展公司業務。

Unit **13-5**
經營分析的比例用法

對於任何今年實際經營分析的數據，我們都必須注意到五種可靠正確的比例分析原則，才能達到有效的分析效果。

一、應與去年同期比較

例如：本公司今年營收額、獲利額、EPS（每股盈餘）或財務結構比例，比去年第一季、上半年或全年度同期比較增減消長幅度如何。與去年同期比較分析的意義，即在彰顯今年同期本公司各項營運績效指標是否進步或退步，還是維持不變。

二、應與同業比較

與同業比較是一個重要的指標分析，因為這樣才能看出各競爭同業彼此間的市場地位與營運狀況。例如：本公司去年業績成長20%，而同業如果也都成長20%，甚或更高比例，則表示這整個產業環境景氣大好所帶動。

三、應與公司年度預算目標比較

企業實務最常見的經營分析指標，就是將目前達成的實際數字表現，與年度預算數字互做比較分析，看看達成率多少，究竟是超出預算目標，或是低於預算目標。

四、應與國外同業比較

在某些產業或計劃在海外上市的公司、計劃發行ADR（美國存託憑證）或ECB（歐洲可轉換公司債）的公司，有時也需要拿國外知名同業的數據，作為比較分析參考，以了解公司是否也符合國際間的水平。

五、應綜合性／全面性分析（應與所在產業整體成長或衰退比較）

有時在經營分析的同時，我們不能僅看一個數據比例而感到滿意，更應注意不同層面、角度與功能意義的各種數據比例。換言之，我們要的是一種綜合性與全面性的數據比例分析，必須同時納入考量才會周全，以免偏頗或見樹不見林的缺失。

小博士解說

經營分析VS.財務分析

經營分析與財務分析有所差異。財務分析是針對企業財務資料進行分析，用以評估企業經營績效與財務狀況。過去營運績效良好的企業，未來不一定良好，而過去營運績效不良的企業，未來也不一定惡化。因此，財務分析是指了解財務資訊的程序，透過可取得的資訊，針對企業的過去及未來價值分析，進行企業改革與決策擬定之用。

今年實際數據的比較

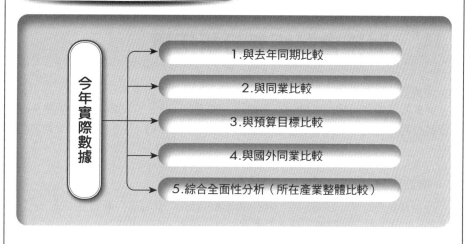

今年實際數據

1. 與去年同期比較

2. 與同業比較

3. 與預算目標比較

4. 與國外同業比較

5. 綜合全面性分析（所在產業整體比較）

財務資訊VS.財務分析

財務報表

管理者的重要資訊及會計政策的重要性
・其他報導資料
　產業及企業資料

財務分析應用範圍

信用分析
證券分析
併購分析
負債及股利分析
企業溝通策略分析
一般企業分析

企業分析工具

企業策略分析

透過產業分析及競爭策略分析，評估企業未來績效。

會計報告分析：透過會計政策及估計值，評估會計報告品質。

過去財務比率分析：使用比率及現金流量分析，評估企業財務績效。

企業未來展望分析：進行企業預測及評估企業價值。

資料來源：Krishan G. Palepu, Paul M. Healy and Victor L. Bernard, *Business Analysis and Valuation*, 1996, pp. 1~8.

Unit **13-6**
財務會計經營分析指標

　　近幾年，報章媒體常頻傳某些知名上櫃上市企業無預警關廠、倒閉，雖可歸咎於全球景氣不佳或因應競爭壓力而移轉境外投資等因素。但是如果我們能事先從其財務報表看出端倪，不僅有助於降低企業本身投資之風險，也能提升企業內部經營效能。

一、損益表分析

　　損益表是表達某一期間、某一營利事業獲利狀況的計算書，期間可以為一月／季／年等，也是多數企業經營管理者最重視的財務報表。因為這張報表宣告這家企業的盈虧金額，間接也揭露這家企業經營者的經營能力。但損益表的功能絕不只是損益計算，深入其中常可發現企業經營上的優缺點，讓企業藉此報表不斷改進。

二、資產負債表分析

　　資產負債表是反映企業在某一特定日期財務狀況的報表，所以又稱為靜態報表。

　　資產負債表主要提供有關企業財務狀況方面的信息，透過該表，可以提供某一日期資產的總額及其結構，說明企業擁有或控制的資源及其分布情況。也可以反映所有者所擁有的權益，據以判斷資本保值、增值的情況以及對負債的保障程度。

三、現金流量表分析

　　現金流量表是財務報表的三個基本報告之一，所表達的是在一固定期間（每月／每季）內，一家機構的現金（包含銀行存款）增減變動情形。該表的出現，主要是反映出資產負債表中各個項目對現金流量的影響，並根據其用途劃分為經營、投資及融資三個活動分類。

四、轉投資分析

　　轉投資就是企業進行非現行營運方向或他項產業營運的投資。但是愈來愈多的臺灣上市櫃公司把生產重心轉移至中國大陸，在公司財務報表上就產生愈來愈龐大的業外收益，母公司報表上的數字也愈來愈沒有代表性。因此，如何判斷報表數字的正確性，正是奧妙所在，所以不論是看同業或自家企業，高階主管應注意下列幾點分析：1.轉投資總體分析；2.轉投資個別公司分析，以及3.轉投資未來處理計畫分析。

五、財務專案分析

　　除上述外，企業可能會有下列財務專案的進行需求，需要高階主管隨時投入心力：1.上市、上櫃專案分析；2.外匯操作專案分析；3.國內外上市櫃優缺點分析；4.增資或公司債發行優缺點分析；5.國內外融資優缺點分析，以及6.海外擴廠、建廠資金需求分析。

財務報表與經營指標分析

財務會計報表分析

損益表分析

1. 營收分析（總體、產品別、地區別、事業別營收）
2. 成本分析（總體、產品別、地區別、事業別營收）
3. 毛利分析（總體、產品別、地區別、事業別營收）
4. 稅前/稅後淨利分析（總體、產品別、地區別、事業別營收）
5. EPS（每股盈餘）
6. ROE（股東權益報酬率）
7. ROA（資產報酬率）
8. 利息保障倍數

財務專案分析

1. 上市、上櫃專案分析
2. 外匯操作專案分析
3. 國內外上市櫃優缺點分析
4. 增資或公司債發行優缺點分析
5. 國內外融資優缺點分析
6. 海外擴廠、建廠資金需求分析

資產負債表分析

1. 自有資金比例分析
2. 負債比例分析
3. 流動比例分析
4. 速動比例分析
5. 應收帳款天數
6. 存貨天數
7. 長債與短債比例

現金流量表分析

1. 現金流出、流入與淨額分析
2. 營運、投資及融資活動之現金流量

轉投資分析

1. 轉投資總體分析
2. 轉投資個別公司分析
3. 轉投資未來處理計畫分析

各種財務經營指標分析

	項目		
1.財務結構	(1)負債占資產＋股東權益比率(%)		
	(2)長期資金占固定資產比率(%)		
2.償還能力	(1)流動比率(%)		
	(2)速動比率(%)		
	(3)利息保障倍數（倍）		
3.經營能力	(1)應收款項周轉率(次)		
	(2)應收款項收現日數		
	(3)存貨周轉率(次)		
	(4)平均售貨日數		
	(5)固定資產周轉率(次)		
	(6)總資產周轉率(次)		
4.獲利能力	(1)資產報酬率(%)(ROA)		
	(2)股東權益報酬率(%)(ROE)		
	(3)占實收資本比率(%)	營業純益	
		稅前純益	
	(4)純益率(%)毛利率(%)		
	(5)每股盈餘(EPS)		
5.現金流量	(1)現金流量比率(%)		
	(2)現金流量允當比率(%)		
	(3)現金再投資比率(%)		
6.槓桿度	(1)營運槓桿度		
	(2)財務槓桿度		
7.其他	本益比（每股市價÷每股盈餘）		

第14～20章
引言

　　從第14章開始到第20章，均屬於企業經營面的重要內容。
企業在營運上，基本來說，有七個管理是最主要的，包括：(1)
研發管理、(2)生產管理、(3)行銷管理、(4)策略管理、(5)人資
管理、(6)財務管理及(7)資訊管理等。其中，研發、生產及資訊
管理比較專業，一般學企管的人，也較少需要深入鑽研這些領域
知識；因為，研發由理工科畢業的人來負責；生產由工業工程畢
業的人來處理；資訊由資管畢業的人來執行。但是，身為一個中
高階主管或是唸過EMBA、MBA的領導幹部人才，他們一定要懂
行銷、策略、人資、財務等四大基本且重要的企管知識、常識與
實務經驗。因此，本書特別重點式的取材這四大管理領域的知識
內容，供大家參考學習。

第 **14** 章

行銷管理

章節體系架構 ▼

Unit 14-1　行銷管理的定義與內涵

Unit 14-2　行銷目標與行銷經理人職稱

Unit 14-3　行銷觀念導向的演進

Unit 14-4　顧客導向的意涵

Unit 14-5　為何要有區隔市場

Unit 14-6　S-T-P架構分析三部曲

Unit 14-7　如何在區隔市場及目標客層中致勝

Unit 14-8　產品定位的意涵與成功案例

Unit 14-9　行銷4P組合的基本概念

Unit 14-10　行銷管理操作規劃程序

Unit 14-11　行銷致勝整體架構與核心

Unit 14-12　行銷管理完整架構

Unit 14-1
行銷管理的定義與內涵

什麼叫「行銷管理」（Marketing Management）？如果用最簡單、最通俗的話來說，就是指企業將「行銷」（Marketing）活動，再搭配上「管理」（Management）活動，將這兩者活動做出正確、緊密、有效的連結，以達成行銷應有的目標，不但能讓公司獲利賺錢，而且永續生存下去。這就是「行銷管理」的原則性定義與思維。

一、何謂「行銷」

我們回到原先的「行銷」（Marketing）定義上。行銷的英文是「Marketing」，是市場（Market）加上一個進行式（ing），故形成「Marketing」。

此意是指：「廠商或企業在某些市場上，展開一些促進他們把產品銷售給市場上消費者，以完成雙方交易的任何活動，這些活動都可以稱之為行銷活動。而最後消費者在購買產品或服務之後，即得到了充分的滿足及需求。」

因此，如下圖所示，廠商行銷的最終目標，主要有兩個：第一個是滿足消費者的需求；第二個是要為消費者創造出更大的價值。

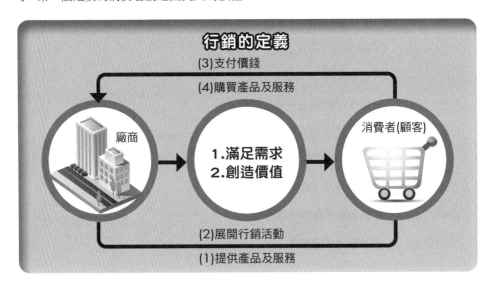

二、行銷的重要性

行銷與業務是公司很重要的部門，他們共同負有將公司產品銷售出去的重責大任，也是創造公司營收及獲利的重要來源。有些公司雖然研發很強或製造很強，但是因為行銷及業務體系相對較弱，因此公司經營績效未見良好。由此得知，公司即使有好的製造設備，能製造出好的產品，也要有好的行銷能力相輔相成的配合。而今天的行銷，也不再僅是銷售的意義，而是隱含了更高階的顧客導向、市場研究、產品定位、廣告宣傳、售後服務等一套有系統的知識寶藏。

行銷管理的定義

行銷活動
(Marketing)

管理活動
(Management)

行銷管理
(Marketing Management)

行銷管理的內涵

行銷活動(Marketing)

1. 產品規劃活動
2. 通路規劃活動
3. 定價規劃活動
4. 廣告規劃活動
5. 促銷規劃活動
6. 公共事務規劃活動
7. 銷售組織規劃活動
8. 現場環境設計與規劃活動
9. 服務規劃活動
10. 會員經營與顧問關係管理活動
11. 社會公益行銷規劃活動
12. 活動行銷規劃活動
13. 網路行銷規劃活動
14. 媒體採購規劃活動
15. 行銷總體策略規劃活動
16. 市場調查與行銷研究規劃活動
17. 公仔行銷規劃活動
18. 品牌行銷規劃活動
19. 異業合作行銷規劃活動
20. 技術研發與產品規劃活動

管理活動(Management)

1. 管理活動意指對左列的各種行銷活動，要擔負著正確的、有效率的與有效能的管理工作。
2. 管理工作或管理循環有兩種涵義
   (1) 簡單地說，管理工作就是P-D-C-A的每天性循環工作。亦即：
   ・P：Plan，要計畫左列的事情
   ・D：Do；要執行左列的事情
   ・C：Cheek；要追蹤、檢討及考核左列的事情
   ・A：Action：要改變及再行動左列的事情
   (2) 管理也可說是
   ・如何組織一個團隊
   ・如何規劃企劃事情
   ・如何領導及指揮
   ・如何做溝通及協調
   ・如何激勵及獎勵
   ・如何控制、檢討、評估
   ・如何再修改、再改善及再行動

211

行銷管理（應達成目標）(Marketing Management)

1. 上面兩列，合併起來就是一個完美與完整的行銷管理內容。
2. 但要達成企業實戰的行銷目標，包括：
   (1) 如何達成營收目標
   (2) 如何達成獲利目標
   (3) 如何達成市場占有率目標
   (4) 如何達成品牌創造目標
   (5) 如何達成企業優良形象目標
   (6) 如何達成顧客滿意及顧客忠誠目標
   (7) 如何讓消費者滿足他們的需求，並為他們創造出更大的價值
   (8) 善盡行銷社會責任

Unit 14-2
行銷目標與行銷經理人職稱

我們常聽到企業要達到年度的行銷目標，究竟什麼是行銷目標？它代表什麼意涵？而坊間我們聽到的行銷經理人與產品經理人，他們又有什麼差異呢？

一、何謂「行銷目標」

在企業實務上，有以下幾點重要的「行銷目標」（Marketing Objectives）須達成：

（一）**營收目標**：也稱為年度營收預算目標，營收額代表著有現金流量（Cash Flow）收入，即手上有現金可以使用，這當然重要。此外，營收額也代表著市占率的高低及排名。例如：某品牌在市場上營收額最高，當然也代表其市占率第一。故行銷的首要目標，自然是要達成好的業績與成長的營收。

（二）**獲利目標**：獲利目標與營收目標兩者的重要性是一致的。有營收但虧損，則企業也無法久撐，勢必關門。因此須有獲利，公司才能形成良性循環，可以不斷研發、開發好產品、吸引好人才，才能獲得銀行貸款、採購最新設備，也可以享有最多的行銷費用，用來投入品牌的打造或活動的促銷。因此，行銷人員第二個要注意的即是產品獲利目標是否達成。

（三）**市占率目標**：市占率（Market Share）代表公司產品或品牌在市場上的領導地位或非領導地位。因此，也是一項跟著營收目標而來的指標。市占率高的好處，包括可以做好的廣告宣傳、鼓勵員工戰鬥力、使生產達成經濟規模、跟通路商保持良好關係、跟獲利有關聯等各種好處，因此，企業都朝市占率第一品牌為行銷目標。

（四）**創造品牌目標**：品牌（Brand）是一種長期性、較無形的重要價值資產，故有人稱之為「品牌資產」（Brand Asset）。在消費者之中，有一群人是品牌的忠實保有者及支持者，此比例依估計至少有三成以上。因此，廠商打廣告、做活動、找代言人、做媒體公關報導等，其最終目的，除了要獲利賺錢外，也想要打造及創造出一個長久享譽的知名品牌。如此，對廠商產品的長遠經營，當然會帶來正面的有利影響。

（五）**顧客滿足與顧客忠誠目標**：行銷的目標，最後還是要回到消費者主軸面來看。廠商所有的行銷活動，包括從產品研發到最後的售後服務等，都必須以創新、用心、貼心、精緻、高品質、物超所值、尊榮、高服務等各種作為，讓顧客們對企業及其產品與服務，感到高度的滿意及滿足。如此，顧客就對企業產生信賴感，養成消費習慣，進而創造顧客忠誠度。

二、行銷經理人的職稱

在實務上，行銷經理人有不同的職稱。在大型企業，因為產品線及品牌數眾多，故常採取PM制度，即產品經理人制度；或是BM制度，即品牌經理人制度。而在中型或中小型企業中，則採用行銷企劃經理較為常見。

企業行銷目標

1. 如何達成營收目標
4. 如何達成品牌打造目標

**企業行銷
五大目標**

2. 如何達成獲利目標

5. 如何達成顧客滿意及顧客忠誠目標

3. 如何達成市占率目標

為何要做行銷？

做行銷
(Marketing)

就是要為公司
創造營收及獲利
(Revenue & Profit)

行銷經理人常見四種職稱

**行銷
經理人
職稱**

① 行銷經理 (Marketing Manager)

② 產品經理(Product Manager, PM)

③ 品牌經理(Brand Manager, BM)

④ 行銷企劃經理 (Marketing Planning Manager)

Unit **14-3**
行銷觀念導向的演進

　　隨著時間的流轉，市場上的行銷手法愈趨成熟。以下僅就行銷觀念的導向分為四階段的演進過程做說明，讓讀者更了解每個年代不同的行銷觀念。

一、生產觀念(1950年代~1970年代)

　　生產觀念（Production Concept）係指在1950年代經濟發展落後，低國民所得，大家都很貧窮的時代。假設消費者只想要廉價產品，並且隨處可買，於是廠商的任務著重在：1.提高生產效率；2.大量產出單一化產品，大量配銷，以及3.降低產品成本，廉價出售。因此總結來說，廠商只有生產任務，沒有行銷任務。

二、產品觀念(1970年代~1980年代)

　　產品觀念（Product Concept）係假設消費者只想要品質、設計、功能、色彩都最優良的產品，他們認為只要做出最佳產品，消費者一定會上門購買。但廠商如果只鎖定產品本身要精益求精，就很容易產生「行銷近視病」（Marketing Myopia）。

　　所謂「行銷近視病」，也稱「行銷迷思」，係指廠商只一味重視產品本身的改良，而不注重或了解消費者本身的實質需求與欲望。因此，雖然廠商的產品或服務無懈可擊，但也避免不了衰敗的命運，此乃因即使他們做出自認為很好的產品，但卻無法正確滿足市場需要。

　　例如：美國鐵路事業早年風光多時，後來卻跌入谷底，衰敗不振；乃因他們將公司設定在提供最好的鐵路，而非提供最佳的運輸服務。因此，現代的高速公路、高鐵、航空客機等都已取代鐵路服務，就在於其未了解並看重消費者需求。

　　因此，行銷人員應該避免犯了「行銷近視病」，只看到玻璃窗，而無法看到窗外的世界。產品觀念階段，正有此種隱憂。

三、銷售觀念(1980年代~1990年代)

　　銷售觀念（Selling Concept）係認為消費者不會主動購買產品，加上供應廠商愈來愈多，消費者可能面對多種選擇，並且會進行比較分析。因此，廠商無法像過去生產階段一樣，坐在家裡等生意上門，必須靠一群銷售組織，積極主動說服顧客購買產品，並透過一些宣傳活動，讓消費者知道並願意購買公司產品。

四、行銷觀念(1990年代~21世紀)

　　這個階段的行銷觀念（Marketing Concept），通常也稱市場導向或顧客導向（Market-Orientation or Customer-Orientation），在現代企業已被廣泛普遍應用，這些觀念包括：1.發掘消費者需求並滿足他們；2.製造你能銷售的東西，而非銷售你能製造的東西；以及3.關愛顧客而非產品。

行銷觀念導向四階段演進

階段1：生產觀念(Production Concept)
1950~1970

階段2：產品觀念(Product Concept)
1970~1980

階段3：銷售觀念(Selling Concept)
1980~1990

階段4：行銷觀念(Marketing Concept)
1990~21世紀

顧客至上‧顧客導向

產品導向與行銷導向之比較

公司	產品導向定義	行銷導向定義
Revelon（露華濃）	我們製造化妝品	我們銷售希望
Xerox	我們生產影印設備	我們協助增加辦公室生產力
Standand Oil	我們銷售石油	我們供應能源
Columbia Picture	我們做電影	我們行銷娛樂
Encyclopedia	我們賣百科全書	我們是資訊生產與配銷事業
International Mineral	我們賣肥料	我們增進農業生產力
Missonri Pacific	我們經營鐵路	我們是人和財貨的運輸者
Disney（迪士尼樂園）	我們經營主題樂園	我們提供人們在地球上最快樂的玩樂

Unit **14-4**
顧客導向的意涵

　　什麼是「顧客導向的意涵」（Customer Orientation）？請好好思考深度意義，並設身處地站在顧客的立場上設想。

　　統一超商前任總經理徐重仁的基本行銷哲學：「只要有顧客不滿足、不滿意的地方，就有新商機的存在。……所以，要不斷的發掘及探索出顧客對統一7-ELEVEn不滿足與不滿意的地方在哪裡。」

　　同時他也強調顧客導向的信念：「企業如果在市場上被淘汰出局，並不是被你的對手淘汰的，一定是被你的顧客所拋棄。因此，心中一定要有顧客導向的信念。」

一、顧客導向的觀念

　　行銷觀念在現代企業已經被廣泛與普遍應用，這些觀念包括：

1. 發掘消費者需求並滿足他們。
2. 製造你能銷售的東西，而非銷售你能製造的東西。
3. 關愛顧客而非產品。
4. 盡全力讓顧客感覺他所花的錢是有代價的、正確的，以及滿足的。
5. 顧客是我們活力的來源與生存的全部理由。
6. 要贏得顧客對我們的尊敬、信賴與喜歡。

二、顧客導向的案例

216

　　說到顧客導向成功的案例，我們會聯想到統一超商、麥當勞及摩斯漢堡，其特色如下：

　　（一）統一超商（**7-ELEVEn**）：ibon買票、CIYT CAFÉ平價咖啡、ATM方便提款，主要對象為附近住戶、上班族、學生。

　　（二）麥當勞（**McDonald's**）

1. 24小時電話宅配服務，以及60秒得來速開車也可購買到的服務。
2. 餐盤紙背後跟盛裝食物的容器上都有標示營養價值，滿足現代人追求健康的需要。
3. 人多時會有服務人員以PDA點餐，節省等待時間。
4. 有兒童遊樂區，提供小孩玩樂的地方，方便家長帶小孩。

　　（三）摩斯漢堡（**Mos Burger**）

1. 透明開放的廚房，讓顧客對整個商品的製作過程一目了然，吃得更安心。
2. 產品現點現做，堅持熱騰騰第一時間呈現給顧客。
3. 電話取餐服務，更節省等餐時間。
4. 所使用的米、蔬菜甚至牛肉，都有生產履歷，讓消費者吃得放心。
5. 不用在櫃檯前等餐，服務人員會幫忙送到桌上。
6. 用餐空間高雅、明亮，並且伴隨著輕音樂，讓用餐更愉快。

堅定顧客導向的信念

堅定顧客導向的信念（市場導向）

① 顧客需要什麼，我們就提供什麼，由顧客決定一切。

② 市場需要什麼，我們就提供什麼，由市場決定一切。

③ 有顧客不滿足的地方，就有商機的存在，因此要隨時發現不滿意的地方是什麼。

④ 我們應不斷研發及設想，如何滿足顧客現在及未來潛在性的需求。

⑤ 要不斷為顧客創造物超所值及差異化的價值。

⑥ 顧客就是我們的老闆，也是我們的上帝。

實踐並堅守顧客導向

企業行銷（Marketing）

● 發掘顧客潛在需求
● 滿足顧客所有需求
● 做的比顧客期待的更多
● 帶給顧客物超所值感與驚喜感
● 只要用心就有用力之處

顧客消費者（Consumer）

企業的存在與經營根本→顧客導向

① 新產品開發
② 新服務開發
③ 產品改良、設計
④ 定價多少問題
⑤ 通路布建問題

⑥ 服務水準問題
⑦ 物流配送速度
⑧ 代言人選擇
⑨ 促銷活動

顧客導向都要想著這九點

顧客導向：顧客要什麼

・要便利（方便）
・要有心理尊榮感
・要高品質
・要功能強大
・要快樂、要驚喜、要可愛、要精緻

・要物超所值
・要促銷、要贈品、要好康
・要設計感、要創新
・要心理滿足

・要平價奢華
・要實用
・要物質滿足
・要貼心、要服務

Unit **14-5**
為何要有區隔市場

市場行銷為何要區隔市場？我們可以這樣講，因為除了極少數集團化企業或併購化企業之外，很少有企業能夠以整體市場為行銷對象。

一、區隔市場的原因

（一）**中小企業沒有足夠資源**：一般中小企業或中型企業的確沒有那麼多的資源（人力、財力、物力）去爭戰全體市場，這是很現實的問題。

（二）**要有能力集中資源**：凡是經營企業的老闆都知道，要在某個市場勝出，唯有集中產、銷、研發資源，去爭奪某一個區隔化的市場，才會有贏的機會。

（三）**消費群廣大，需求不同**：就廣大消費群而言，他們的需求不同，包括：年齡層、所得水準、職業別、學歷、性別、家庭、已未婚、個人價值觀、消費觀等大大不同，也要區隔成不同的目標客層。

（四）**守住既有市場**：任何人都知道，攻擊戰比守成戰難上好幾倍，企業只要好好用心守住既有市場，也就夠了。

（五）**避免散彈打鳥**：什麼市場都去做，成功的機率並不高；除非你是跨國型有品牌的大企業，或是國內市占率極高的龍頭企業。

（六）**新競爭者的利基**：新加入市場的競爭者，他們要贏的機會也只有一個，就是見縫插針，搶占一個冷門及不為人重視的利基市場，也會有贏的機會。

二、為什麼要做S-T-P架構分析

（一）**從「大眾市場」走向「分眾市場」**：由於大眾消費者的所得水準、消費能力、個人偏愛與需求、生活價值觀、年齡層、家庭結構、個性與特質、生活型態、職業工作性質等都有很大不同，因此使分眾市場也演變形成了。而分眾市場的意涵，等同區隔市場及鎖定目標消費族群之意。因此。必須先做好分眾市場的確立及分析。

（二）**有助於研訂行銷4P操作**：在確立市場區隔、目標客層及產品定位後，行銷人員在操作行銷4P活動時，即能比較精準設計相對應於S-T-P架構的產品（Product）、通路（Place）、定價（Price）及推廣（Promotion）等四項細節內容。

（三）**有助於競爭優勢的建立**：行銷要致勝，當然要找出自身特色及競爭優勢之所在，並不斷強化及建立這些行銷競爭優勢。因此，在S-T-P架構確立後，企業行銷人員即會知道建立哪些優勢項目，才能滿足S-T-P架構，並從此架構中勝出。

（四）**建立自己的行銷特色，與競爭對手有所區隔**：S-T-P架構中的產品定位，即在尋求與競爭對手有所不同、有所差異化，而且有自己獨特的特色及定位，然後才能在消費者心目中突出。

（五）**達到「精準行銷」的目的**：依據前面四項分析，S-T-P架構分析完整且有效時，將會有助於行銷人員及廠商達成「精準行銷」的目的及目標。即以最有效率及最有效能的方法來操作行銷活動，然後達成行銷目標，是精準行銷的意涵。

圖解企業管理（MBA學）

市場區隔背景成因分析

1. 市場競爭激烈（競爭者眾多），消費大眾也有多元不同的偏愛與需求。

4. 用不同的產品定位與行銷組合策略，做好區隔市場與消費者的滿意服務。

2. 任何一種產品或服務，不可能滿足所有市場與消費者。

3. 每一個大市場，須切割、區隔成幾個分眾的市場。

S-T-P 三個循環：環環相扣

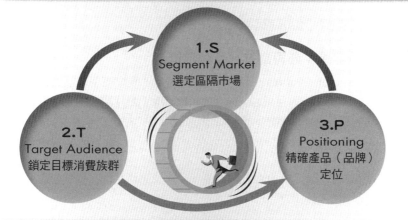

1.S
Segment Market
選定區隔市場

2.T
Target Audience
鎖定目標消費族群

3.P
Positioning
精確產品（品牌）定位

企業行銷人員為何必須做S-T-P架構分析

為什麼要做
S-T-P架構分析

1. 因應從大眾市場走向分眾市場

2. 有助於研訂行銷4P操作內容

3. 有助於競爭優勢的建立

4. 建立自己的行銷特色與競爭對手有所區隔

5. 達到精準行銷的目的

Unit 14-6
S-T-P架構分析三部曲

S-T-P架構分析有以下三部曲,茲說明之:

圖解企業管理(MBA學)

一、分析區隔市場

簡稱S(Segment Market),進行順序如下:先明確市場區隔或分眾市場在哪裡?再切入利基市場,例如:熟女市場、大學生市場、老年人市場、貴婦市場、上班族市場、熟男市場、電影市場、名牌精品市場、健康食品市場、幼教市場、豪宅市場等。區隔市場切入角度,包括:

1. 從人口統計變數切入(性別、年齡、所得、學歷、職業、家庭)。
2. 從心理變數切入(價值觀、生活觀、消費觀)。
3. 從品類市場切入(比如:茶飲料、水果飲料、機能飲料等品類)。
4. 從多品牌別市場切入。

然後評估區隔市場的規模或產值有多大。

二、鎖定目標客層(公司定位、品牌定位)

簡稱T(Targeting Audience, TA),即先鎖定、瞄準更精準及更聚焦的目標客層、目標消費群;再來詳述目標客層的輪廓(Porfile)是什麼,例如:他們是一群什麼樣的人、有何特色、有何偏好、有何需求等。

三、產品定位

220

簡稱P(Positioning),即我們的產品、品牌及服務定位在哪裡,讓人家印象鮮明,並與競爭品有些差異化。

小博士解說

無法大小通吃

行銷(Marketing)的最終目的,就是要把商品或服務性商品賣出去,而且要賣得暢銷,要賣得長銷。

但是,東西或服務要賣給哪些對象?要賣給哪些市場?一般來說,很少私人企業能以全體市場及全體消費者為對象。以筆者記憶所及,除了連鎖性便利超商(如統一7-11)、家樂福大賣場、全聯福利中心等少數零售場所,可以看到從小孩到70歲老年人購買外,其他地方幾乎不可能見到全客層或全市場的狀況出現。

因此,看來做生意是要選定市場,區隔出公司所要做的市場,同時也是確定想做的目標客層或目標消費者。

S-T-P架構分析

案例 ① 白蘭氏雞精的S-T-P架構分析

(一)區隔市場(Segmentation)

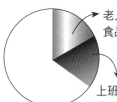

老人健康補給
食品市場

上班族健康活力
食品市場

(二)鎖定目標客層(Target Audience)
1.老年人,60歲以上,住院老人及非住院老人。
2.上班族,25~40歲,男性,對精神活力重視的人。

(三)產品定位(Product Positioning)
1.把健康事,就交給白蘭氏。
2.健康補給營養品的第一品牌。
3.高品質健康補給營養品。

案例 ② 統一超商CITY CAFÉ咖啡的S-T-P架構分析

(一)區隔市場(Segmentation)

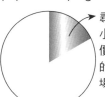

尋求便利、24
小時供應、平
價,且外帶型
的咖啡外食市
場

(二)鎖定目標客層(Target Audience)
鎖定白領上班族、女性為主,男性為輔,
25~40歲,一般所得者,喜愛每天喝一杯
咖啡。

(三)產品定位(Product Positioning)
1.整個城市都是我的咖啡館。
2.平價、便利、外帶型的優質咖啡。
3.便利超商優質好喝的咖啡。
4.現代、流行、外帶的優質超商咖啡。

案例 ③ 海尼根啤酒的S-T-P架構分析

(一)區隔市場(Segmentation)

以喜愛及崇拜
外國品牌、品
味及風格為對
象區隔的啤酒
市場

(二)鎖定目標客層(Target Audience)
鎖定年輕上班族、25~29歲,男性、女性
均有,中產階級、中高學歷者為目標族群的
輪廓,以區別於市占率最高的台啤產品。

(三)產品定位(Product Positioning)
1.就是要海尼根。
2.來自歐洲、幽默、年輕與好喝的歐式優質
啤酒。

案例 ④ 全聯福利中心的S-T-P架構分析

(一)區隔市場(Segmentation)

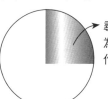

尋求以最低價
為訴求的超市
作為區隔市場

(二)鎖定目標客層(Target Audience)
全客層、家庭主婦、上班族、男性、女性兼
之,且對低價格產品敏感者。

(三)產品定位(Product Positioning)
1.實在,真便宜。
2.全國最低價的社區型超市。
3.低價超市的第一品牌。

Unit **14-7**
如何在區隔市場及目標客層中致勝

區隔市場（S）、目標客層（T）及產品定位（P）的S-T-P架構，是行銷操作的第一步，踏出這一步，當然要重重出擊才行。然而要如何一出擊便得勝，至少要做到以下四項條件。

一、要「精準」做好區隔市場及設定目標客層

「精準」是最重要的原則與指導目標。很多失敗或虧錢的公司，也許有區隔市場及設定目標客層，但並未做好「精準」這件事，而且都是邊做、邊打、邊修，一定不夠精準。換言之，找錯了市場及客層，自然不易成功。

但要如何才能精準的區隔市場呢？首先要問自己八個問題，即：1.市場規模多大？產值多少？2.過去幾年成長率如何？3.未來成長性展望如何？4.競爭現況如何？5.進入障礙程度如何？6.SWOT分析如何？7.商機與空間何在？以及8.本公司競爭優勢與贏的策略何在？然後才決定是否值得進入。

二、S-T-P三者要環環相扣緊密連結

企業選定有希望、有商機、有成長性與有競爭優勢的區隔市場，接著設定這個區隔市場內，最精準的目標客層，朝著這些目標客層在8P/1S/2C等十項行銷組合中，要做出最好、最棒、最快、最精緻、最創新、最物超所值、最具特色的、最物美價廉、最平價奢華、最窮人時尚的產品提供與服務，當然，其中產品定位、品牌定位或服務定位也要與此相呼應、相一致、相連貫才可以。

最後，要真的讓顧客感到滿足、滿意、感心，然後忠誠一世，這樣就必然非常成功且卓越了。

三、這個區隔市場及目標客層的市場規模必須夠大

當然，我們所選定的這個區隔市場及目標客層的市場規模或實質規模，也必須要有一定的規模經濟體，不能太小、沒有成長性或已經是次飽和衰退期。這一點值得注意。

四、要長期鞏固這個區隔市場及目標客層

企業經營區隔市場及目標客層不能太貪心，守住並長期鞏固這幾千人、幾萬人或幾十萬人的忠誠顧客，不讓他們流失就已是萬幸了，這是基本目標，也是成功的第一步。

行有餘力，再伺機向上、向下、向左、向右拓展新市場、新商機及新客層等，這是中長期戰略發展的事，先不急著做。凡事順勢而為，時機成熟，必然水到渠成。

如何在S-T-P中致勝

如何在S-T-P中致勝	
	1.要精準做好區隔市場及設定目標客層
	2.S-T-P三者是環環相扣,每一環節都要緊密連結
	3.這個區隔市場及目標客層的市場規模必須夠大
	4.長期鞏固住,是成功的第一步

區隔市場案例

案例① 全體化妝保養品市場(500億)

5.面膜市場
4.醫學美容品
3.有機天然保養品
1.彩妝市場
2.一般保養品市場

如本圖示例,500億的化妝品、保養品市場,其實又可區隔為五種市場,包括:
1.彩妝區隔市場;2.一般保養品區隔市場;3.有機天然保養品;4.醫學美容,以及5.面膜區隔市場。因此,每家公司可以選擇行銷攻占某個他們最擅長、最有競爭力、最看好的某一個、某二個或某三個市場區隔。

案例② 超市

超市可以有三種區隔市場出現

高價超市	中價超市	低價超市
City' Super超市 Jasons超市	頂好超市	全聯福利中心

案例③ 區隔市場(Segment Market)選定

例如:化妝/保養品市場(四個區隔)

TA
↓
一致
↓
市場區隔
(Segment Market)

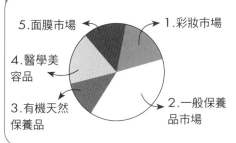

極高檔化妝保養品市場(Sisley、Dior、Lamer、Chanel)

開架式平價化妝保養品市場(歐蕾、露得清)

高檔化妝保養品市場(SK-II、雅詩蘭黛、蘭蔻)

中價化妝保養品市場(植村秀、資生堂)

A+ C A B

Unit 14-8
產品定位的意涵與成功案例

行銷實務第一件事情是要時刻去發現「商機」（Market Opportunity），但隨著商機而來的具體事情，那就是S-T-P架構（Segmentation／市場區隔化；Target／目標市場或目標客層；以及Positioning／產品定位、品牌定位或服務性產品定位），這兩者是互為一體的兩面。了解什麼是市場區隔及目標客層後，何為「定位」？以下將深入探討。

一、什麼是「定位」（Positioning）

簡單說，就是：「你站在哪裡？你的位置與空間在哪裡？哪裡應該是你對的位置？在那個位置上，消費者對你有何印象？有何知覺？有何認知？有何評價？有何口碑？他們又記住了你是什麼？聯想到你是什麼？以及他們一有這方面的需求，就會想到就是你，沒錯！」

因此，定位是行銷人員重要的思維與抉擇任務。一定要做到：「正確選擇它、占住它，形成特色，讓人家牢牢記住它是什麼。」

二、成功定位的案例

我們可以舉這些年來成功定位的企業案例，由於他們成功的「定位」，因此營運績效卓越優良。這些可為人稱讚的行銷定位企業案例，包括：

（一）統一超商：以「便利」為定位成功。

（二）全聯福利中心：以「實在真便宜」、「真正最便宜」為定位成功。

（三）85℃咖啡：以「五星級蛋糕師傅做的高質感好吃蛋糕，但卻平價供應」為定位成功。

（四）SOGO百貨忠孝店及復興店：以「高級百貨公司及位址佳」為定位成功。

（五）君悅及晶華大飯店：以「高級大飯店」為定位成功。

（六）HAPPY GO紅利集點卡：以「遠東集團九家關係企業加上上千家異業結盟的跨異業紅利集點便利回饋消費者」為定位成功。

（七）ASUS華碩：高品質、分眾。

三、定位不清楚或錯誤的弊害

實體產品或服務性產品，若定位不清楚或發生錯誤，會很明顯的呈現負面結果，此毋庸再言，因其將使：

（一）上市失敗：即產品或服務無法在市場上大受歡迎，因而被市場遺忘。

（二）消費者模糊不清：不會有好的口碑相傳。

（三）來客層混雜：來客層也可能混雜，不是同一群的，不會有歸屬感，也不會滿意，會覺得怪怪的。

（四）抓不住真正族群：無法抓住真正想要的目標客層，最後目標客層也會跑掉，或愈來愈小。

產品定位的意義

正確選擇它

$+$

占住它

$+$

形成特色

$\Downarrow$

讓消費者牢牢記住

案例

· 統一超商：便利

· HAPPY GO：
跨業紅利集點
回饋平臺

· ASUS華碩：高
品質、堅若磐
石、分眾

· 全聯福利中心：
實在，真便宜

· CITY CAFÉ：
都會風情咖啡

· 85℃咖啡：五
星級飯店蛋糕，
平價供應

定位不清，行銷必失敗

定位不清

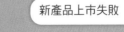

新產品上市失敗

新服務業上市失敗

顧客群流失

Unit **14-9**
行銷4P組合的基本概念

　　就具體的行銷戰術執行而言，最重要的就是行銷4P組合（Marketing 4P Mix）的操作，但什麼是行銷4P組合？要如何運用？

一、什麼是「行銷4P組合」

　　此即廠商必須同時同步做好，包括：1.產品力（Product）；2.通路力（Place）；3.定價格力（Price），以及4.推廣力（Promotion）等4P的行動組合。而推廣力又包括：促銷活動、廣告活動、公關活動、媒體報導活動、事件行銷活動、店頭行銷活動等廣泛的推廣活動。

二、行銷4P組合的戰略

　　站在高度來看，「行銷4P組合戰略」是行銷策略的核心重點所在。

　　行銷4P組合戰略是一個同時並重的戰略，但在不同時間裡及不同階段中，行銷4P組合戰略有其不同的優先順序，包括：

　　（一）**產品戰略優先**：係指以「產品」主導型為主的行銷活動及戰略。

　　（二）**通路戰略優先**：係指以「通路」主導型為主的行銷活動及戰略。

　　（三）**推廣戰略優先**：係指以「推廣」主導型為主的行銷活動及策略。

　　（四）**價格戰略優先**：係指以「價格」主導型為主的行銷活動及策略。

　　然後，透過4P戰略的操作，以達成行銷目標的追求。

三、為何要說「組合」

　　那麼為何要說「組合」（Mix）呢？主要是當企業推出一項產品或服務時，想要成功的話，必須「同時、同步」要把4P都做好，任何一個P都不能疏漏，或是有缺失。例如：某項產品品質與設計根本不怎麼樣，如果只是一味大做廣告，那麼產品仍不太可能會有很好的銷售結果。同樣的，一個不錯的產品，如果沒有投資廣告，那麼也不太可能成為知名度很高的品牌。

小博士解說

4P的重要性排序

4P以「推廣」(Promotion)為首，也稱「促銷」，尤其面臨市場競爭與景氣低迷之際，「促銷」常為4P的首要動作；其次為「產品」(Product)，品牌的建立與維繫，以及新產品創新服務的持續性推出；至於要動腦考慮損益平衡點的「價格」(Price)，一旦確定後少有變動，除非配合促銷或反映成本而調整；最後是「通路」(Place)，如果是創新公司或新品上市就得花心思，不然少有問題。

行銷4P組合

行銷4P組合——戰術行動

- 1.產品力(Product)
- 2.通路力(Place)
- 3.定價力(Price)
- 4.推廣力(Promotion)
  - (1)促銷活動
  - (2)廣告活動
  - (3)公關活動
  - (4)報導活動
  - (5)店頭行銷
  - (6)事件行銷

行銷4P組合戰略

行銷目標(Marketing Target)

(1)以產品為主導的行銷

(2)以推廣為主導的行銷

1.產品戰略(Product)

2.推廣戰略(Promotion)

3.通路戰略(Place)

4.價格戰略(Price)

(3)以通路為主導的行銷

(4)以價格為主導的行銷

行銷4P組合戰略(Marketing 4P Mix)

4P/1S負責單位

4P/1S	主要	輔助
1.產品策略	研發部(R&D)/商品開發部	行銷企劃部
2.定價策略	業務部/事業部	行銷企劃部
3.通路策略	業務部	－
4.推廣策略(IMG)	行銷企劃部	－
5.服務策略	客戶服務部/會員經營部	行銷企劃部

Unit **14-10**
行銷管理操作規劃程序

一個完整的行銷管理操作規劃程序（Marketing Management Process），主要有四個項目，如此一步一步前進且不斷調整，才能達到預期的行銷目標。

一、分析市場的行銷商機

行銷人員的第一個使命，就是要不斷發掘與分析市場未來潛在的行銷機會。行銷的成功，通常最大的原因都是提前發掘或感受並掌握市場機會，而不是後知後覺地跟隨。例如20多年前辦公室自動化的產品並未被發覺，但現在電腦、傳真機、影印機、數據通信專線、網際網路、微軟作業軟體、燒錄機、動畫軟體、MSN等都已普遍被使用。因此，為了要分析市場機會，在行銷領域中，對行銷外在環境的蒐集、研究與分析，便成為重要之事。

二、研究與選定目標市場

要分析與掌握市場潛在機會，顯然必須要有充分的市場資訊情報作為基礎，因此，行銷研究（Marketing Research）就擔負起這個責任。透過市場情報蒐集、分析與研究，可以對問題與機會更加確認，以作為行銷策略與決策之基礎。而市場區隔之目的，是為了利於選定目標市場，以期集中有限的行銷資源，針對有希望的目標市場（Target Market）進擊，如此才可以達成組織的使命。

三、發展行銷策略思考因素與選擇行銷策略方向

228

在選定目標市場後，下一階段就是要研擬可行的發展行銷策略（Developing Marketing Strategy），作為一切行銷方針的指引。至於具體行銷策略方向，包括：特色化行銷策略、差異化行銷策略、利基市場行銷策略、高價策略、品牌定位行銷策略、名牌行銷策略、專注行銷策略、平價但高品質行銷策略、攻擊式廣告大量投入策略、大量促銷策略、口碑行銷策略、健康取向行銷策略、VIP頂級會員經營策略等，有各式各樣不同因應的行銷策略，均值得企業實務仔細評估。

四、研訂十項整合行銷戰術計畫

行銷策略方針確定之後，接下來就是要研訂行銷戰術計畫（Setup Marketing Tactics Plan），包括預算、目標、方法、時程與控制等方案，以期依此計畫而達成目標。而具體的行銷計畫，應包括8P/1S/1C十項活動內容，即：1.產品計畫（Product Plan）；2.價格計畫（Pricing Plan）；3.配銷通路計畫（Place Plan）；4.廣告促銷計畫（Promotion Plan）；5.銷售人力組織計畫（Personal Selling Plan）；6.媒體公關報導計畫（Public Relation Plan）；7.現場銷售環境布置計畫（Physical Environment Plan）；8.服務作業流程計畫（Process Plan）；9.售前及售後服務計畫（Service Plan），以及10.顧客關係管理計畫（CRM Plan）。

行銷管理操作規劃五大程序

① 縝密、提前分析及發展出市場機會或行銷商機

② 研究、評估及選定目標市場

③ 發展出行銷致勝策略點何在

④ 研訂十項整合行銷戰術計畫

⑤ 執行、評估、創造及因應改善對策

行銷效益評估項目

- 1.營業額（銷售量）
- 2.獲利額
- 3.市占率
- 4.品牌知名度、喜愛度、忠誠度
- 5.顧客再購率
- 6.顧客滿意度
- 7.企業形象
- 8.媒體訊息露出則數與曝光效益
- 9.顧客（會員）總人數
- 10.來客數
- 11.客單價
- 12.其他項目

行銷效益評估項目

知識補充站

最後一個程序

進行了左述四種行銷管理程序，再來就是要將上一階段的行銷計畫方案付諸實施，並進行定期考核、管制與評估，以落實預計目標時程。而在執行方面，牽涉到如何組織、領導、協調、激勵與訓練。綜合來說，行銷管理工作的程序就是先透過市場資訊蒐集、研究與分析，然後發掘市場機會，透過市場區隔作業而選定廠商要攻擊的目標市場。而為了要順利準確無誤的攻擊到目標市場，必須要有行銷策略方針之指導，並進一步研訂行銷計畫的細節，才能展開行銷動作，落實行銷策略。此計畫對工作之預算、人力、時程、方法標準等皆有明確訂定。最後，要於任務完成後，進行必要之控制、考核與評估，以了解行銷組織是否達成公司之任務與要求目標。

Unit 14-11
行銷致勝整體架構與核心

圖解企業管理（MBA學）

　　什麼是好的行銷策略？如何才能鎖定並瞄準目標對象、正中紅心？其實有其一定架構及思考核心。只要精準掌握行銷訣竅，即能在市場上迅速勝出。

一、行銷致勝整體架構

　　（一）**行銷策略分析與思考，以及整體市場與環境深度分析**：1.市場產值、市場前景分析；2.SWOT分析；3.市場分析、競爭者分析、消費者分析、環境分析；4.掌握趨勢、判定市場新商機和消費者潛在需求，以及5.鎖定目標客層利基市場。

　　（二）**鎖定行銷目標**：顧客導向＋消費者洞察＋市場調查。

　　（三）**給與品牌定位**：如品牌概念、品牌精神、品牌個性及品牌需求等。

　　（四）**行銷組合策略與計畫，檢視及發揮競爭優勢與強項**：1.產品力：如USP、物超所值、差異化、品質力、滿足需求及設計創新；2.通路力：如多元通路、上架、多頭並進；3.價格力：如合理性、平價奢華及降低成本；4.服務力；5.促銷活動力；6.人員銷售組織力，以及7.整合行銷傳播力：如TV、CF、NP、MG、RD、OOH（戶外）、In-Store、PR、Event、CRM、Slogan、網路、話題行銷、置入行銷、口碑行銷、VIP行銷、公仔行銷、娛樂行銷、異業行銷、贊助行銷、運動行銷、旗艦店行銷、代言人行銷、故事行銷、直效行銷、簡訊行銷、派樣等。

　　（五）**行銷資源投入**：大公司通常會投入一定的行銷資源，即編定行銷預算與損益預算＋行銷目標訂定＋6W/3H/1E。

　　（六）**確實執行行銷計畫**：即行銷執行力＋精準行銷。

　　（七）**不斷評估行銷效益**：行銷成果與行銷效益的不斷檢討。

　　（八）**做好萬全準備**：行銷策略與行銷計畫的不斷調整、因應、精進與創新。

二、行銷核心與邏輯

　　行銷要勝出的核心思考與邏輯順序如下：

　　（一）**對趨勢、變化、問題與商機進行分析與洞察**：即不斷對以下問題進行分析：1.內部及外部環境如何？2.問題與商機何在？3.消費者被滿足了嗎？4.消費者的價值被創造了嗎？以及5.我們掌握及洞察到新趨勢及新變化了嗎？

　　（二）**S-T-P架構的思考**：1. Segmentation：即區隔市場；2.Target：即在區隔市場中，再鎖定更精確的目標消費族群或客層，以及3.Positioning：即品牌定位、產品定位、市場定位等。

　　（三）**8P/1S/2C行銷策略與計畫**：8P是1.產品力（Product）；2.通路力（Place）；3.定價力（Pricing）；4.推廣力（Promotion）；5.人員銷售力（Personal Sales）；6.公關力（PR）；7.現場環境力（Physical Environment），以及8.服務流程（Process）。1S是指服務力（Service）。2C是指顧客關係管理（CRM）及企業社會責任（CSR）。

行銷致勝八大整體架構

① 行銷策略分析與思考，以及整體市場與環境深度分析

② 顧客導向＋消費者洞察＋市場調查

③ 品牌定位、品牌概念、品牌精神、品牌個性、品牌需求

④ 行銷組合策略與計畫檢視，及發揮競爭優勢與強項

⑤ 行銷資源投入＋編定行銷預算與損益預算＋行銷目標訂定＋6W/3H/1E

⑥ 行銷執行力＋精準行銷

⑦ 行銷成果與行銷效益的不斷檢討

⑧ 行銷策略與行銷計畫要不斷調整與創新

行銷七大核心與邏輯

1.對趨勢、變化、問題與商機進行分析與洞察

2.S-T-P架構的思考：區隔市場；在區隔市場中，再鎖定更精確的目標消費族群或客層，以及品牌定位/或產品定位/或市場定位。

3.8P/1S/2C行銷策略與計畫：8P：產品力(Product)、通路力(Place)、定價力(Pricing)、推廣力(Promotion)、人員銷售力(Personal Sales)、公關力(PR)、現場環境力(Physical Environment)、服務流程(Process)。1S：服務力(Service)。2C：顧客關係管理(CRM)、企業社會責任(CSR)。

4.ＣＳ顧客滿意與顧客忠誠。

5.全面落實：行銷與消費者研究、市場調查、顧客導向，以及資料庫情報系統。

6.達成營收成長、獲利佳及市占率領先。

7.大眾股東滿意、老闆滿意、員工滿意、人才聚集，形成良性循環，更強化扎實的競爭力。

知識補充站

四種行銷勝出的核心思考

1.想要確保既定市場並突破，須不斷了解顧客的滿意度如何，及傾聽顧客需求，才能進一步讓顧客保持忠誠度。

2.全面落實行銷與消費者研究、市場調查、顧客導向及資料庫情報系統。

3.讓行銷策略奏效，達到營收成長、獲利佳及市占率領先。

4.讓大眾股東滿意、老闆滿意、員工滿意、人才聚集，形成良性循環，強化扎實的競爭力。

231

Unit **14-12**
行銷管理完整架構

什麼是行銷管理？行銷為什麼要管理？而管理對象有哪些面向？

根據1985年美國行銷學會（American Marketing Association, AMA）的定義，行銷管理乃是一種分析、規劃、執行及控制的一連串過程，藉此程序制定創意、產品或服務的觀念化、定價、促銷與配銷等決策，進而創造能滿足個人和組織目標的交換活動。

實務上，行銷管理是企業管理的五大職能之一，也是指在安排、設計、規劃、執行與控制有關行銷方案；藉由創造、提供、維繫與他人自由交換有價值的產品與服務，以滿足個人或群體之欲望和需求，並達成企業追求利潤目標的過程。

換言之，行銷管理就是一種需求管理，也是一種顧客關係管理。

企業如果想要完全達到行銷目標，就不能單靠一個行銷企劃部門作業，其他相關單位也要協調配合，才能成就完全行銷的使命。

一、業務與行銷必要的溝通

行銷企劃部要經常與業務相關單位進行溝通協調會議，包括：

（一）**N＋3會議**：行企部每月一次，將未來三個月（一季）的全部行銷企劃活動向業務部簡報說明，並進行討論、諮詢及調整修正與最後定案。

（二）**每週業務會報**：總經理每週一次主持業務會議，由業務部、行企部、研發部、生產部等部門主管、副主管出席，一起聽取上週業績狀況報告，並討論及擬定因應對策。

二、行銷管理全方位架構

想要全方位、全面性做好行銷管理，則其不可或缺的架構如下：

（一）**顧客導向**：堅定顧客導向信念與市場導向思維。

（二）**行銷環境**：必須不斷地、經常地檢視內外部環境的變化分析與趨勢分析。

（三）**環境商機與威脅**：能夠預見或洞見商機（機會點）何在，以及可能威脅點、瓶頸點何在。

（四）**行銷S-T-P**：發展精準有效的S-T-P架構體系。S：區隔市場；T：鎖定目標客層；P：研訂產品定位或品牌定位。

（五）**行銷組合策略8P/1S/2C/1B**：規劃設計、行銷組合、策略及執行計畫方案（即8P/1S/2C/1B等十二項行銷組合策略）。

（六）**行銷預算**：編制合理、合宜的行銷預算。

（七）**行銷執行力**：公司內外部人員合作展開行銷執行力。

（八）**行銷績效**：考核行銷績效成果如何。必要時，應調整行銷策略與做法。

（九）**行銷最終目標**：行銷勝出、顧客滿意、品牌鞏固、市場保持領先、企業形象提升、穩定獲利及成立實踐顧客導向。

行銷企劃部與業務部溝通會議協調

1.N＋3會議

行企部每月一次，將未來三個月（一季）的全部行銷企劃活動向業務部簡報，並討論、諮詢及修正與最後定案。

2.每週業務會報

總經理每週一次主持業務會議，由業務部、行企部、研發部、生產部等部門主管、副主管出席，聽取上週業績狀況報告，並討論及擬定因應對策。

行銷管理九大完整架構

1.顧客導向	堅定顧客導向信念與市場導向思維。
2.行銷環境	必須不斷檢視內外部環境的變化與趨勢。
3.環境商機與威脅	能夠預見或洞見商機何在，及可能威脅或瓶頸。
4.行銷S-T-P	發展精準、有效的S-T-P架構體系。

及資料數據分析
市場調查、行銷研究

5.行銷組合策略 8P/1S/2C/1B	規劃設計、行銷組合、策略及執行計畫。
6.行銷預算	編制合理、合宜的行銷預算。
7.行銷執行力	展開行銷執行力。
8.行銷績效	考核行銷績效成果並調整因應。
9.行銷最終目標	行銷勝出、顧客滿意、品牌鞏固、市場保持領先、企業形象提升、穩定獲利及實踐顧客導向。

第15章

人力資源管理

●●●●●●●●●●●●●●●●●●●●●●●●●●●●●● 章節體系架構 ▼

Unit 15-1　人力資源管理的意義

Unit 15-2　現代人力資源管理新趨勢

Unit 15-3　人力資源管理原則

Unit 15-4　人事議題至為重要

Unit 15-5　人力資源部門的功能

Unit 15-6　以「能力本位」的人力資源管理崛起

Unit 15-7　傑克・威爾許對人資的看法

Unit 15-8　不景氣下人力資源管理策略

Unit 15-9　如何做好人力資源規劃全方位發展

Unit 15-10　現代KPI績效評估法

Unit 15-11　360度評量制度

Unit **15-1**
人力資源管理的意義

這幾年來很流行就業博覽會，連企業招募人才都可以像活動般舉辦，我們就不難想像現今企業對徵才的重視。而負責企業徵才的工作，當然就是所謂的人力資源單位了。

過去人力資源部門通常配屬在管理部門內，但幾年來已被獨立出來，成為人力資源部，人員的編制也日益增加，而其負責的工作也逐漸深化及多元化。而且人力資源管理最近也被冠上策略性的字眼，稱為策略人力資源的經營與管理。

理由很簡單，因為企業競爭力的總根源與總基礎，主要奠基於「人才」。一個卓越團隊的「人才」，才能匯聚強而有力的組織陣容。

然而學理上是如何對「人力資源管理」定義呢？它在管理上又扮演哪些角色？以下我們探討之。

一、什麼是人力資源管理

人力資源管理（Human Resources Management, HRM）或稱人事管理，係指如何為組織有效地進行羅致人才、發展人才、運用人才、激勵人才、配置人才及維護保住人才的一種管理功能作業。

人力資源是企業或組織中最寶貴的資產，他們運用得好壞，將影響組織的績效，也是影響企業成敗的最大原因。

因此，企業除了做好人事管理外，更應積極導向人力資源的規劃與發展，讓靜態的人事管理，轉變為動態、彈性與具前瞻性的人力資源管理，此為最大意義。

二、在「管理程序」中扮演的角色

實務上，人力資源在管理程序上扮演以下四種角色：

（一）**規劃**：設定目標和標準、發展規劃及程序、發展研訂規劃及預測，特別針對未來將要發生的事情。

（二）**組織**：包括分配工作、設置部門、委派職權、建立職權聯絡網，以及協調各部室工作。

（三）**任用**：包括決定適當人選、徵募具有潛力的員工、甄選員工、設定工作績效標準、員工酬勞、績效評核，以及訓練和發展員工。

（四）**領導與激勵**：指揮員工完成工作、維護士氣、激勵員工，以及建立適度民主環境。

（五）**控制**：設定標準，檢核成果是否合乎標準，必要時採取補救行動。

人力資源的過去與現在

傳統人事管理	現代人力資源管理
靜態的管人及管人事	動態、彈性、積極、前瞻的發揮人力潛能,為公司創造多元人才價值與生產力

人力資源在管理程序中的角色

- 人力資源的規劃
- 人力資源的組織
- 人力資源的任用
- 人力資源的領導
- 人力資源的控制、管考

人力資源發揮六大方向

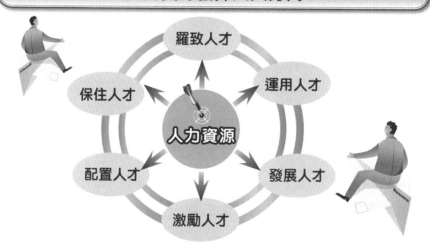

- 羅致人才
- 運用人才
- 保住人才
- 人力資源
- 發展人才
- 配置人才
- 激勵人才

237

做好HRM

- 規劃
- 組織
- 激勵
- 領導
- 溝通協調
- 管控

HRM(人力資源管理)

Business NEW

Unit **15-2**
現代人力資源管理新趨勢

現代及傳統的人力資源管理，有很大不同，歸納整理有五個新趨勢的發展。

一、由人力機械觀，轉為人力人性觀

　　傳統企業管理大都強調資金與生產技術，他們認為資金能買到生產技術，而生產技術可提高生產機械運用之效率，並不重視人力價值，認為只是勞力，沒有機械重要，這是在工業革命與科學管理學派時期的主張。但行為管理學派興起後，已轉為重視人力，並積極研究人性的各層次需求，尊重個人的尊嚴與價值，充分激勵潛能，達成組織效率及目標。而且隨著服務業產值不斷的擴大，更需要現代化人力資源人性觀。

二、由人力管理，轉為人力發展

　　過去人力管理著重人與事的配合，達成目標即可，但已無法面對現代經營環境的劇變。因此必須謀求人力潛能進一步發展，以提高人力素質、技能、謀略、思路與正確理念，才能面對科技、市場、生產、社會、法律、政治等改變與挑戰，也才能在競爭中求生存，組織才有未來可言。因此，強調對人力潛能與其管理發展的重視及投入。

三、由恩惠主義，轉為參與管理

　　過去企業經營者，往往自視為無上權威的支配者，並以大家長與資本主自居，視員工為勞工階級，其所獲工資、福利，都是資本主對員工的恩惠，而且應感到滿足。不過，隨著經濟發展、教育提高及民主潮流的演進，在人性需求及尊嚴、人群倫理和民主決策等方面，都受到更廣泛的重視。因此，取而代之的是員工應適度參與企業經營與管理，以提高其工作熱忱，激發創意與責任感，從而發揮組織群體力量，達成組織目標。現在很多資深高級主管，也能進入董事會擔任董事，而不需持有很多股權。

四、由年資主義，轉為能力與成果主義

　　過去人事管理偏重年資主義，像軍公教及一些老的大企業，均依每年升一級而微調薪資，員工都只能依年資排隊等升級，無異是扼殺有能力或年輕員工爬升的衝勁。但近年來，日本傳統的年資及年功主義已受到挑戰。一些卓越企業都已轉為以員工能力、成果、貢獻度、績效等指標，作為薪資、獎金、紅利、福利及晉升最主要依據。

五、幹部年輕化，世代交替趨勢強

　　國內外大企業，以前60歲才能當總經理，50歲才能當副總經理，但現在下降很多，35歲當副總經理及40歲當總經理的也大有人在。幹部年輕化，已是時勢所趨，年輕人體力好、創新力強、企圖心高、知識豐富，只是經驗少，但可由中老年幹部協助。

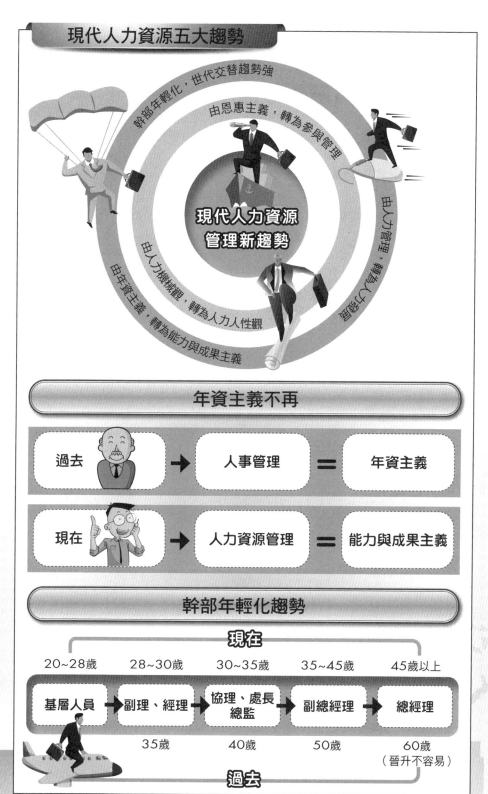

現代人力資源五大趨勢

幹部年輕化，世代交替趨勢強

由恩惠主義，轉為參與管理

現代人力資源
管理新趨勢

由人力管理，轉為人力投資

由人力機械觀，轉為人力人性觀

由年資主義，轉為能力與成果主義

年資主義不再

| 過去 | → | 人事管理 | = | 年資主義 |

| 現在 | → | 人力資源管理 | = | 能力與成果主義 |

幹部年輕化趨勢

現在

20~28歲	28~30歲	30~35歲	35~45歲	45歲以上
基層人員	副理、經理	協理、處長總監	副總經理	總經理
	35歲	40歲	50歲	60歲（晉升不容易）

過去

Unit **15-3**
人力資源管理原則

人力資源管理應該遵守下列原則,才可把人與事管理得當。

一、建立公平合理之人事制度規章

制度規章就是組織的遊戲規則,遊戲若少了規則,那就無法判別出勝負,而遊戲本身也就沒有意義了。因此,人力資源管理也是一樣,因為它牽涉到薪資、調度、任用、招募、培訓、考績、獎懲、激勵、組織、福利、評價等,許多與人有關的管理事務。如果沒有公平、合理、周全的制度規章,那組織群體就無法順利運作,導致組織效率降低,組織目標也就難以達成。好的制度規章,是人力資源管理之基石。但是如何建立好的制度規章,應可參仿卓越企業之人事制度規章,見賢思齊,他山之石可以攻錯。當然,人事制度規章也必然隨著內外環境的改變,而做若干調整修正,使它成為一部永遠合乎時宜、好的人事典章制度。

二、培養努力就能獲得報償的觀念

獎酬報償不是天上掉下來的,這是員工必備的基本認識。組織的公平就是透過員工的努力,產生對公司的貢獻,然後公司給予相對之報償回饋。有如此的理念,人人才會努力工作,追求成長、追求卓越,組織才有活力與效率可言。所以,公司必須賞罰分明,而且全員一視同仁適用,從高階主管到基層員工都是一樣。因此,不論年齡、出身學校、階段或年資,只要對公司有重大貢獻與價值,就值得被不斷拔擢與晉升。

三、發展員工的才智

發展員工的才智之意義有兩點:一是必須適才適能,讓員工做自己有興趣且專長的事情,才華才會發揮盡致;二是隨著環境的進步,員工的知識與智慧也必須與日俱增,如此才能因應未來的問題。因此,公司亦須鼓勵及要求員工不斷學習進步、多看書,然後才會對公司有長遠的貢獻可言。當員工停止進步、學習與才智的發揮,就是組織走向衰退之時。

四、協助員工獲得適度滿足

員工的滿足是有層次性,也是多面向性,組織的人力資源管理工作,就是要協助員工在生理、安全、社會、自尊與自我實現等需求上,都能獲致適度(非常高)的滿足,讓員工在組織的工作中,都能充實愉快。但是員工也不可能百分之百每個人都滿意,只要多數人肯定公司即可。這種員工滿意(Employee Satisfaction, ES),是與顧客滿意(Customer Satisfaction, CS)並立而行的,具有同樣的重要性。

人力資源管理四大原則

人力資源管理原則

① 建立公平合理之制度規章

② 培養努力就能獲得報償的觀念

③ 發展員工的才智

④ 協助員工獲得適度滿足

發展員工才智

平凡員工

不平凡、潛力發展員工

1.必須適才適能，讓員工做自己有興趣且專長的事情，才華才會發揮盡致。
2.隨著環境的進步，員工的知識與智慧也必須與日俱增，才能因應未來問題。

241

滿足的員工

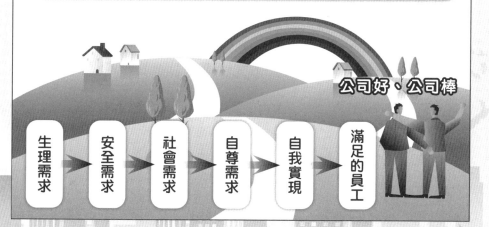

公司好、公司棒

生理需求 ➤ 安全需求 ➤ 社會需求 ➤ 自尊需求 ➤ 自我實現 ➤ 滿足的員工

Unit **15-4**
人事議題至為重要

在景氣低迷時代，人力議題在企業裡就像一塊腹背受敵的夾心餅乾，既要小心別人來挖角，又要進行嚴格的成本控制，以求人力精簡。

一、調查報告的六項發現

Accenture顧問公司在一份針對兩百位人力資源主管與企業高階經理人員所做的「高效能團隊」年度研究報告，共有六項重要發現：

（一）**全球經理人員的共識**：有效培養與管理一個高效能營運團隊，是全球經理人員一致的共識。

（二）**員工缺乏對企業整體營運的體認**：經理人員普遍感覺他們的員工缺乏適當的技能與知識，缺乏對企業整體營運策略的體認，並且不了解自己的工作與公司營運之間的關係。

（三）**增加對員工的訓練**：許多公司為改善上述缺失，不惜增加預算，設計包羅萬象的內部訓練課程，以期提振員工的工作表現。

（四）**訓練結果差強人意**：雖然經過相當程度的努力，但大多數的高階主管對於訓練成果僅感覺差強人意，甚至對於推動內部訓練的組織功能都不滿意。

（五）**沒有一套對員工訓練效能的客觀評量**：之所以會發生這些問題，是因為缺乏一套客觀有效的評量方法，無法評量這些員工訓練究竟對公司營運產生什麼正面影響，因此高階經理人員也無從據以分配公司資源。

（六）**也有員工訓練後表現亮麗的**：好消息是，有些公司還是有亮麗的表現。這些在員工績效領域表現傑出的公司，通常將人力資源與內部訓練做出策略性的定位，並且將人力資源的投資與公司營運指標緊密結合，作為評量標準，並能援用資訊科技，協助員工提升效率。

二、人事議題與人力素質是經理人最關心的課題

經理人員普遍認同營運團隊的素質很重要，依據調查結果顯示，被高階經理人員列為「最優先處理事項」中，有75%與人資、員工工作表現直接相關。例如：吸引優秀員工、慰留優秀員工、提振員工工作表現、改善高階經營層面的管理與領導風格、改變企業文化與員工工作態度等。

相較去年的調查結果，今年有更多的高階經理人員認為，「人事議題」與企業的成功與否有密切關聯。這些經理人員不論身處哪個國家、產業或職位高低，74%的人認為人事議題至為重要。

全球高階主管都重視人事議題

人事議題受到關心

① 最優先處理事項中，75%與人事議題有關。

② 例如：吸引優秀員工、慰留優秀員工、提振員
工工作表現、改善高階經營層面的管理與領導
風格、改變企業文化與員工工作態度等。

培養「高效能營運團隊」是一致共識

高階主管一致共識

**如何建立一支
「高效能營運團隊」
(High Effectiveness Work Team)**

1. 加強員工技能與知識，及對企業整體營運的體認。
2. 設計包羅萬象的內部訓練課程，以期提振員工的工作表現。
3. 設計一套對員工訓練效能的客觀評量，將人力資源與內部訓練做出策略性的定位，並將人力資源的投資與公司營運指標緊密結合，作為評量標準，並能援用資訊科技協助員工提升效率。

Accenture調查報告的六項發現

① 全球經理人一致共識：如何有效培養及打造一個高效能的經營團隊。

② 大部分員工缺乏的體認：對公司整體策略方針、願景方向、營運戰術等，與自己的工作關聯感不夠。

③ 增加對員工的教育訓練課程，希望改善上述缺失，並增強他們的技能與知識。

④ 對訓練成果，大多數高階主管並不太滿意，顯示有改善精進空間。

⑤ 高階經理人普遍認為對於員工的培訓，似乎缺乏一套客觀的效益評量機制。

⑥ 不過，也有部分公司認為培訓有看到成果，有些員工對公司貢獻更大了。

Unit 15-5
人力資源部門的功能

人力資源部門的主要四大功能，就是招才、用才、訓才及留才，即招、用、訓、留四個重點。

一、招才

招募人才或挖角人才，以確保公司在各種發展階段中，都有優秀的人才可得，這是人資部門很重要的第一關卡。人才的質與量，如果招募不足，當然會大大影響企業的營運活動及結果。因此，企業每年都要招聘或挖角到適合公司成長之下的各種優秀人才，故「找人」是人資部門主管第一件要完成的大事。

二、用才

人進到公司後，如何安排適當的職位、職務及職稱，甚至包含座位，並且交付適當的工作分配及職掌任務，讓人才能夠獲得發揮，而對公司各種發展都能有所助益，這就是用才。

三、訓才

人不是萬能的，也不是多元化，更不是有很多專長集於一身的，而且人才也必須配合公司成長的腳步及速度。因此，人才的教育訓練就其重要性。訓才有二種觀點：一是員工自我學習成長與自我啟發進步；二是被動接受公司的訓練要求。

四、留才

留才也成了今日重大之事，如何在薪資、獎金、福利、股票分紅、工作安排、職務晉升等做好妥善規劃，均會對企業留才與否產生重大影響。好人才能夠長留，經營團隊的實力才會強壯。如果幹部流動率太高，必然表示組織與文化產生若干問題。

小博士解說

你必須知道的面試

根據蓋瑞·戴斯勒（Gary Dessler）的建議，面試時，主考官必須注意下列幾點：1.不要提出封閉式的問題，也就是應徵者只能回答「是」或「不是」的問題；2.小心避免暗示，例如在應徵者答出正確答案時微笑；3.不要讓應徵者覺得自己像是犯人，避免採取質問、嘲諷、施捨、漫不經心的態度；4.不要打斷談話，也不要讓應徵者主導談話，以及5.要傾聽應徵者的回答，讓應徵者盡量表達自己的想法。

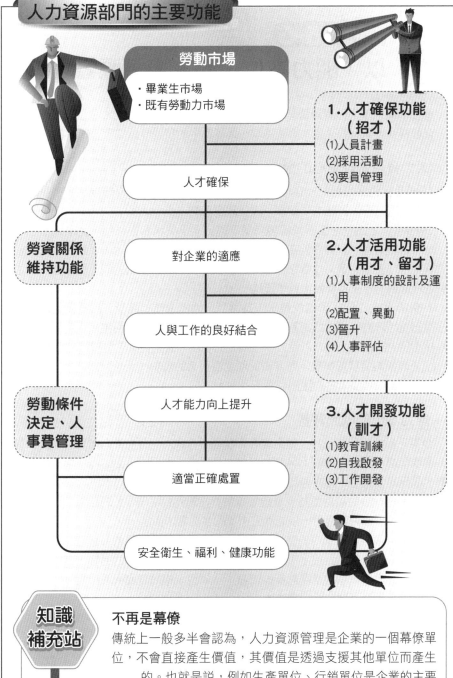

人力資源部門的主要功能

勞動市場
- 畢業生市場
- 既有勞動力市場

1.人才確保功能（招才）
(1)人員計畫
(2)採用活動
(3)要員管理

人才確保

勞資關係維持功能

對企業的適應

2.人才活用功能（用才、留才）
(1)人事制度的設計及運用
(2)配置、異動
(3)晉升
(4)人事評估

人與工作的良好結合

勞動條件決定、人事費管理

人才能力向上提升

3.人才開發功能（訓才）
(1)教育訓練
(2)自我啟發
(3)工作開發

適當正確處置

安全衛生、福利、健康功能

知識補充站

不再是幕僚

傳統上一般多半會認為，人力資源管理是企業的一個幕僚單位，不會直接產生價值，其價值是透過支援其他單位而產生的。也就是說，例如生產單位、行銷單位是企業的主要單位，因為其表現跟公司的營收直接相關，但是人力資源管理並不能直接在公司營收上有所表現。其實，這樣的觀念已經落伍了。

Unit **15-6**
以「能力本位」的人力資源管理崛起

　　彰化師範大學人力資源管理研究所所長張火燦教授對「能力本位」的人力資源管理，有著獨到且深入的研究。茲摘述其一篇專論中的精闢解析內容，以供參考。

一、人力資源管理重心的變化

　　1960年代企業經營的外在環境穩定，可依據過去資料與經驗推估未來，故著重長期規劃。人力資源管理主要從事一般行政事務的工作。

　　1980年代，由於企業經營環境充滿不確定、不連續和複雜性，企業為了生存發展，採用策略管理，根據內外在環境的分析，選擇適當的策略，再予以執行和評估。人力資源管理就須從策略性觀點來思考，積極的參與經營策略的制定與推動，使人力資源管理能協助企業經營獲得競爭優勢。

　　1990年代，企業經營環境競爭更為激烈，面臨全球化競爭，科技變動快速，以及必須迅速因應顧客需求的衝擊下，組織核心能力的概念應運而生。人力資源管理為配合核心能力的推動，建立以能力本位為主的管理，協助企業創造獨特的智慧優勢。

　　上述理論的發展或轉變，並非新的理論取代舊的理論，而是累加進來，並隨著時代的需要，不同理論所占的比例與重要性有所不同。

二、能力本位的崛起背景

　　企業在制定經營策略時，通常會有兩種思考方式：一為由外向內思考，即根據企業外在環境思考經營的策略；另一為由內向外思考，即根據企業本身所擁有的資源或優勢，制定經營策略，此亦稱為資源基礎理論。

　　資源基礎理論的觀點認為，企業的績效不是靠外在環境經營的結果，而是依賴企業對本身資源或能力的應用，以能滿足市場顧客的需求而定。

　　此理論導源於經濟學中的奧地利學派，認為驅動經濟發展的力量是在不平衡的衝擊下，繼續不斷發展的過程。市場被視為「發現」與「學習」的過程，其中包括兩個重要概念，「發現」指的是開創新的市場，「學習」指的是發展該市場。「發現」與「學習」均須透過個體的能力來達成。

　　此種論點在1980年代初期未受到重視，直到1990年代初期，才引起廣泛注意，掀起企業從由下而上轉為由上而下推動的能力本位運動。

三、能力本位的「能力結構」四大部分

　　在能力本位人力資源管理的推動中，如何將能力融入整個企業管理的體系內，是成功與否的重要關鍵，其間的基本關係為：能力→行為→績效，亦即能力可透過行為展現，而後影響工作績效。因此，可由四個方面說明能力的結構：1.能力的層級；2.能力的內涵；3.能力的階梯（能力水準），以及4.能力的類型。

人力資源管理重心的變化

策略性人力資源管理
（管策略）

| 1960～1980年 | 1980～2000年 | 2000年以後 |

人事管理
（管人）

「能力本位」人力資源管理
（管人的能力）

以「能力本位」為核心的人力資源管理架構

能力層級

公司
部門
團隊

能力內涵

知識
技能
態度
價值
人格特質

能力階梯

事業夥伴
專家
勝任入門

能力類型

核心
共通
個性

247

知識補充站

企業的明日之星

21世紀的企業經營環境，人力資源管理如能確實發揮功能，企業會因而更具競爭力。例如臺灣的百略醫學科技公司在1995年開始推動學習型組織之後，不僅因此提升企業人力的素質和向心力，建構了高效能的工作團隊，也讓經營績效大幅成長，現今已是全球醫療量測領域數一數二的大廠。從這個角度來看，人力資源管理確實可以發揮非常大的效果，因此，未來的人力資源管理，將會在企業扮演更重要的角色。

Unit 15-7
傑克・威爾許對人資的看法

前奇異（GE）公司執行長傑克・威爾許（Jack Welch）對人資有其獨到的看法。

一、當執行長的管理理念

有兩個共通的簡單原則：一是管理者要關心人；二是獎勵最好的員工。好好培育員工，他們就會把事情做好，在此同時，表現最糟的，不宜久留。所有主管跟威爾許報告，他都一定會問：「你有沒有獎勵表現好的人？表現最差的有沒有趕快讓他們走？」管理者照顧員工不須一視同仁，而是要把重心放在最優秀的人才身上。這兩個原則放諸四海皆然，在中國、臺灣也是如此。

二、管理的任務是「人」

威爾許認為不能只僱用人，而不培育人。如果你是大公司經營者，所要管理的，絕對不是產品、價格、設計等，而是人。你要如何讓最好的人才有最好的舞臺，在眾人之中找到對的人來管理人。你最重要的任務是建立管理團隊，並設立一種常軌的系統：一是所有人都要知道績效表現的位置；二是跟公司其他人表現相比，又是如何。

三、執行長60%的時間花在人才培育上

發掘、考核與培養人才的時間，至少是威爾許所有時間的60~70%，這是想要有好的人才品質所必須付出的代價，但卻是贏的關鍵。這件事威爾許對上百萬個人說過，有些人採用，有些人則否，但這是他的信念，也的確有效。事實證明威爾許曾經帶領過很多好的人才，像家得寶（Home Depot）前執行長納德利（Nardelli）、漢威聯合（Honeywell）執行長大衛・寇特（David Cote）。

四、改變人就能讓公司成長

一個人對工作的期許如何，是非常重要的。如果你只會把工作做完就算了，你得不到成長與回饋。但別忘記這就是你的任務，你就是要為公司各階層找到好的領導者，如果你知道找到對的人才就能夠改善公司，為何要把時間浪費到別處？

五、人才是策略的第一步

人才是最優先重要的，人對了，組織就會對。只跟著書中策略走，終究無用。你給他們最好的工作、好的薪資，告訴他們做什麼、給他們自由、讓他們擁有全世界。你的工作就像撒種子，要給他們好的養分、水分，就能長出好的花朵。威爾許希望建立一個最棒團隊的領導者，他會把資源放在人才身上。別以為這是一個關心、溫暖、像兄弟般的領導者，威爾許說的是成功的領導者，是希望公司與人都能變成功。

前奇異公司執行長——傑克·威爾許對人資的看法

1 當執行長的管理理念

· 管理者要關心人
· 獎勵最好的員工
· 表現最糟的，不宜久留

2 管理的任務是「人」

· 不能只「僱用」人，而不「培育」人。
· 最重要的任務是建立團隊，並設立一種常軌的系統運用。

3 執行長60%時的間花在人才培育上

· 要想有好的人才品質，至少要花60~70%時間，這是贏的關鍵。

4 改變人就能讓公司成長

· 一個人對工作的期許如何，對企業影響很大。

5 人才是策略的第一步

· 只跟著書中策略、組織走，終究是無用的。
· 人才就像種子，給他們好的養分、水分，就能長出好的花朵。

知識
補充站

Who is Jack？

傑克·威爾許(Jack Welch)是20世紀最受尊崇、最常被仿效、最值得研究的執行長。他高瞻遠矚的新政與理念，以及靈活的管理策略，為他贏得史上最有效率執行長的榮銜。威爾許再造奇異成為全球最有價值的企業，以下為他的簡介。傑克·威爾許(Jack Welch)1960年進入奇異公司，1981年成為奇異第八任執行長。威爾許在帶領奇異公司的20年間，一手打造「奇異傳奇」，讓奇異的身價暴漲4,000億美元，擠進全球最有價值的企業之列，成為全球企業追求卓越的楷模。而威爾許本人也贏得「世紀經理人」、「過去75年來最偉大的創新者，美國企業的標竿人物」等美譽。2001年從奇異卸任後，周遊全球各地，向產學界人士發表演講。

Unit **15-8**
不景氣下人力資源管理策略

　　大環境愈是不景氣，企業愈是要講求精兵政策，高生產力與高競爭力的人力資源愈顯得重要。尤其邁向知識經濟的時代，高素質的人力資源，應是企業創造價值最重要的憑據。不過，不景氣之下的企業，應採取哪些策略以提升競爭優勢？

一、進行組織與人力盤點

　　惠悅管理顧問公司針對臺灣八十二家外商公司調查發現，大多數公司都利用淡季調整組織、改善作業流程，並減少附加價值低的工作。例如惠普公司發現其管理職比例相較於同業為高，乃進行組織再造，降低人力成本。宏碁電腦公司則發動員工進行「簡化總動員」，結果幫公司節省一億多元管理成本。尤其很多傳統公司員工年齡偏高，薪資成本負擔重，因此都有優退計畫，達到人力年輕化目標。

二、更重視優秀人才的獎酬、培育與發展

　　人才培養並非一朝一夕可有效達成，尤其公司的核心幹部更是企業命脈所繫。所以不景氣時，如果任意資遣人員，等到景氣回春再來招兵買馬，不僅緩不濟急，優秀人才也不太可能替你效命。故愈不景氣，卓越的企業，愈應重視人才的培育與留任。例如臺灣IBM公司為留住核心幹部，而提出「特別留任金」專案，即使面臨不景氣也未取消。目前國內流行分紅配股，不過，這是在該公司有不錯股價時才會實現；如果股價低於10元，則毫無激勵可言。目前以高科技公司的股價高最具誘因。

三、訓練員工提升能力為未來預備

　　每當景氣不佳時，許多企業第一個刪減的都是訓練預算。不過，卓越的企業都是反其道而行，例如面臨業務衰退的惠普公司，反而推出不少培訓計畫，因為他們認為面臨不景氣，業務較清淡時，正是為成功做準備的最好時機。不只是惠普，像台積電這樣優秀的企業，也都趁產能利用率低的時候，利用空檔加強人員培訓。但問題重點是，必須真的做出有效的訓練成果，而受訓人員也有心努力上課。

四、引進高績效的人力管理制度

　　在不景氣時，引進高績效人力管理制度是許多優秀企業目前努力的方向。宏碁就引進5%的淘汰制，要求主管每季考核部屬，表現不好的給三個月時間，改善不了就淘汰。該制度台積電在1999年開始推行績效管理發展（PMD）時，即已實施，這也是台積電面臨不景氣沒有裁員的主因。同樣地，奧美廣告平常對人力盤點計畫做得相當完善，不景氣時不僅沒有裁員，年輕的低階員工還加薪，中高階主管也未凍結加薪。因此，如何啟動員工潛在能力，使其績效高，這是每個公司所必須努力思考的重點。

不景氣下的人資管理策略

不景氣，企業要發展什麼呢？

1.進行組織與人力盤點

2.更重視優秀人才，給予適當獎酬及發展

3.多辦員工教育訓練，為未來做準備

4.引進高績效人力管理制度

結論

總結來看，不景氣下的四點人資管理策略，均著重在三個核心思考點：

1.如何汰劣留優，透過人力盤點檢核與獎勵優秀人才，而能留下好人才，或吸引外部好人才進到本公司來。

2.人才不是終身的，人才必須保持學習與進步，因此必須不斷投入教育訓練的體系。

3.有好的人才，搭配好的教育訓練體系及誘因制度，將會產生高績效成果。

人力盤點3步驟

人力盤點

1.優秀人才 ➡ 發展 ➡ 留才

2.普通人才 ➡ 培訓 ➡ 升級為優秀人才

3.不好人力 ➡ 淘汰 ➡ 引進新人才

Unit **15-9**
如何做好人力資源規劃全方位發展

企業如何進行人力資源規劃與發展，才能讓每個部門的人才發揮極大功能與效用？只要掌握以下三大原則，一個優秀的經營團隊即將出現在眼前。

一、培才面

（一）確定未來的經營策略與方針：首先必須先確定公司未來的經營策略及大致方針，例如：海外生產、國際行銷、多角化發展、垂直水平整合發展、高附加價值、高科技化等大方向目標。

（二）配合未來計畫研擬需求之人才：其次，等企業未來發展大致方針決定後，再研究為因應這樣的發展，各類人才需求多少？層次素質為何？優先順序為何？

（三）訂出細部人才計畫：人才需求優先順序訂定後，進一步必須對各種不同類別的人才訂出細部計畫。這包括需要多少人？在什麼時間？如何養成這些人？這些人從哪裡來？以及成效分析預估。

（四）按發展時間計畫執行並檢討：細部計畫完成後，自然按照時間表付諸實行；並且必須不斷加以考核檢討，是否達成預先的成效目標。

（五）企業經營者的心態攸關成敗：當然，最重要的是企業界經營者，是否對培才能夠有堅定的理念和決心。

二、用才面

培才是一項長期動作，而用才則是觀察及測驗培才的過程，必須遵循三大原則：

（一）適才適所原則：這點非常重要。唯有把對的人擺在對的位置上，員工的能力才可以得到充分發揮並能樂在工作中。要做到這一點，主管的角色就很重要。

（二）激勵原則：唯有激勵策略的採行，才能使人有追尋更高目標的動機存在。

（三）監督考核原則：唯有監督考核之執行，才能使人不會脫離正軌，而能依公司既定策略與原則，中規中矩的工作。

三、留才面

透過培才與用才這兩個階段，將使企業人力資源之發展漸漸成形。不過，這並不表示人力資源規劃到此為止，還有最後也是最重要的階段留才。再好的人才，也可能因留才的整體措施不當而離去，這對企業無疑是人才與時間的雙重損失。

留才階段企業所必須做的，就相當廣泛而複雜了。這包括員工的自我前程規劃、工作環境、組織氣候、升遷、薪資、年終獎金、企業前景，以及企業家的理念與個性等。所以如何擬定全方位的人力資源規劃發展，好讓好的人才能留下來與企業奮戰，其重要性已不言而喻了。

人力資源規劃全方位發展

1.培才面

(1)確定公司未來經營方針、經營政策及經營策略

(2)需求哪些類型人才？層次素質為何？優先排序為何？

(3)這類人才如何來？需要多少人？如何培育他們？

(4)高階要下定決心

2.用才面

(1)適才適所

(2)激勵他們

(3)肯定他們

(4)考核他們

(5)歷練他們

253

3.留才面

(1)以配車、晉升、加薪及福利等實質面，留住人才。

(2)給予更大權責擔當及更寬廣的發展前途等影響力，留住人才。

Unit 15-10
現代KPI績效評估法

所謂KPI績效評估法，是先要求部屬向主管提出一份未來半年或一年期的個人或部門的KPI（Key Performance Indicator，關鍵績效指標）及合理目標計畫（其重點和屬員的素質或特質無關，完全著重在工作成果上）；再由主管和部屬進行一次面談，商討這些目標和計畫，並做最後核定。

等到期間到了之後，主管再和部屬進行一次面談，檢討並考評達成計畫的程度如何，作為考績好壞之基準。

一、與傳統考績法之差異

KPI績效評估法與傳統考績法最大的差異，在於採用民主參與以及行為研究方式，讓部屬與主管共同樹立工作目標與績效指標，並以此目標作為未來績效評核之重心。

二、實施的先決條件

實施KPI績效評估法的先決條件如下：1.信任部屬可樹立合理的目標與工作績效指標；2.目標並非原則式的籠統，而是極為明確之標出；3.已建立完善的工作說明書及工作規範，以利於目標的發展範圍，以及4.在實施後的績效討論中，重點在於解決問題而非批評。

三、實施的優點

實施KPI績效評估法的優點如下：1.考評人與受考人都感到較為滿足、一致、愉快與認同；2.以工作績效作為考績要素，是績效考評制度的重心所在，以及3.導入民主與參與的觀念，讓員工自己擔負責任目標，而非傳統式的由上方指揮，命令下方的模式。

四、實施的限制

實施KPI績效評估法雖有其優點所在，但也有其無法完全施展的限制如下：

（一）**不適合在控制幅度較大的單位**：在訂定績效目標的過程中，主管與部屬經常必須花費很多時間及接觸，所以在控制幅度較大的單位，較難一一設定績效目標。

（二）**不適合進行員工比較**：較不適宜做員工與員工間的比較之用。

（三）**不適合不能量化的單位**：對於目標不能量化的單位員工，亦較難適用。

（四）**易引起個人與組織的衝突**：個人的績效目標，可能會與整個組織的目標有所差距及衝突，如此又形成了雙方的爭執。

KPI績效評估法

實施先決條件

① 信任部屬可樹立合理的目標與工作績效指標。

② 目標並非原則式的籠統,而是極為明確之標出。

③ 已建立完善的工作說明書及工作規範,以利於目標的發展範圍。

④ 在實施後的績效討論中,重點在於解決問題而非批評。

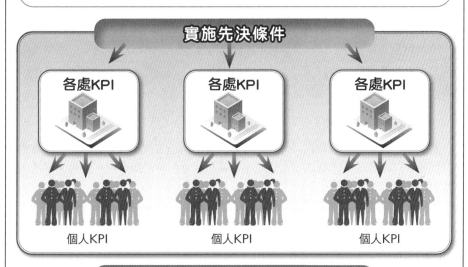

實施先決條件

各處KPI 各處KPI 各處KPI

個人KPI 個人KPI 個人KPI

全公司KPI

部門KPI 部門KPI 部門KPI 部門KPI 部門KPI 部門KPI

訂定部門KPI
關鍵績效指標
(Key Performance Indicator)

量化指標

質化指標

實施的限制

| 1.訂定績效目標的過程中,主管與部屬經常必須花費很多時間及接觸,所以不適合在控制幅度較大的單位。 | 2.不適合做員工與員工間的比較之用。 | 3.對於目標不能量化的單位員工,亦較難適用。 | 4.個人績效目標,可能與整個組織目標有所差距及衝突,易形成雙方爭執。 |

Unit 15-11
360度評量制度

360度評量回饋，讓經理人更了解自己的優缺點及改善方向，提升個人績效。

一、什麼是360度回饋

「360度回饋」有些稱之為「多評量者回饋」（Multirater Feedback）、「多來源回饋」（Multisource Feedback）、「向上回饋」（Upward Feedback）、「全圓回饋」（Full-Circle Feedback）。

有些公司會用360度回饋來蒐集年度績效評鑑審查所需要的資訊，對於領導階層在決定方向或是管理指導計畫時有所幫助。事實上，360度回饋可以測量許多領域的看法，像是績效、正直、溝通、團隊合作及客戶服務等。

二、360度回饋的目的

身為經理人，當你發現自己陷入麻煩時，會以何種方法及態度來回應？你會變得難以相處，同時造成工作環境令人窒息嗎？或是你會發揮安撫作用，並且對周遭人員產生對應的漣漪效果？

取得此類資訊的最佳工具之一是「360度回饋」（360-Degree Feedback）報告，這項評量方法是透過全面、多元資料的蒐集與分析過程，協助個人成長、發展或作為評鑑個人績效的一種方法，以便做到公平、公正的評鑑。資料來源包括自己、上級、部屬、同事，以及外部相關人員，例如客戶。

此一評量的目的，是為了解別人眼中的自己，強處及弱點到底在哪裡。例如，身為經理人的你，可能認為自己是構想的催化劑，為團隊帶來創新發展及珍貴的動力，但是周邊的人卻認為你很傲慢、以自我為中心，常常忽略或看輕別人的意見。在了解別人的看法後，經理人或許可以理解為什麼有些人不願再提供任何意見。不同於你的猜測，他們並不欠缺構想或建議，而是對你不斷的公開批評感到厭倦。

小博士解說

360度評估的高難度

組織要實施360度評估，也不是非常容易。首先公司需要進行工作分析或發展職能模式，以決定對組織而言，哪些構面是重要的，而必須在360度程序中加以量測。相關議題包括樣本大小、評等者的訓練、信度及效度、高階的支持、公平性、溝通及機密性。讓評等者參與所有程序，會讓他們有自主性、參與感，因此，員工才會提供較真實的評估；不然一些會影響評估的因素，都會讓整個360度評估產生差異或失敗。

360度考績評量

1.上級長官

員工個人

2.同部門同事

4.他部門同事

3.下屬屬員

知識補充站

比較不同來源評估的差異

360度回饋最重要的觀點之一,是比較不同來源評估的差異,如果從某一個來源的分數較其他來源高很多或低很多,這個訊息便透露很重要的資訊。例如,自我評等可以跟老闆、同儕、下屬的評等比較,若不一致,意味著發散的目的。當無法蒐集所有來源評等,則這項制度的功能便消失了。

許多研究指出,如果組織把360度的評估作為發展目的,而非管理或監督目的,則整個360度評估的結果將會較有正面回饋,而這也是許多企業目前運用360度最廣泛的地方,員工也會在參與360度回饋過程的感覺較有正面性,而且也能夠增加員工彼此之間明確的溝通及參與程度。

第 **16** 章

策略管理

●●●●●●●●●●●●●●●●●●●●●●● 章節體系架構 ▼

Unit 16-1　何謂策略與波特教授對策略的定義 Part I

Unit 16-2　何謂策略與波特教授對策略的定義 Part II

Unit 16-3　國內外企管學者對「策略」的定義

Unit 16-4　策略的角色及功能

Unit 16-5　經營策略的三種層次 Part I

Unit 16-6　經營策略的三種層次 Part II

Unit 16-7　企業可採行策略類型及其原因

Unit 16-8　企業成長策略的推動步驟

Unit 16-9　波特教授「企業價值鏈」分析 Part I

Unit 16-10　波特教授「企業價值鏈」分析 Part II

Unit 16-11　波特教授三種基本競爭策略

Unit 16-12　波特教授的策略觀點

Unit 16-13　波特教授的產業獲利五力分析

Unit **16-1**
何謂策略與波特教授對策略的定義 Part I

　　我們是否經常聽到「策略」一詞，卻始終不清楚它的真正意涵？同樣地，我們也經常聽到「策略管理」一詞，也始終不清楚它與其他面向的管理有何不同？

　　因此，我們就來探討什麼是「策略」，以及管理大師對策略的看法，還有什麼是「策略管理」。由於本主題內容豐富，特分兩單元介紹。

一、策略的定義

　　我們先以下面兩個簡單公式說明策略的定義：

　　《定義一》 策略＝課題解決（目標－現狀＝問題）＝能夠賺錢獲利＝能夠賺錢獲利的東西，才稱策略。

　　《定義二》 策略＝願景＋方法＋行動。

　　至此，我們可對「策略」做一個最精華與簡單的定義。策略即是為了解決公司在實務經營上，所面對的大大小小的問題，能夠以有效的策略，解決在三種不同層次所產生的任務，都可稱為「策略」。簡單來說，只要能夠使公司持續獲利的任何方向、方法、手段或行動，均可稱為「策略」。這是最現實，但也是最好的策略定義。

二、麥可・波特教授的策略定義

　　美國哈佛大學教授、同時也是策略管理大師的麥可・波特於1996年曾在《哈佛商業評論》發表一篇〈策略是什麼〉，提出下列四項觀點來詮釋策略的定義：

　　（一）影響企業良好績效的要件：他認為影響企業良好績效的兩大要件是：1.擁有較競爭對手優良的經營效能與效率，以及2.擁有與競爭對手差異化的競爭策略。但他解釋經營效能不等同經營策略。

小博士解說

「策略」的由來與原意

策略(Strategy)源自希臘文「Strategia」，意味著「Generalship」，是「將才」之意，也就是將軍用兵，或部署部隊的方法。《大美百科全書》對策略的定義是：「在平時和戰時，發展和運用國家的政治、經濟、心理和軍事的力量，對國家政策提供最大限度支援的藝術和科學。」《藍燈書屋辭典》對策略的定義為：「一項為達成目標或結果的計畫。」《牛津大辭典》對策略的定義：「將軍的藝術；計畫和指揮大規模的軍事行動，從事作戰的藝術。」上述對「策略」的定義都不出軍事領域，由此可知，「Strategy」原是軍事用語，在中文被譯為「戰略」。

策略的簡單定義

策略	→	選擇做不一樣的事，創造自己無可取代的地位。
策略	→	我們在同業中的競爭策略是要獨一無二的。
策略	→	要擁有與競爭對手差異化的競爭策略。
策略	→	課題解決（目標－現狀＝問題）＝能夠賺錢獲利的東西，才稱策略。
策略	→	願景＋方法＋行動。

 波特教授認為 → 企業長期致勝二大要因 ＝ 差異化的競爭策略 ＋ 優良的經營效率與效能

策略管理在組織中的地位

 董事長

 CEO（兼策略長）、總經理

技術長(CTO)

資訊長(CIO)

會計長(CAO)

廠長

營運長（行銷長）(COO CMO)

法務長(CLO)

財務長(CFO)

人資長(CHRO)

Unit 16-2
何謂策略與波特教授對策略的定義 Part II

　　戰場上有兵法、有謀略，這是軍事家智慧的結晶，其目的不外乎要克敵制勝。商場如戰場，在商場上同樣有競爭，企業為了要求生存，為了要提高經營績效，策略乃應運而生。

　　前文我們了解什麼是「策略」，以及選擇好的策略，即能開創企業的永續性競爭能力。但那麼多的策略，我們要如何判斷何者對企業營運有利呢？以下探討可幫助我們聰明有智慧的選擇策略。

二、麥可‧波特教授的策略定義(續)

　　（二）什麼是經營效能：它是指你和競爭者做同樣的事情，但是你想辦法做得比他還要好。可能是你有比較好的機器設備、電腦資訊系統、人才團隊、資金充足或管理能力。

　　而改善經營效能的做法，包括全面品質管理、改造流程、成本控管、變革管理、學習型組織、標竿學習等。

　　但他認為經營效能並不能長久，因為大家很快會學習或模仿、挖角，結果最後大家可能都差不多。

　　（三）什麼是「競爭策略」：波特教授認為，策略就是：

1. 大家都朝不同的方向競爭，你選擇自己的目標，和自己競爭；而別人選擇他們的目標，和他們自己競爭。

2. 競爭策略的核心思想，就是要創造一個別人無可取代的地位，而且懂得取捨 (Trade-off)、設定限制（了解何者可為，何者不可為），選擇你要跑的路程，根據自己所屬產業的位置，量身訂做一整套活動。另一方面，企業還要執行與競爭者不同的活動，或以不同的方式執行與競爭者類似的活動。波特還強調，我們在同業中的競爭策略是獨一無二的。

　　（四）經營效能與經營策略：總結來說，「經營效能」就是和競爭對手做一樣的事，但能做得更好。「經營策略」則是選擇做不一樣的事，創造自己無可取代的地位。企業要達成良好績效，效能與策略缺一不可，但絕對不可將兩者混淆了。

三、策略管理最簡單的定義

　　前文提到「策略」（Strategy）一詞，本身是指軍事上計畫的一種藝術，意即所謂的「戰略」，後來引申到專為某項行動或某種目標所擬定的行動方式，所以策略管理係針對未來發展的管理性活動，離開不了「目標」、「計畫」和「行動」等要素。既然如此，我們要如何以明確又簡單的方法來定義它呢？

　　我們以右圖所示，對「策略管理」（Strategic Management）做最有力且最簡單的定義，即——因應內外部環境的變化，並分析原訂計畫與預算目標，為何與實績有所落差，究竟問題何在？對策又是如何？——這就是策略管理的定義。

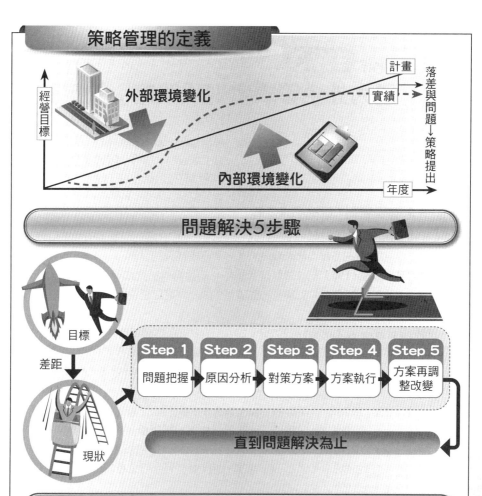

策略管理的定義

經營目標

外部環境變化

計畫
實績

落差與問題 → 策略提出

內部環境變化

年度

問題解決5步驟

目標

差距

現狀

Step 1	Step 2	Step 3	Step 4	Step 5
問題把握	原因分析	對策方案	方案執行	方案再調整改變

直到問題解決為止

問題與對策案例

案例 ① 三立台灣台與三立都會台的定位區隔

問題：三立過於本土化，而中老年觀眾如果過多，會不利廣告的業務招攬。

對策：將三立台灣台定位為全方位觀眾的本土綜合台，而三立都會台則以年輕上班族為主的都會偶像台。

案例 ② 衣蝶百貨走向女性專屬百貨定位成功

問題：衣蝶百貨的前身為力霸百貨，當時是以綜合性百貨為主，但因坪數不夠大、裝潢不夠新、品牌不佳等因素始終不賺錢。

對策：更名為衣蝶百貨，並以女性（20~35歲）族群為主的專屬百貨公司，而非綜合百貨公司。在2009年末被新光三越百貨收購前，已有臺北一、二館、嘉義館、臺中館及桃園館。（註：衣蝶百貨後來被新光三越百貨併購，故目前已無衣蝶字樣存在。）

Unit **16-3**
國內外企管學者對「策略」的定義

　　前文對「策略」（Strategy）一詞的定義，有部分是從實務面解釋，有部分是彙整百科全書及辭典上的解釋而來；然而學理上又是如何定義呢？茲將自1960年代以來，各時代的代表學者對「策略」一詞所下的理論性定義整理如下，以供參考比較。

一、國外企管學者對「策略」的定義

　　（一）Chandler（1962年）：策略包括兩部分，一是決定企業基本中長期目標或標的，二是決定所須採取的行動方案和資源分配，以達成該長期目標。

　　（二）Tillers S.（1963年）：策略是組織的一組目標與主要政策。

　　（三）Ansoff（1965年）：策略是一個廣泛的概念，策略提供企業經營方向，並引導企業發掘機會的方針。

　　（四）Newman & Logan（1971年）：策略是確認企業範疇與決定達成目的方式。企業策略首在確認企業所要針對的「產品市場」範疇，使組織獲得相對優勢；其次，策略須決定企業如何由目前狀態達到期望的結果，其具體步驟如何，以及如何衡量最後成果。

　　（五）Kotler（1976年）：策略是一個全盤性的概略設計。企業為達到所設目標，需要一個全盤性計畫，策略即是一個融合行銷、財務與製造等所擬定之作戰計畫。

　　（六）Haner（1976年）：策略是一個步驟與方法的計畫。為了完成目標所設計的一套步驟與方法，就是策略，其中包括兩大要素，即協調公司中的成員與資訊，以及實施的時間排程。

　　（七）Glueck（1976年）：策略是企業為了因應環境挑戰所設計之一套統一的、全面的及整合性的計畫，以進一步達成組織的基本目標。

　　（八）McNichols（1977年）：策略是由一系列的決策所構成。策略存在於政策制定程序中，反映出企業的基本目標，以及為達成這些目標的技術與資源分配。

　　（九）Hofer & Schendel（1979年）：策略是企業為了達成目標，而對目前及未來在資源部署、環境互動上所採行的型態。

　　（十）Porter（1980年）：企業的競爭策略是為了在產業中取得較佳的地位，而採取的攻擊性或防禦性行動。

二、國內企管學者對「策略」的定義

　　（一）吳思華（1998年）：策略至少顯示下列四方面的意義，即評估並界定企業的生存利基、建立並維持企業不敗的競爭優勢、達成企業目標的系列重大活動、形成內部資源分配過程的指導原則。

　　（二）司徒達賢（2001年）：策略是企業經營的形貌，以及在不同時間點，這些形貌改變的軌跡。企業形貌包括經營範圍、競爭優勢等重要而足以描述經營特色與組織定位的項目。

國內外企管學者對「策略」的定義

1962

Chandler（錢德勒）

策略
＝
決定企業中長期目標
＋
達成目標的行動方案
及資源分配

Ansoff（安索夫）

策略
＝
提供企業經營方向
＋
引導企業發掘商機

1965

Kotler（柯特勒）

策略
＝
企業為達成目標的
一個全盤性計畫

1976

Hofer & Schendel（豪佛與仙岱爾）

策略
＝
企業為達成目標之資源部署
與環境互動上所採行的型態

1979

司徒達賢教授

策略
＝
企業在不同時間點
對經營形貌改變的軌跡

2001

策略定義

為達成企業
在不同時間點的目標

所採取的

① 資源分配

② 行動方案

③ 具體計畫

④ 因應環境變化

Unit 16-4
策略的角色及功能

策略規劃在企業經營管理的「投入」與「產出」整體架構下，究竟扮演何種角色及功能呢？以下結合實務與成功案例予以說明。

一、企業經營管理循環與策略功能

我們就企業經營實務內容來看，可以將其區分為右圖的六個區塊，即可簡單快速明白。

該圖中間一塊的企業營運過程功能，即是企業經營循環中的重要部分，但這塊領域是否能夠很有「效率」（Efficiency）及很有「效能」（Effectiveness）的運作，則須依靠影響它的三個要素，即：1.強有力的管理執行力功能；2.正確的策略規劃功能，以及3.良好組織行為功能等三種支援的表現水準如何。

換言之，企業在營運過程中，如果策略方向與策略選擇錯誤；或是管理不當、管理不夠強；或是組織行為傾軋互鬥，不能團結，不是好的企業化；那麼在營運過程（Process），也必然會有諸多問題產生，而「產出」結果也不會好，包括產品不好及服務不好，顧客自然也不會滿意，更談不上什麼競爭力與好的營運績效產生。

二、策略的角色與功能是什麼

首先，我們先用最簡單的口語及案例，來表達策略是什麼。

我們引用國內第一大民營製造商鴻海科技集團郭台銘董事長接受平面媒體專訪時，所說過的一段很精闢的話。

記者問郭台銘董事長為何鴻海精密公司能在短短數年內，營收及規模擴張如此迅速，而成為國內第一大民營公司時，郭台銘提出鴻海成功四部曲如下圖，以回應記者的詢問。

鴻海公司成功四部曲

① 策略	② 決心	③ 方法	④ 人才
·方向是什麼 ·選擇是什麼 ·競爭利基是什麼 ·優勢是什麼 ·指引是什麼 ·戰略思考的深度 ·內涵與視野	·貫徹力 ·執行力 ·快速力 ·動員力 ·命令力	·計畫 ·管道 ·途徑 ·可以做到的	·專業人才 ·管理人才 ·經營人才 ·經營團隊

卓越營運績效

企業經營管理循環與策略功能

1.INPUT（投入）

① 人力
② 物料、原料、零組件、包材
③ 設備、機械
④ 財力、資金

2.企業營運過程與功能（即價值的產生）

① R&D（研發）
② 工程技術
③ 採購
④ 生產（製造）
⑤ 品管
⑥ 倉儲
⑦ 物流（全球運籌）
⑧ 行銷（業務、企劃）
⑨ 售後服務
⑩ 財務會計
⑪ 資訊
⑫ 泹法務（智財權）
⑬ 泍品牌經營
⑭ 泩公共事務
⑮ 泑客服中心
⑯ 炏會員經營
⑰ 炘人力資源
⑱ 炅行政總務

4.正確的策略規劃功能

① 指引
② 選擇
③ 特色
④ 競爭利基
⑤ 突破點

5.強有力的管理執行功能

① 組織
② 計畫
③ 領導
④ 溝通協調
⑤ 激勵
⑥ 管控

3.OUTPUT（產出）

① 產品（實體）
② 服務
③ 節目、新聞

6.良好的組織行為功能

員工個人、部門、組織之行為、互動、文化與戰力之發揮

7-A

① 顧客滿意與忠誠
② 與競爭者相比較，有競爭力
③ 社會大眾滿意

7-B

產生好的營運績效、能獲利賺錢、EPS高及股價高

7-C

① 股東滿意
② 員工滿意
③ 董事會滿意
④ 投資人滿意

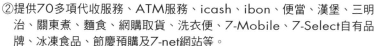

策略案例

案例① 三立電視臺／民視電視臺

策略→本土化戲劇策略
方法→①三立推出叫好又叫座的台灣阿誠、台灣霹靂火、天地有情、天下第一味。
　　　②民視推出飛龍在天、意難忘、娘家、父與子及夜市人生等。

案例② 統一超商公司

策略→成為社區型鄰近、便利的購物商店，
　　　總是打開你的心(Always Open)，全臺4,800家。
方法→①店面普及化，200公尺以內就有一家。
　　　②提供70多項代收服務、ATM服務、icash、ibon、便當、漢堡、三明治、關東煮、麵食、網購取貨、洗衣便、7-Mobile、7-Select自有品牌、冰凍食品、節慶預購及7-net網站等。

Unit **16-5**
經營策略的三種層次 Part I

　　前文提到廣義的經營策略（Business Strategy），主要包括經營理念、經營策略、經營戰術等三個構面，其中公司經營理念的核心價值觀最為重要。因為策略、目標、制度、流程、產品，甚至文化，有極大可能會因環境的變動而改變，唯有企業的核心價值觀始終如一。

　　企業有了堅固的經營理念，再來要談的是經營策略，這也是本主題所要介紹的狹義經營策略，亦即公司該往哪個方向走。

　　由於本主題內容豐富，特分兩單元介紹，希望透過如此詳細的說明，能有助於讀者實務上經營策略之擬定與執行。

一、經營策略內涵

　　若針對狹義的經營策略來看，主要係針對策略的「三種層次」來區別，亦即如何制定及執行全公司策略、各事業總部策略及各功能部門策略等三種內涵與事項。

　　從實務面來說，企業經營策略實際應用上，大致上可以區分為以下三種層次：

　　（一）公司策略或集團策略（**Corporate Strategy/Group Strategy**）：即指事業範疇與地理範疇的選擇。

　　（二）事業總部或事業群策略（**Business Department Strategy/SBU Strategy**）：即指在此事業領域內，競爭優勢的強化與領先。

　　（三）功能部門策略（**Functional Strategy**）：即指包含R&D、採購、生產、行銷、全球運籌、售後服務、財務、資訊化、法務專利權、人力資源、品管、建廠等功能活動的運作與發揮。

二、企業的功能別策略

　　從企業執行與運作的實際功能區分，企業的功能別策略大致有以下十三種類別：

　　（一）行銷策略或業務策略（**Marketing Strategy**）：即如何把商品賣出去，並賣到好的價格策略。

　　（二）資訊策略（**Information Strategy**）：即如何建構公司內部以及與上游供應商、下游顧客之有效率資訊情報之連結策略，以加速資訊流通並互相連結。

　　（三）採購策略（**Procurement Strategy**）：即如何爭取到價錢好、量充足、準時交貨及品質穩定之商品或零組件、原物料來源之策略。

　　（四）流通、庫存策略（**Logistic Strategy & Inventory Strategy**）：即如何將商品在顧客指定時間及地點內，快速運送完成；並且做好庫存控制，將公司的庫存數量控制到最低天數水準量。

　　（五）製造策略（**Manufacture Strategy**）：即如何以最低成本、最快製程、最多元彈性、最高技能與最穩定品質，在既定交貨時間內，將產品製造完成，然後出貨運送到顧客手上。

經營策略

1.經營理念	全公司（全集團）策略 (Corporate Strategy)	事業範疇與地理範疇的選擇
2.經營策略 （狹義）	各事業總部策略 (Business Department Strategy)	在此事業領域內、競爭優勢的強化與領先
3.經營戰術 （經營計畫）	各功能部門策略 (Functional Strategy)	功能活動的運作與發揮

（含R&D、採購、生產、行銷、全球運籌、售後服務、財務、資訊化、法務專利權、人力資源、品管、建廠）

經營策略3層次概念實例——統一企業

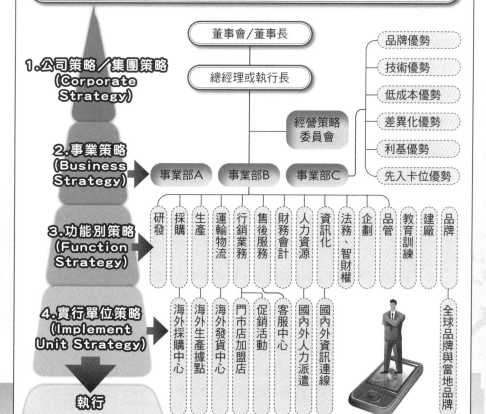

1.公司策略／集團策略
(Corporate Strategy)

董事會/董事長

總經理或執行長

經營策略委員會

品牌優勢
技術優勢
低成本優勢
差異化優勢
利基優勢
先入卡位優勢

2.事業策略
(Business Strategy)

事業部A　事業部B　事業部C

3.功能別策略
(Function Strategy)

研發　採購　生產　運輸物流　行銷業務　售後服務　財務會計　人力資源　資訊化　法務、智財權　企劃　品管　教育訓練　建廠　品牌

4.實行單位策略
(Implement Unit Strategy)

海外採購中心　海外生產據點　海外發貨中心　門市店加盟店　促銷活動　客服中心　國內外人力派遣　國內外資訊連線　全球品牌與當地品牌

執行

Unit **16-6**
經營策略的三種層次 Part II

　　狹義的經營策略主要是針對策略的「三種層次」來區別,亦即如何制定及執行全公司策略、各事業總部策略及各功能部門策略等三種內涵與事項,其中各功能部門策略,實務上可歸納整理成十三種類別。

　　前面單元我們已說明了行銷策略(業務策略)、資訊策略、採購策略、流通與庫存策略,以及製造策略等五種,本單元要再分別說明其他八種。

　　看完這十三種企業的功能別策略,我們會發現真正對企業影響深遠的經營策略,其實是公司或集團策略,它屬狹義經營策略的最上層,可見企業的事業範疇與地理範疇之選擇的重要性。

二、企業的功能別策略(續)

　　(六)價格策略(**Pricing Strategy**):即如何以最具競爭力並兼顧公司一定利潤要求下之定價策略及優惠措施,爭取到顧客的OEM訂單,或是讓一般消費者大眾能在賣場上產生吸引力而購買。

　　(七)技術研發策略(**R&D Strategy**):即如何選定及培養主流產品與主流技術結合之R&D策略,並透過R&D而取得技術領先的競爭力。

　　(八)財務策略(**Finance Strategy**):即如何以最低的資金成本,獲得公司擴張所需要的財務資金,以及如何操作不同幣別的外匯收入,以產生財務收入。

　　(九)組織策略(**Organization Strategy**):即如何以適當的組織結構及組織人力資源,滿足公司在不同階段與不同策略的營運發展及人才需求。

　　(十)子公司及併購策略(**M&A Strategy**):即如何在國內與海外各地拓展新事業、新市場與新投資之進入方式,包括設立海外子公司及併購模式進入之選擇。

　　(十一)海外策略(**Overseas Strategy**):即如何對海外投資、生產、銷售、研發、上市、本土化等一連串相關事務之政策與策略。

　　(十二)產品策略(**Product Strategy**):即如何選擇、評估及研發各時期因應的新產品上市策略,以及對既有產品的革新改善,力求產品市占率的維持與得到顧客的好評。

　　(十三)服務策略(**Service Strategy**):即如何以各種規劃完善與體貼及時的服務,提供給顧客。讓顧客能感受到不僅買到好的產品,而且買到了良好的服務,而深深受到感動。

三、公司或集團策略影響層面最大

　　若就時間長度、規模大小及組織幅度等三個角度來看,公司或集團策略所涉及之時間最長、規模最大、組織幅度亦最廣,因為它所影響的是未來3至5年公司與集團的成長及變化。

案例──統一企業三種策略層次

1.公司（或集團）策略
①布局大陸中長期經營策略
②轉投資統一7-11流通集團策略
③架構七大事業群組織策略

2.事業群策略
①飲料群成本優勢、差異策略化優勢與利基優勢
②速食麵群營收目標達成總合營運策略

3.功能部門策略
①財務籌資因應擴張成長的資金策略
②通路策略
③產品創新策略
④其他策略（價格策略、販促策略、廣告策略等）

企業十三種功能別策略

- 1.行銷策略（業務策略）
- 2.資訊策略
- 3.採購策略
- 4.流通、庫存策略
- 5.製造策略
- 6.價格策略
- 7.技術研發策略
- 8.財務策略
- 9.組織策略
- 10.子公司及併購策略
- 11.海外策略
- 12.產品策略
- 13.服務策略

企業功能策略

三種策略比較

1. 公司策略（集團策略）
2. 事業策略
3. 功能別策略
4. 實行單位策略

時間長度	規模大小	組織幅度
長	大	廣
↓	↓	↓
短	小	狹

Unit 16-7
企業可採行策略類型及其原因

企業要維持競爭力與永續生存，策略是一個關鍵。因為策略決定方案優先順序與資源使用效率，在經濟榮景時如此，在不確定性高、資源貧乏時更是如此。永續經營的典範長青企業之所以能創造規則，即在於其懂得應變的彈性，並能敏銳地洞燭機先。

一、穩定策略

穩定策略（Stability Strategy）係指企業採行一種小幅度成長的策略。企業會採用此策略的理由如下：

（一）**風險小**：穩定策略的風險較小。

（二）**組織成員最能適應**：企業組織體內所有成員對穩定策略最能適應。

（三）**快速成長後的調養生息**：企業在歷經高度快速成長後，亟需一段喘息期間，以求做好事後控制。

（四）**不會影響正常運作**：企業營運正常發展，沒有必要破壞其規則。

（五）**因應不可知的變動**：企業在面臨無法預測及變動的環境，必須尋求紮穩動作。

二、成長策略

成長策略（Growth Strategy）有兩種模式：一種是看到機會而抓住成長，稱為「機會基礎成長策略」，多數企業屬之，其崛起速度快，當市場消失時，企業也就走入歷史；另一種則稱為「能耐基礎成長策略」，這是一種以企業核心競爭力為基礎的成長策略，通常都是好公司，而且可長遠。企業會採用此策略的理由如下：

（一）**為了生存，必須成長**：在急速變化的產業裡，穩定策略可能會帶來短期的成功，但在長期上卻會導致敗亡。因此，企業為了生存，必須成長。

（二）**成長即是績效高**：許多高階主管、外資投資機構及大眾股東等認為，成長就代表經營效能高。

（三）**企業家的欲望**：企業家的權力、名位、欲望，永無止境。

（四）**更多的資金，可資運用**：成長策略會帶給企業更多的利潤，足以支持企業更大幅度成長的資金需求。

（五）**追求成長**：現代企業已朝巨型化與規模經濟發展，中小型企業已失生存空間。

三、減縮精簡策略

減縮精簡策略（Retrenchment Strategy）係指將企業轉變為一個較精簡、更有效率的組織。企業會採用此策略的理由如下：

（一）**無任何成長展望**：當此產業已面臨衰退萎縮時，再也無法有成長的展望。

（二）**無任何競爭優勢**：當本公司面對此產業的競爭時，已毫無競爭優勢。

（三）**無法改善虧損**：當本公司此事業部門或此產品長期處於虧損狀況，而無法改善時。

企業策略三大類型

企業不同的三種發展策略

1.穩定策略 (Stability Strategy)

在既有事業範疇內,尋求小幅度成長。

2.成長策略 (Growth Strategy)

①以現有產品線,擴大國內外新市場,增加營收。

②增加不同產品線開發與生產,搶占別人的產品市場。

③向下游通路垂直整合投資經營,擴大事業版圖。

④向上游零組件垂直整合投資經營,以擴大規模及市占率。

⑤水平併購(合併或收購)同業,以擴大規模及市占率。

⑥深耕既有產品線深度及廣告,推出多品牌需求的發展。

⑦開發新產品或技術高之產品,以帶動需求的發展。

⑧以併購方式,朝多角化事業發展擴張。

⑨與國內外業者(同業或異業)策略聯盟合作,擴張新事業。

⑩以複製模式,尋求版圖擴大。

3.減縮精簡策略 (Retrenchment Strategy)

①出售事業部、公司或工廠。

②削減規模(減少工廠數量、刪減產品線、刪減海外子公司、刪減不賺錢門市店)。

Unit **16-8**
企業成長策略的推動步驟

總結筆者本身在企業界16年的經驗，企業在推動成長策略的過程，可以區分五大階段、十步驟，當然，為了時效起見，亦經常出現一、二個步驟合併進行的情形。

一、面對內外部的需求與壓力

企業在推動成長策略，首要考量的是本身對營收與獲利成長的自我需求如何，再來是面對哪些競爭對手的競爭壓力，以及顧客產生變化時所帶來的影響壓力。

二、中長期成長經營策略規劃

實務上，企業對中、長期成長經營策略的規劃，可有四種方式予以運用：

（一）**對既有產品線擴大經營**：即：1.擴大國內外顧客爭取；2.擴大全球生產據點布建，以及擴大連鎖據點。

（二）**對新事業轉投資經營**：即：1.垂直整合事業投資（上、下游事業）；2.核心事業的周邊相關事業，以及3.不相關但前景看好的事業。

（三）**開發新產品線經營**：即在既有公司內部開發新產品線經營。

（四）**水平合併或收購**：與國內外同業合併或用錢去收購。

三、評估要點

企業在推動成長策略時，必須全方位考量及評估，如果對某項評估仍存疑，千萬要再三思量並修正與調整，直到沒有疑慮為止。茲列示實務上常用的十大評估要點，以供參考：1.產業前景評估；2.市場潛力評估；3.技術評估；4.消費者評估；5.財務資金評估；6.投資效益評估；7.業務行銷力評估；8.競爭者評估；9.法令評估；以及10.綜效評估。

四、成長方案來源

企業要永續經營，成長勢必不可或缺，但成長方案如何產生的呢？通常有四個來源管道：1.老闆交辦與主持推動；2.各事業總部提出；3.經營企劃部提出，以及4.專案小組提出。這四種管道乃是最基本的，沒有限制一定要由哪個單位提出，端視企業組織規劃如何，最理想的方式是能凝聚員工向心力，所謂眾志成城，即是這個道理。

五、方案的決定與執行

成長策略評估報告經由相關單位提出，並由公司高階主管進行深入討論，認為可行後，再由相關負責單位提出進一步具體執行方案，經多次討論、辯論，然後定案。

此時組織架構及權責應配合定案後的成長策略，做出必要性的調整改善，然後交付指定的負責部門，進行推動；最後，進入常態執行作業，如未能產生預期效果，則快速因應調整、改變，直到效果出現。

企業中長期成長策略的推動步驟

1.面對內外部的需求與壓力

① 面對營收與獲利成長的自我需求

② 面對競爭對手的競爭壓力

③ 面對顧客變化的影響壓力

2.中長期成長經營策略規劃

① 對既有產品線擴大經營
- 擴大國內外顧客爭取
- 擴大全球生產據點布建
- 擴大連鎖據點

② 對新事業轉投資經營
- 垂直整合事業投資（上下游事業）
- 核心事業的周邊相關事業
- 不相關事業（但前景看好）

③ 在既有公司內部開發新產品線經營

④ 水平合併或收購 — 與國內外同業合併或用錢去收購

3.十大評估要點

① 產業前景評估

② 市場潛力評估

③ 技術評估

④ 消費者評估

⑤ 財務資金評估

⑥ 投資效益評估

⑦ 業務行銷力評估

⑧ 競爭者評估

⑨ 法令評估

⑩ 綜效評估

4.成長方案來源

① 老闆交辦與主持推動

② 各事業總部提出

③ 經營企劃部提出

④ 專案小組提出

5.方案的決定與執行

① 由相關單位提出成長策略評估報告，並由公司高階主管進行深入討論。

② 由相關負責單位提出，進一步具體執行方案計畫內容。

③ 經多次討論、辯論，然後定案。

④ 組織架構及權責做必要調整改善。

⑤ 交付指定的負責部門，進行推動。

⑥ 最後，進入常態執行作業。

⑦ 調整、改變，直到有效果。

Unit **16-9**
波特教授「企業價值鏈」分析 Part I

事實上，早在1980年時，策略管理大師麥可‧波特教授就提出「企業價值鏈」（Corporate Value Chain）的說法。

波特教授認為，每個企業都包含產品設計、技術研發、生產、行銷、物流運輸與相關幕僚部門支援作業等不同活動的集合體，並且可以用一個價值鏈來表示。

一個企業的價值鏈和其中各種活動的進行方式，反映出它的歷史、執行、策略的方法，以及活動本身的經濟效益。

兩種價值活動=主要活動＋支援活動

價值鏈所呈現的總體價值，是由各種「價值活動」（Value Activities）和「利潤」（Margin）所構成。

價值活動是企業進行的各種物質上和技術上的具體活動，也是企業為客戶創造有價值產品與服務的基礎。利潤則是總體價值和價值活動總成本間的差額。

價值活動＋利潤=公司總體價值產生

價值活動可分為「主要活動」和「支援活動」兩大類。

「主要活動」係指那些涉及產品實體生產、銷售、運輸及售後服務等方面的活動，任何企業的主要活動，都可分成下面五個範疇。

「支援活動」則藉由採購、技術、人力資源及各式整體功能的提供，來支援主要活動，並互相支援。

由於本主題內容豐富，特分兩單元介紹「主要活動」和「支援活動」。

一、主要活動

右圖所顯示五類共通的第一線營運主要活動（Primary Activities），與任何產業的競爭都有關係。而每種活動又可依據特定產業，如企業策略，再分成許多不同的活動：

（一）進料後勤（倉儲及品管管理部門）：這類活動與接收、儲存，以及採購目的分配有關，例如物料處理、倉儲、庫存控制、車輛調度、退貨等。

（二）生產作業（生產管理部門及生產工廠）：這類活動與將原料轉化為最終產品有關，例如機械加工、包裝、裝配、設備維修、測試、印刷及廠房作業等。

波特教授的企業價值鏈

2. 支援活動（幕僚人員）

①企業的基本制度、辦法、流程及SOP

②人力資源管理

③技術發展

④採購

利潤

| ①進料後勤 → 這類活動與接收、儲存，以及採購目的分配有關。 ★例如物料處理、倉儲、庫存控制、車輛調度、退貨等。 | ②生產作業 → 這類活動與將原料轉化為最終產品有關。 ★例如機械加工、包裝、裝配、設備維修、測試、印刷及廠房作業等。 | ③出貨後勤 | ④行銷與銷售 | ⑤服務 |

1. 主要活動（第一線人員）

人才團隊是企業價值產生來源

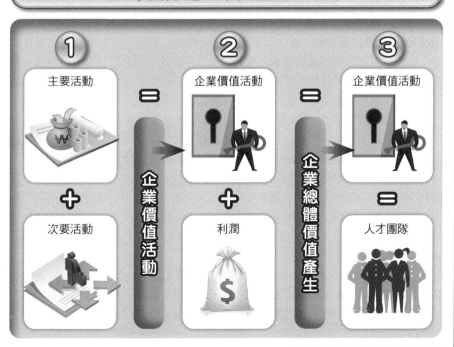

Unit **16-10**
波特教授「企業價值鏈」分析 Part II

　　前文提到波特教授認為企業價值鏈是由企業主要活動及支援活動建構而成，公司如果能讓這些活動彼此之間有良好與周全的協調、搭配，即能產生價值；否則各自為政及本位主義的結果，可能使活動價值下降或抵銷。因此，波特教授認為凡是營運活動搭配良好的企業，大致均有較佳的營運效能（Operational Effectiveness），也因而產生相對的競爭優勢。

一、主要活動(續)

　　（三）**出貨後勤（倉儲與物流管理部門及企劃部門）**：這類活動與產品蒐集、儲存、將實體產品運送給客戶有關，例如成品倉儲、物料處理、送貨車輛調度、訂貨作業、進度安排等。

　　（四）**市場行銷（業務部門、行銷部門及企劃部門）**：這類活動與提供客戶買產品的理由，並吸引客戶購買有關，例如廣告、促銷、業務人員、報價、選擇銷售通路、建立通路關係、定價等。

　　（五）**服務（技術服務或售後服務部門）**：這類活動與提供服務以增進或維持產品價值有關，例如安裝、修護、訓練、零件供應、產品修正或客服中心等。

二、支援活動

　　企業的支援性價值活動，也可以分為四種共通的類型。每類支援活動（Support Activities）就像主要活動一樣，可以按產業的特性，再細分為更多不同的獨立價值活動。以技術發展為例，其個別活動可能包括零件設計、功能設計、現場測試、製程工程、技術選擇等。同樣地，採購也可再細分為審核新供應商、買不同組合的採購項目、長期監督供應商表現等。茲簡述各種支援功能如下：

　　（一）**企業基本制度、辦法、流程**：企業基本設施包含很多活動，例如一般管理、企劃、財務、會計、法務、政府關係、品質管理等。基本設施與其他支援活動不同之處，在於它通常支援整個價值鏈，而非支援個別價值活動。

　　（二）**人力資源管理**：這種功能乃由涉及人員招募、僱用、培訓、發展及各種員工福利津貼的不同活動所組成。在企業內部，人力資源管理不但支援個別需要，例如聘用工程師之輔助活動，也支援整個價值鏈（如勞工協商）。

　　（三）**技術發展**：每種價值活動都會用到「技術」，可以是專業技術（Know-How）、作業程序、生產設備所運用的技術。

　　（四）**採購**：係指購買企業價值鏈所使用採購項目的功能，而非所採購的項目本身。這些採購項目包括原料、零組件和其他消耗品，以及機械、實驗儀器、辦公設備、房屋建築等資產。雖然採購項目通常與主要活動有關，但也常見於各種價值活動（包括輔助活動）。

波特的企業價值鏈

①企業的基本制度、辦法、流程、SOP（標準作業流程）
→通常支援整個價值鏈，而非支援個別價值活動。
★例如一般管理、企劃、財務、會計、法務、政府關係、品質管理等。

②人力資源管理
→這種功能係由涉及人員招募、僱用、培訓、發展及各種員工福利津貼的不同活動所組成。
★例如聘用工程師之輔助活動，也支援整個價值鏈（如勞工協商）。

③技術發展
→每種價值活動都會用到「技術」。
★例如專業技術、作業程序、生產設備所運用的技術。

④採購
→這種功能是指購買企業價值鏈所使用之採購項目的功能，而非所採購的項目本身。
★例如採購原料、零組件和其他消耗品，以及機械、實驗儀器、辦公設備、房屋建築等資產。

2.支援活動（幕僚人員）

利潤

①進料後勤	②生產作業	③出貨後勤	④行銷與銷售	⑤服務
		→這類活動與產品蒐集、儲存，將實體產品運送給客戶有關。 ★例如成品倉儲、物料處理、送貨車輛調度、訂貨作業、進度安排等。	→這類活動與提供客戶買產品的理由，並吸引客戶購買有關。 ★例如廣告、業務人員、促銷、報價、選擇銷售通路、建立通路關係及定價等。	→這類活動與提供服務以增進或維持產品價值有關。 ★例如安裝、修護、訓練、零件供應、產品修正或客服中心等。

1.主要活動（第一線人員）

Unit 16-11
波特教授三種基本競爭策略

就長期觀點而言，使獲利性高於一般水準的基礎是「持續性的競爭優勢」（Sustainable Competitive Advantage）。企業與競爭者相較之下，雖然在許多方面不相上下，但企業必須保持著能增加競爭優勢的兩個法寶——低成本與差異化。

由於企業功能策略必須與成本或差異化策略環環相扣，這是在1980年代，由美國哈佛大學企管大師波特（Porter）教授所提出的知名策略理論，將這兩個策略稱為「基本競爭策略」（Generic Competitive Strategy）。這兩種增加競爭優勢的基本形式，用企業所追求的目標市場加以擴充，就可推導出三個能夠增加企業績效的策略。

一、低成本領導策略

低成本領導（Low Cost Leadership）策略是指根據在業界所累積的最大經驗值，控制成本低於對手的策略。而具體做法通常是靠規模化經營來實現，至於規模化的表現形式，則是「人有我強」。所謂「強」，首要追求的不是品質高，而是價格低。所以，在市場激烈競爭中，處於低成本地位的公司，將可獲得高於所處產業平均水準的收益。

換句話說，企業在實施成本領導策略時，不是要開發性能領先的高端產品，而是要開發簡易廉價的大眾產品。正是這種思維，促使工業化前期的企業往往選擇提高效率，降低成本，使得過去僅有上流社會所能享用的奢侈品走進一般大眾的生活。不過，此策略不能僅著重於擴大規模，必須連同降低單位產品的成本才有意義。

280

二、差異化策略

差異化（Differential）策略則是利用價格以外的因素，讓顧客感覺有所不同；也就是說，企業將做出差異所需的成本（改變設計、追加功能所需的費用）轉嫁到定價上，所以售價變貴，但多數顧客都願意為該項「差異」支付比對手企業高的代價。

差異化的表現形式是「人無我有」，簡單說就是與眾不同。凡是走此策略的企業，都是把成本和價格放在第二位考慮，首要考量則是能否做到標新立異。這種「標新立異」可能是獨特的設計和品牌形象，也可能是技術上的獨家創新，或是客戶高度依賴的售後服務，甚至包括別具一格的產品外觀，如此將可形塑消費者對於企業品牌產生忠誠度，同時也會對競爭對手造成排他性，抬高進入壁壘。

三、專注策略

專注（Focus）策略乃是將資源集中在特定買家、市場或產品種類；一般說法就是「市場定位」。如果把競爭策略放在針對特定的顧客群、某個產品鏈的一個特定區段或某個地區市場上，專門滿足特定對象或特定細分市場的需要，就是專注策略。

公司會採取此策略，可能是在為特定客戶服務時，實現低成本的成效；或針對顧客需求做到差異化；也有可能是在此特定客戶範圍內，同時做到了低成本和差異化。

波特教授對競爭策略的看法

	《廣泛的目標市場》	《狹窄的目標市場》
《低成本》	1.低成本領導	3-1.成本專注
《差異化》	2.差異化	3-2.差異化專注

波特教授三種競爭策略

1.低成本領導策略 ▶ 成本、報價比別人低。

2.差異化競爭策略 ▶ 以特色、獨特性、不一樣取勝。

3.專注競爭策略 ▶ 又可分為成本專注(Cost Focus)與差異化專注(Differential Focus)策略,以專攻某種專長領域而取勝。

知識補充站

小心掉入低成本策略的陷阱

波特教授也提醒,成本領導策略不能只著重於擴大規模,必須連同降低單位產品的成本才有意義,否則所謂的規模,就無異於埃及法老造金字塔、秦始皇築長城,不具備經濟學上的分析意義。他舉例說明如下:

福特(Ford)汽車在20世紀初期,透過流水作業線,把T型車價格從最初的850美元降到200多美元;鋼鐵大王卡內基把每噸鋼材價格從50美元左右,降到10幾美元的舉措,才算是規模化經營;但如果就此簡單地將企業購併擴張理解為規模化,將失其真諦。

日本卡西歐(Casio)電子計算機也是代表案例。自1972年推出6位數的低價口袋型電子計算機後,產品從廉價到最高級一應俱全、席捲市場,究其原因就來自於該公司的生產效果(當累積產量達兩倍後,生產成本平均降低20%~30%)凌駕於其他廠商之上。

Unit **16-12**
波特教授的策略觀點

　　波特教授認為，策略就是要創造出一個獨特而有價值的位置，而且這個位置有一套與眾不同的活動。波特強調，單單追求營運效益，也就是執行相同活動的效果比對手好，很難能維持長期的成功，因為最佳實踐模範（Best Practice）常有迅速的擴散效果，競爭者可以很快模仿。以下我們就來介紹這位策略大師的策略觀點。

一、產業獲利「趨動力」有兩項

　　策略的基本原則即是獲利，而獲利的趨動力（Drivers）有兩項，茲分述如下：

　　（一）來自身處的產業，是否是個健康、賺錢的產業：此代表不同的產業，其產業價值會有所不同；也就是說，不同業別的獲利差異會很大。

　　（二）個別公司在特定產業的定位：此處要強調的是「定位」（Positioning），如何在所處產業內獲得優勢及獲利。從美國航空業與半導體業的表現，由平均獲利來看，航空業是表現最差的產業，在這兩個業別看到表現最好與最差的差距相當巨大。英特爾（Intel）比其競爭者領先至少20年，西南航空（Southwest）也是如此，關鍵即在如何獲得競爭優勢的策略定位。

二、「策略面」效益重於「營運作業面」效益

　　如何在成本與差異上獲得競爭優勢？有兩套完全不同的方法，必須分開來看，否則會造成困擾。

　　（一）營運效能（**Operational Effectiveness**）：也就是在做同樣的工作，但是比你的競爭對手做得更好。這裡可用的方法很多，例如用比較好的機器、善用科技等。問題卻在營運效能只能算是提高競爭優勢的必要條件，波特教授的研究發現，單單只靠營運效能本身，是無法一直保持企業的競爭優勢的。

　　為什麼呢？因為如果一直用低成本賺大錢，那麼就會吸引更多競爭者進入市場。只要努力執行「最佳實踐模範」（Best Practice），即可降低成本，但是每個人都會做，無法區分你的特色。最後結果便是大家都在削價競爭，消費者既然能在許多產品上得到同樣的東西，那為什麼不選擇最便宜的呢？於是便形成價格競爭了。

　　（二）重要的是，公司必須有策略：策略是完全不同的議題，不只要在最佳實踐模範上做得最好，還必須從不同地方競爭，也就是創造自己企業獨特的最佳實踐模範方式。

　　最佳實踐模範是以最好的方式提供同樣的服務，策略是用完全不同的方式來提供服務。如果某產業中有三家公司，他們都能各自找到不同定位、提供不同服務，他們雖然彼此競爭，卻是一種良性競爭。

　　但是現在多數產業並不是如此，產業中的多數公司都只是在模仿一家執行最佳實踐模範的龍頭企業。因此，要從這種毀滅性的競爭（Destructive Competition）進化到正面的競爭，才能創造出更多選擇、更多價值，並讓每一家企業都更能獲利。

產業獲利「趨動力」2因素

所處產業是否是個賺錢的行業？

＋

個別在這個產業中的定位是否正確、有利？

＝

決策公司獲利狀況如何

波特教授認為：策略重於營運效率

營運效率遲早會被競爭對手追上來！

只有獨一無二的差異化經營策略

才能保有較長期的競爭優勢

知識補充站

競爭vs.合作

這是摘自前任國立政治大學校長吳思華教授曾發表的一篇〈波特的策略競爭理論〉文章中，所提到的一個值得大家留意的事，競爭固然是企業經營的本質，但合作卻是這幾年來策略思考的主要潮流，而這也是波特教授之競爭理論中顯然不足的地方。

這幾年來全球企業強調合作聯盟的重要性，是有其環境背景的。首先，全球性的通訊媒介日漸發達，消費者所接收到的訊息幾乎同步，使得顧客偏好與口味漸趨一致。任何一項新產品上市後，如果得到消費者的認可，必將爆發很大的市場量。這樣的市場幾乎是任何一家單一廠商無法吃得下來的；其次，技術的快速進步，使得研發經費支出相當龐大，這筆費用對任何單一廠商更是一項很大的負擔，上述這些因素使得廠商間尋求合作聯盟的動機大增，也逐漸成為90年代策略思考的主流。

以合作理念檢視波特教授的競爭理論，更可看出波特教授競爭策略邏輯的不足。若以波特教授的理論出發，企業經營需要透過各種做法來刻意提高對上游供應商或下游經銷商的談判地位，這種相互對抗的結果，雖然短期內維持了本身的利益，但長期而言彼此間的對抗增加許多交易成本，毀損了整個體系的實力。最終產品沒有競爭力，終將使企業本身嚐到苦果。

Unit **16-13**
波特教授的產業獲利五力分析

哈佛大學著名管理策略學者麥可‧波特曾在其名著《競爭性優勢》一書中，提出影響產業（或企業）發展與利潤之五種競爭的動力，茲圖示如右，並概述如下，與大家分享。

一、獲利五力之意義與詮釋

波特教授當時研究過幾個國家的不同產業之後，發現為什麼有些產業可以賺錢獲利，有些產業為何不易賺錢獲利。後來，波特教授總結出五種原因，或稱為五種力量，這五種力量會影響這個產業或這個公司是否能夠獲利，或是獲利程度大小。

例如某一產業經過分析後發現：1.現有廠商之間的競爭壓力不大，廠商也不算太多；2.未來潛在進入者的競爭可能性也不大，就算有，也不是很強的競爭對手；3.未來也不太有替代的創新產品可以取代我們；4.我們跟上游零組件供應商的談判力還算不錯，上游廠商也配合得很好，以及5.在下游顧客方面，我們的產品在各方面也會令顧客滿意，短期內彼此談判條件也不會大幅改變。

如果在上述五種力量下，我們公司在此產業內就比較容易獲利，而此產業也算是比較可以賺錢的行業。當然，有些傳統產業這五種力量都不是很好，但如果他們公司的品牌、營收、市占率屬於行業內的第一或第二品牌，仍有賺錢獲利的機會。

二、獲利五力之說明

（一）新進入者的威脅（**The Threat of New Entrants**）：當產業之進入障礙很少時，短期內會有很多業者競相進入爭食大餅，此將導致供過於求與價格競爭。因此，新進入者的威脅，端視其「進入障礙」（Entry Barrier）程度為何而定。而廠商的進入障礙可能有七種：1.規模經濟（Economic of Scale）；2.產品差異化（Product Differentiation）；3.資金需求（Capital Requirement）；4.轉換成本（Switch Cost）；5.配銷通路（Distribution Channels）；6.政府政策（Government Policy），以及7.其他成本不利因素（Cost Disadvantage）。

（二）現有廠商的競爭狀況（**Rivalry Among Existing Firms**）：亦指同業爭食市場大餅常採用的手段，即降價競爭、廣告戰、促銷戰，或造謠、夾攻、中傷。

（三）替代品的壓力（**Pressure of Substitute Products**）：替代品的產生，將使原有產品快速老化其市場生命。

（四）客戶的議價力量（**Bargaining Power of Buyers**）：如果客戶對廠商之成本來源、價格有所了解，而且又具有採購上之優勢時，則將形成對供應廠商之議價壓力；亦即要求降價。

（五）供應商的議價力量（**Bargaining Power of Suppliers**）：供應廠由於來源的多寡、替代品的競爭力、向下游整合力等之強弱，形成對某種產業廠商之議價力量。另一位行銷學者基根（Geegan）則認為，政府與總體環境的力量也應考慮進去。

影響產業獲利的五種競爭動力

2.潛在進入者競爭性
(Competitive Forces)

3.供應廠商 → 1.產業現有廠商間的競爭情形 ← 4.客戶

對供應廠商的議價能力

對客戶的議價能力

5.替代品

東森電視臺五力架構分析

3.與上游供應商之談判能力
①新聞與節目大部分為自製，僅有國片、洋片、卡通才有外購。
②除香港國片有採購競爭性外，其餘均無。

2.潛在新進入者
・尚不明確　　・且有進入障礙

1.既有競爭者
①TVBS電視臺　⑥緯來電視臺
②東森電視臺　⑦衛視電視臺
③年代電視臺　⑧中天電視臺
④三立電視臺　⑨壹電視
⑤八大電視臺
★市場地位已定，東森及三立均居第一位。

4.與下游顧客之談判能力
①1/3下游通路系統台均為本集團所投資及擁有，其餘2/3系統台亦維持良好關係。
②廣告代理公司及廣告客戶亦維持良好互動關係，彼此有其互依性。（計有500多家廣告顧客）

5.替代品威脅
・尚不明確，短期看不到取代威脅

全國電子五力架構分析

2.潛在的進入者
①資訊連鎖店　②通訊連鎖店　③品牌系列連鎖加盟店

3.供應商議價能力
①製造商
②代理經銷商

1.既有競爭者
①3C連鎖通路　②泰一電器　③上新聯晴
④燦坤3C　　　⑤順發3C　　⑥賽博數碼
⑦倉儲量販通路→家樂福、大潤發

4.顧客議價能力
★不同特性、區域的顧客

5.替代品
①郵購　②網路商城　③直銷　④電視購物

285

第 **17** 章

財務管理

章節體系架構 ▼

Unit 17-1　財務長的角色

Unit 17-2　財務長職責任務與原則

Unit 17-3　財務管理之功能

Unit 17-4　認識資產負債表

Unit 17-5　認識損益表

Unit 17-6　損益表分析能力

Unit 17-7　認識現金流量表

Unit 17-8　何謂財報分析及內容

Unit 17-9　何謂IPO

Unit 17-10　預算管理制度的目的及種類

Unit 17-11　投資人關係的對象與做法

Unit 17-12　IFRS適用範圍及時程

Unit 17-1
財務長的角色

　　在上市櫃公司的法人說明會時，我們會看到該公司的財務長（Chief Financial Officer, CFO）向大小股東們解釋該公司的財務狀況如何？可見得財務長是掌管企業財務的核心人物。

　　但除我們所了解的財務長應對公司成本節省、現金流動性有所關注外，其實隨著全球歷經金融海嘯的衝擊後，財務長的角色已擴大至對企業風險管理的關注。財務長的角色可說是從未如此重要及被廣泛的定義。

一、財務長已成為企業首席核心人員

　　根據IBM 2010年9月所做的全球CFO職能大調查中，IBM業務諮詢服務部專訪了35個國家、450名CFO。

　　這些CFO代表了全球平均營業額達84億美元的企業，行業別涵蓋金融服務業（23%）、通訊業（14%）、流通業（包括零售業，24%）、工業（28%）及公共事業（11%）。

　　IBM提出CFO已逐漸轉變為首席核心人員（Chief Focus Officer）的觀點，認為CFO應肩負的責任，已超越了僅侷限於內部的財務工作（傳統的傳票、作帳、監督帳務等），他們認為CFO應該「幫助」並「驅動」整個組織發展，以提升組織核心競爭力。同時成為CEO（Chief Executive Officer，執行長）企業戰略合作的夥伴。IBM的研究更指出，如何將CFO處理交易性活動所耗費的工作時間降到最低，並且大幅提高決策支持及績效管理活動，對企業來說，是刻不容緩的事。

二、CFO應深入了解企業本身及外部產業，才能做決策

　　CFO如果要變成CEO（執行長或總經理）的戰略合作夥伴，第一要件就是必須對企業及產業有充分了解，否則你如何運用專業及你對企業內部資源運用的Know How，來挑戰或檢視前臺的決策？CFO站到前臺輔佐CEO（執行長），倘若對產業、公司業務或產品不夠了解，將難以服眾。

三、CFO可以做更多有價值的工作

　　首席核心人員除了可以對企業提出投資、績效管理、策略擬定之建言外，更應該對企業內部的人力資源分配提出建議。「因為CFO最了解部門賺錢或不賺錢的主要原因」，CFO其實也可以擔任企業內部薪資或獎金分配的分析師。

　　除此之外，首席核心人員也應該善用現有的投資，將商業引導的流程結合技術，並擴展到整個價值網路，與資訊主管建立緊密的夥伴關係，發揮技術的最大作用，為企業注入新的DNA，使企業的核心價值升級。

財務長角色的變化

傳統CFO

- ・傳票
- ・作帳
- ・出報表
- ・銀行借款

現代CFO

- ・提升組織核心競爭力
- ・協助執行長做好附加價值活動
- ・提高企業總市值
- ・更了解所處產業與市場狀況，才能有對策
- ・提高財務戰略的視野及眼光

未來CEO最佳儲備人選

- ・CEO人選大都是從COO（營運長）及CFO（財務長）之中選任。

Unit **17-2**
財務長職責任務與原則

　　一個稱職的財務長，至少要擔負起二十項職責任務並依循四大原則，才能協助自己與企業推向更領先的市場潮流。

一、財務長的二十大項職責任務

　　財務長是公司重要的部門主管，他所擔負的職責功能，包括以下二十個重點任務：1.各種資金的籌措及運用；2.配合策略，研討公司中長期經營計畫；3.最適資本結構與政策的研討；4.集團財務資源面對支援配合與綜效運用；5.投資人關係建立與維繫；6.財務風險控管；7.稅務戰略研討；8.會計帳務與財務報表編製之督導；9.公司治理的規劃與推動執行；10.全球化日常營運資金之管理；11.內控與內稽作業的督導；12.業績狀況的評估分析及掌握了解；13.中長期大額資本支出預算之研討；14.年度預算管理制度與各事業利潤中心的落實推動；15.董事會及股東大會召開規劃研討與推動；16.海外各子公司財務、會計及稽核之督導與控管作業；17.公司股價及公司價值維繫與提高的對策研擬及執行；18.重大轉投資計畫之評估、分析與建議；19.公司各項經營分析與績效指標（Key Performance Indicator, KPI）之建立及執行控管，以及20.其他重大財務專案之規劃與推動。

二、財務長應依循的四大原則

　　《麥肯錫季刊》一篇名為〈財務長回歸基本面〉的文章就提出，隨著投資人開始關注企業基本面與會計制度的可信程度，財務長監督策略規劃與績效的傳統角色就更顯重要，儼然是企業策略規劃與績效管理的守護者和領導者。所以文中建議財務長（CFO）必須要依循以下四大原則，協助自己和公司掌握最新狀況：

　　（一）**了解公司創造價值的方式**：很多主管不了解利潤與現金流量對企業價值的影響，而且資本成本的概念也並未落實，所以策略規劃若與價值創造互相違背，那麼公司的價值就無法提升。要強調的是，很多財務主管只知道結帳、分析報表，但是卻不了解營運單位是否真的在進行與創造價值相關的活動。了解公司創造價值的方式，在概念上似乎不難，難的是如何有系統的去了解。

　　（二）**整合財務與營運的績效衡量指標**：大部分的規劃與績效衡量系統，僅依賴短期的財務衡量指標，同時也將焦點放在過去的資料上，並未將未來可能影響企業價值的衡量指標放入而導致偏離，所以一套好的績效衡量系統，應同時整合財務與營運的指標，企業經營才會有方向。

　　（三）**保持財務衡量系統的一致與透明**：一致性無庸置疑是必須遵守的準則，而透明要強調的是，對內、對外的透明，以確保評量的可靠性與可比較性。

　　（四）**注意溝通**：策略規劃與績效管理的成效，取決於是否能有效的與營運單位主管達成共識，所以溝通是唯一可行的路，才能達成建立準確的衡量指標與有效可行的策略目標。

CFO應依循四大原則

財務長應依循的原則

1.了解公司創造價值的方式

2.整合財務與營運的績效衡量指標

4.注重溝通

3.保持財務衡量系統的一致與透明

財務長主要八大職責任務

1.低成本資金來源的籌措

2.配合公司經營策略，訂定好財務策略

3.財務風險的控管

4.做好投資人關係管理（IRM）

5.預算制度的落實、檢討及達成目標

6.做好對轉投資子公司的監理

7.落實公司治理

8.提升企業總市值

CFO要做什麼？

Unit 17-3
財務管理之功能

　　財務管理為企業的資金管理，一般而論，不外乎資金募集及資金運用等相關問題，以下我們將分別說明之。

一、募集資金

　　任何企業創立時，首先須考慮其所需資金，及運用何種方式募集資金（Raising Funds）。資金可由私人間募集，亦可向外面的資本市場發動。但資本市場競爭激烈，財務部門必須評估情勢，詳加計劃，提供適當條件，以利獲取所需。

二、資金運用

　　資金運用（Investing Funds）必須兼顧其流動性及獲利力（Profitability），為能及時支付，必須多保留現金，此為流動性之最佳選擇。但是現金為非營利資產，且有貶值之虞，獲利力等於零。至於投資營利資產，雖可增加企業之獲利力，但不論營利資產之型態為何，變現性一定沒有現金強，一旦有急需時，便發生周轉不靈。故財務部門必須在流動性及獲利力的比重上，加以適當判斷。

三、流動資金管理

　　流動資金是指產銷過程所需資金，由於其流動周轉，產生毛利，也是企業每日必須面臨的問題，故流動資金管理（Working Capital Management）是否得宜，乃是非常重要的事。

四、財務計劃與控制

　　企業無論是創新或擴充、更新設備等，皆須投入一筆可觀的資金。如此龐大的資金調度，財務部門必須做長期而妥善的計畫，此亦為財務部門最重要的職能。財務計畫一旦施行後，即須加以追蹤考核，以確定其是否按常軌進行，若有錯誤應立即補救。在控制方面通常是採用報表制度（Report System），將實際發生的數字與預算的數字隨時比較，此即為財務計劃與控制（Financial Planning and Control）。

五、應付特定問題

　　應付特定問題（Meeting Special Problem）常是財務部門的天職，例如企業合併或公司解散的評價問題，這些都需要財務人員進一步研究，方能解決。

六、做好投資人關係管理

　　投資人關係管理（Investor Relations Management, IRM）已日益成為上市櫃公司及公開發行公司的重要工作。這些投資人對象包括法人投資機構、自然人投資及媒體關係等。透過認真的IRM，希望獲取投資大眾的青睞。

財務管理六大基本功能

財務管理具有哪些功能？

① 募集資金→如何找到足夠的錢，以及找到更便宜的錢。

② 資金運用→如何更有效、正確的花錢。

③ 流動資金管理→每日營運流通的資金，是否管理得當。

④ 財務計劃與控制→如何妥善規劃並控制企業創新或擴充、更新設備的資金。

⑤ 應付特定與突發的財務問題→企業合併或解散如何評價。

⑥ 做好投資人關係管理工作→獲取投資大眾的青睞。

財務管理五大效能

1.資金募集

5.企業價值（市值）高

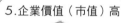

財務管理
的效能

2.資金運用

4.財務結構健全、
　獲利好

3.資金效益

Unit 17-4
認識資產負債表

　　企業實務上有四大報表，包括資產負債表、損益表、現金流量表及股東權益變動表等四種，本單元先介紹資產負債表。

　　資產負債表（Balance Sheet）又稱為財務狀況表（Statement of Financial Position），係將企業某一特定時日之資產、負債及股東權益帳戶匯總集中，以顯示企業當日財務狀況之報表。因其所報導者僅為某一特定時日各帳戶之狀況，為靜態性之表達，故屬靜態報表。而資產總額必相等於負債總額加股東權益總額。

一、標題說明

　　資產負債表標題說明應包括公司正式名稱、報表名稱與編製日期。因為資產負債表在於顯示某一特定日，如民國93年12月31日，不可寫成1月1日至12月31日或民國93年度等。

二、資產

　　資產（Assets）係指企業能以貨幣單位計算且具未來使用效益者，包括現金、銀行存款、應收帳款、存貨、設備、建築物等。此外，尚包括具經濟效益卻沒有實質形體的無形資產，如專利權、著作權、商譽、品牌價值等。另外，資產可以分為三種，包括流動資產、固定資產及無形資產。

三、負債

　　負債（Liabilities）係指企業以前因交易行為所負擔的債務能以貨幣衡量，且將來必須以勞務或經濟資源償還者，如應付票據、應付帳款等。另外，負債可以區分為短期負債及長期負債兩種。

四、股東權益

　　股東權益（Equity）係指投資者對企業所擁有之權益，包括股本及保留盈餘兩種。股東權益的計算公式如下：

$$\text{Assets} = \text{Liabilities} + \text{Equity}$$
$$（資產）\qquad（負債）\qquad（股東權益）$$

　　股東權益係屬一種剩餘權益，等於資產減負債之差額，有時也稱為淨值剩下多少。

資產負債表實例

××公司資產負債表
民國○○年12月31日

(一)流動資產	(一)流動負債
現金	應付利息
銀行存款	應付材料款
有價證券	預收租金
應收帳款	流動負債合計
減：備抵壞帳	(二)長期負債
預付水電費	抵押借款
流動資產合計	負債總額
(二)固定資產	(三)股東權益
土地	股本
建築物	保留盈餘
減：累計折舊	股東權益總計
運輸設備	
減：累計折舊	
固定資產合計	
(三)無形資產	

資產總計	=	負債及股東權益總計

資產總計　=　負債總計　+　股東權益總計		

資產	負債
	股東權益
資產總額	負債＋股東權益

統一超商簡明資產負債表

單位：千元

項目　　　　　　　　年度	○○年度
流動資產	17,414,985
基金及投資	21,280,468
固定資產	7,619,825
無形資產	282,820
其他資產	2,252,397
資產總額	48,850,495
流動負債 分配前	20,236,262
流動負債 分配後	尚未分配
長期負債	7,100,000
其他負債	10,396,222
負債總額 分配前	29,929,643
股本	10,396,222
資本公積	5,082
保留盈餘 分配前	7,820,448
未實現重估增值	52,646
金融商品未實現損益	595,033
累積換算調整數	58,081
未認列為退休金成本之淨損失	−4,660
股東權益總額 分配前	18,920,852

Unit **17-5**
認識損益表

損益表（Income Statement）係將企業某一段會計期間的經營成果，亦即一切收入與費用的集中表現，用以表達這段期間的盈虧情形。當收入額大於費用時，所發生的盈餘稱為純益或淨利；反之，則稱為純損或淨損。

合夥經營和有限公司的損益表，會在計算公司淨盈利後加入分配帳（Appropriation Account），以顯示公司如何分發盈利。值得一提的是，損益表乃是以應計基礎入帳（Accrual Basis），甚少機構（如非營利機構）會以現金基礎（Cash Basis）入帳。

為使讀者對損益表有概括性的了解，茲將其組成要素說明如下，以供參考。

一、標題說明

損益表標題應列示企業正式名稱、報表名稱與該表所記錄的會計期間。因為損益表是表達某一會計期間的營運成果，所以報表上應列示所包含的日期，如100年1月1日至12月31日或100年1月1日至1月31日，而不是12月31日特定時日。

二、營業收入

收入係指企業因出售商品、提供勞務或其他因營運所發生的一切收入。各行各業的收入內容並不相同，但依其是否為該企業的主要營業行為所產生之收入，可分為營業收入及營業外收入。此外，收入的抵銷項目（銷貨退回、銷貨折扣等）不可視為費用，應列為銷貨收入的減項。

三、營業費用

營業費用係指企業為獲取收入所耗用的各種管銷費用，亦可區分為營業費用與營業外費用。

四、營業成本

營業成本係指企業為製造產品或服務所投入的成本，包括原物料成本、人力成本及其他製造成本等。

小博士解說

什麼是分配帳？

分配帳主要顯示該公司如何分發盈利，而且只在合夥經營和有限公司的帳目上出現。分配帳會在公司完成計算淨利後才出現。合夥經營的分配帳中會先加提款利息，然後扣減合夥人的薪金和資本的利息。有限公司則是扣減稅款、股息、今年提撥到儲備的盈餘等。

損益表實例

民國××年1月1日至12月31日

① 營業收入總額
　減：銷貨退回及折讓
② 營業收入淨額
③ 營業成本
④＝②－③ 營業毛利
⑤ 營業費用
　推銷費用
　管理費用
　研究發展支出
⑥＝④－⑤ 營業淨利
⑦ 營業外收入
　利息收入
　投資收益
　處分固定資產利益
　處分投資利益
　兌換利益
　其他收入
　小計

⑧ 營業外支出
　利息支出
　投資損失
　處分固定資產損失
　兌換損失
　存貨跌價及呆滯損失
　其他損失
　小計
⑨＝⑥＋⑦－⑧ 稅前純益（稅前淨利）
⑩ 預計所得稅
⑪＝⑨－⑩ 稅後純益
⑫ 每股盈餘（元）（EPS）

台積電公司損益表

項目	民國○○年
銷貨收入總額	431,630,858
銷貨退回及折讓	（12,092,947）
銷貨收入淨額	419,537,911
銷貨成本	212,484,320
銷貨毛利	207,053,591
營業費用	47,878,256
營業利益	159,175,335
營業外收入及利益	13,136,072
營業外費用及損失	2,041,012
稅前利益	170,270,395
所得稅費用	（7,988,465）
本年度合併總淨利	162,281,930
本年度淨利——母公司股東	161,605,009

統一超商簡明損益表

※單位：千元

項目 ＼ 年度	○○年	○○年
營業收入	$102,191,255	$101,756,386
營業毛利	32,734,911	32,965,767
營業損益	4,606,924	4,893,463
營業外收入及利益	1,049,789	1,363,859
營業外費用及損失	1,274,969	1,613,582
繼續營業部門稅前損益	4,381,744	4,643,740
繼續營業部門稅後損益	3,519,681	4,059,124
會計原則變動之累積影響數	－	－
本期損益	3,519,681	4,059,124
每股盈餘（元）	3.39	3.90

Unit 17-6
損益表分析能力

　　企業管理者必須對企業的營運狀況有所了解，除財會本行其他專業部門的高階主管，最好養成讀懂財務報表的能力。這樣才能了解企業營運處在何種階段、要如何改善並採取何種經營策略，才能有助於企業未來的發展。

　　尤其是損益表，可以清楚表達企業每階段的獲利或虧損，其中收入部分能讓企業管理者了解哪些產品或市場可再開源，而哪些成本及費用可控制或減少。

　　總括來說，數字會說話，每一個數據背後都有它的意涵，管理者不能輕忽。

一、損益表的構成要項

　　基本上，損益表主要構成要項就是營業收入（各事業總部收入或各產品線收入）扣除營業成本（製造成本或服務業進貨成本），即為營業毛利（一般在25%~40%之間）。

　　營業毛利再扣除營業管銷費用（一般在5%~15%之間，視不同行業而定），即為營業淨利。

　　營業淨利再加減營業外收入與支出後，就稱為稅前淨利（一般在5%~15%之間）。稅前淨利再扣除所得稅（17%），即為一般熟知的稅後淨利（一般在3%~10%之間）。稅後淨利除以在外流通股數，即為每股盈餘（EPS）。

　　每股盈餘乘以10至30倍即為股價。

　　股價乘以流通總股數，即為公司總市值（Market Value）。

二、損益表各項分析

　　從損益表中，可以追蹤出很多「問題及解決方案」的做法，必須逐項剖析探索，每一項都要深入追根究柢，直到追出問題及解決的確切答案。例如：

　　1. 我們的營業成本為何比競爭對手高？高在哪裡？高多少比例？為什麼？改善做法為何？

　　2. 營業費用為何比別人高？高在哪些項目？如何降低？

　　3. 營業收入為何比別人成長慢？問題出在哪裡？是在產品或通路？廣告或SP促銷活動？還是服務或技術力？

　　4. 為什麼我們公司的股價比同業低很多？如何解決？

　　5. 為什麼我們的ROE（股東權益投資報酬率）不能達到國際水準？

　　6. 為什麼我們的利息支出水準與比率，比同業還高？

　　綜上所述，我們可以得知損益表內的每個科目其實都有其意涵，分別代表並記錄這家企業經營過程中所有發生的交易行為，讓管理者有跡可循，可說是管理者非懂不可的財務報表之一。

損益表構成要項

1. 營業收入（各事業總部收入或各產品線收入）
2. ➖ 營業成本（製造成本或服務業進貨成本）
3. 營業毛利（Gross Profit）（一般在25%~40%之間）
4. ➖ 營業費用（管銷費用）（一般在5%~15%之間，視不同行業而定）
5. 營業淨利
6. ± 營業外收入及支出
7. 稅前淨利（一般在5%~15%之間）
8. ➖ 所得稅（17%）
9. 稅後淨利（Net Profit）（一般在3%~10%之間）
10. 每股盈餘（EPS＝稅後淨利÷在外流通總股數）
11. 股價（EPS×10~30倍＝股價）
12. 股價×流通總股數＝公司總市值（Market Value）

從損益表看出六大問題

1. 營業收入夠不夠？與對手相比如何？如何提高？對策為何？

2. 營業成本是否比競爭對手高或低？為何高？原因在哪裡？

3. 營業毛利率與對手相比如何？能否再提高些？是否偏低？

4. 營業費用率與對手相比如何？是否偏高？為什麼？如何降低？

5. 營業損益與對手相比如何？獲利是否偏低？為什麼？如何提升？

6. 每股盈餘（EPS）與對手相比如何？EPS是否偏低？為什麼？如何提升？

損益表最佳六指標

1. 營收成長率高於同業 → 2. 毛利率高於同業 → 3. 成本率低於同業 → 4. 費用率低於同業 → 5. 淨利率高於同業 → 6. 每股盈餘高於同業

Unit 17-7
認識現金流量表

　　所謂現金流量表（Cash Flow Statement），係以現金流入與流出為基礎，用以說明企業在一特定期間內之營業活動、投資活動及理財活動之現金流動結果的會計報表。

　　企業之現金流動，不外乎由於營業、投資與理財活動所引起。無論負債之清償、現金股利之分配及再投資的擴充營業，端賴有充裕及配合時間的現金流量。有些公司的資產大於負債，且在營業週期皆有獲利，但因現金控管失當，現金流量評估失誤，造成資金缺口，甚至引發周轉不靈，造成企業營運困難。因此，現金流量表對企業而言是相當重要的。

　　現金流量表之內容，包括企業在一定期間所有現金的收入與支出。這些現金收入與支出按其發生的原因可分為三類：營業活動、投資活動、理財活動。

　　例如某公司某個月分內，銷售1,000萬元，但其應收票據的票期都是四個月後（120天）才到期兌現。但是如果應付帳款是一個月後要付清的話，那麼就會出現這兩者間，有三個月現金需求的落差，值得公司注意調度觀念。

　　為使讀者更加認識現金流量表的功能，以下我們將分別摘要說明之。

一、營業活動

　　營業活動係泛指投資及理財活動外之交易及其他事項，例如產銷商品或提供勞務等營業活動之現金流量表所產生的現金流入與流出。

二、投資活動

　　投資活動係指包括進行與回收貨款，取得處分非營業活動所產生之債權憑證、權益證券、固定資產、天然資源、無形資產及其他投資。

三、理財活動

　　理財活動係包括股東投資及分配給股東，與融資性質債務之舉借及償還等。

四、現金流量表的目的

　　現金流量表的編製目的，主要是希望能從中獲得以下資訊：
　　1. 表現企業當期的實際現金流量，並預估未來的淨現金。
　　2. 評估企業償債能力與支付股利的能力。
　　3. 可看出企業各期間投資於廠房設備及其他非流動資產的數額。
　　4. 需要多少對外的融資準備安排，例如半年後要投資建廠，需求10億資金，那麼財務部就要準備這些大量資金的需求了。
　　5. 評估企業在現金基礎下，現金與非現金的投資、理財活動。

現金流量表三大內容

營業活動的現金流量

1. 折舊費用及各項攤提
2. 處分因非交易目的而持有之短期投資利益
3. 短期投資跌價損失提列（回轉）數
4. 依權益法認列投資利益
5. 備抵呆帳提列數
6. 處分固定資產損（益）淨額
7. 備抵存貨跌價及呆滯損失提列數
8. 應收票據增加
9. 應收帳款增加
10. 存貨增加
11. 預付款項增加
12. 其他流動資產增加
13. 應付票據增加（減少）
14. 應付帳款增加
15. 應付費用增加
16. 應付所得稅增加
17. 其他流動負債增加（減少）

投資活動的現金流量

1. 因非交易目的而持有之短期投資增加
2. 出售因非交易目的而持有之短期投資款
3. 受限制資產（增加）減少
4. 購買長期投資價款
5. 購置固定資產價款
6. 處分固定資產價款
7. 其他資產增加

融資活動的現金流量

1. 短期借款增加（減少）
2. 應付短期票券增加
3. 長期負債減少
4. 發放董事酬勞及員工紅利
5. 現金增資溢價發行
6. 長期應付票據減少

上表是較為明細的項目，實務上，企業在編製此表時，通常會加以簡化項目，以大項目表示即可。

301

知識補充站

現金流量表——如心臟

現金流量表最主要的目的，是在估算及控管公司每月、每週及每日的現金流出、現金流入與淨現金餘額等最新變動數字，以了解公司現在有多少現金可動用或是不足多少。

當預估不足時，就要緊急安排流入新資金的來源，包括信用貸款、營運周轉金貸款、中長期貸款、海外公司債或股東往來等方式籌措。

而對於現金流出與流入的來源，主要也有三種：一是透過「日常營運活動」而來的現金流入、流出，包括銷售收入及各種支出等；二是「投資活動」的現金流入與流出，是指重大的設備投資或新事業轉投資等；三是指「財務面」的流出與流入，例如還銀行貸款、別的公司還回來的錢或轉投資的紅利分配等。

總結而言，現金流量表就像一個人的心臟，每天輸送著人體的血液，如有不足則會休克。

Unit **17-8**
何謂財報分析及內容

　　什麼是財報分析？就是從財務報表的資料中，尋求有用的資訊，以評估企業管理當局的績效，預測未來的財務狀況及營業結果，從而幫助投資或授信之決策。而分析的方式及內容，茲歸納整理如下，期使讀者先有初步概念。

一、靜態分析

　　所謂靜態分析，係指同期財務報表各項目間關係之比較與分析，又稱縱的分析。常見的方法為比率分析，是就財務報表中相關的項目予以比較分析，計算兩個項目間之比率，以顯示各種經營狀況。

二、動態分析

　　所謂動態分析，係指連續多年或多期間財務報表間相同項目變化之比較與分析，又稱橫的分析。常見的方法為增減比較分析及趨勢分析。

三、財報分析內容及公式

　　（一）**財務結構**：1.負債占資產比率＝負債總額／資產總額，以及2.長期資金占固定資產比率＝（股東權益淨額＋長期負債）／固定資產淨額。

　　（二）**償債能力**：1.流動比率＝流動資產／流動負債；2.速動比率＝（流動資產－存貨－預付費用）／流動負債，以及3.利息保障倍數＝所得稅及利息費用前純益／本期利息支出。

　　（三）**經營能力**：1.應收款項（包括應收帳款與因營業而產生之應收票據）周轉率＝銷貨淨額／各期平均應收款項（包括應收帳款與因營業而產生之應收票據）餘額；2.平均收現日數＝36／應收款項周轉率；3.存貨周轉率＝銷貨成本／平均存貨額；4.應付款項（包括應付帳款與因營業而產生之應付票據）周轉率＝銷貨成本／各期平均應付款項（包括應付帳款與因營業而產生之應付票據）餘額；5.平均銷貨日數＝365／存貨周轉率；6.固定資產周轉率＝銷貨淨額／固定資產淨額，以及7.總資產周轉率＝銷貨淨額／資產總額。

　　（四）**獲利能力**：1.資產報酬率＝〔稅後損益＋利息費用×（1－稅率）〕／平均資產總額；2.股東權益報酬率＝稅後損益／平均股東權益淨額；3.純益率＝稅後損益／銷貨淨額，以及4.每股盈餘＝（稅後淨利－特別股股利）／加權平均已發行股數。

　　（五）**現金流量**：1.現金流量比率＝營業活動淨現金流量／流動負債；2.淨現金流量允當比率＝最近五年度營業活動淨現金流量／最近五年度（資本支出＋存貨增加額＋現金股利），以及3.現金再投資比率＝（營業活動淨現金流量－現金股利）／（固定資產毛額＋長期投資＋其他資產＋營運資金）。

　　（六）**槓桿度**：1.營運槓桿度＝（營業收入淨額－變動營業成本及費用）／營業利益，以及2.財務槓桿度＝營業利益／（營業利益－利息費用）。

財報分析六大類

如何精準分析財務報表？ \$

① 財務結構分析　　④ 現金流量分析
② 經營能力分析　　⑤ 槓桿度分析
③ 獲利能力分析　　⑥ 償債能力分析

實例──統一超商財務分析表（最近3年財務分析）

項目	年度	○○年	○○年	○○年
財務結構	負債占資產比率（%）	61.88	65.10	61.27
	長期資金占固定資產比率（%）	300.27	327.37	341.49
償債能力	速動比率（%）	54.22	66.98	68.25
	利息保障倍數	56.18	29.41	112.91
	流動比率（%）	76.07	87.93	86.08
經營能力	應收款項周轉率（次）	—	—	—
	平均收現日數	—	—	—
	存貨周轉率（次）	24.00	22.09	22.05
	應付款項周轉率（次）	9.62	7.91	6.46
	平均銷貨日數	15.00	17.00	17.00
	固定資產周轉率（次）	13.39	13.09	13.35
	總資產周轉率（次）	2.40	2.17	2.08
獲利能力	資產報酬率（%）	9.34	8.10	8.52
	股東權益報酬率（%）	22.47	21.53	22.95
	占實收資本比率　營業利益	53.03	50.34	47.07
	占實收資本比率　稅前純益	52.56	47.88	44.67
	純益率（%）	3.54	3.44	3.99
	每股盈餘（元）　追溯前	3.96	3.85	3.90
	每股盈餘（元）　追溯後	3.96	3.39	3.90
現金流量	現金流量比率（%）	34.67	28.49	36.79
	淨現金流量允當比率（%）	103.09	89.68	101.03
	現金再投資比率	8.43	6.68	13.97
槓桿度	營運槓桿度	1.86	1.93	1.78
	財務槓桿度	1.02	1.03	1.01

Unit 17-9
何謂IPO

IPO（Initial Public Offering）即股票首次公開發行或是首次上市，乃指企業透過證券交易所首次公開向投資者增發股票，以期募集用於企業發展資金的過程。

一、IPO的發起緣由

這個現象在90年代末的美國發起，當時美國正經歷科網股泡沫化。創辦人會以獨立資本成立公司，並希望在牛市期間透過首次公開募股集資（IPO）。由於投資者認為這些公司有機會成為微軟第二，股價在上市初期通常都會上揚。不少創辦人都在一夜之間成了百萬富翁；而受惠於認股權，雇員也賺取可觀的收入。

在美國，大部分透過首次公開募股集資的股票都會在那斯達克（NASDAQ）市場內交易。很多亞洲國家的公司都會透過類似的方法來籌措資金，以發展公司業務。而臺灣目前上市加上櫃公司的家數，已合計超過2千家了。

二、IPO對企業有何誘因

IPO究竟有何魔力，成為多數企業追求的一個階段性目標，以下我們探討之：

（一）**公司能以低成本取得所需資金**：因為透過股票上市上櫃，才能從資本市場取得公司發展所需的低成本資金。

（二）**創造公司價值**：透過股票上市上櫃還可創造出高股價，以及公司總市價。而員工在分紅配股時，也才有可觀的鉅額紅利可分配。

（三）**方便融資貸款**：也可以拿公司上市上櫃的高價股票，做為融資抵押品，以取得銀行貸款，再去快速擴張事業版圖。

目前在臺灣上市上櫃之前，都必須先經過興櫃市場掛牌至少三個月以上，然後再正式申請上市或上櫃。而要獲得上市上櫃的結果，則須經過較為嚴謹的證期局審核程序，以及最後經由多位學者專家所組成的審查委員會多數同意通過才行。另外也必須到現場簡報，並接受委員會的質詢。同時公司申請IPO的整個過程，通常都要有一家主辦證券公司協助輔導。

小博士解說

何謂SPO？
SPO即是現金增資（Seasoning Public Offerings)之意，乃指公司為改善財務結構或擴大經營、購買廠房設備或其他用途，在現有已經公開發行的股票之外，發行增資股票，以特定價格和股數，由原有股東認購或以對外發行等方式募集資金，該公司的股本亦隨之增多。

IPO的意義及優點

IPO

要經過證交所審核
及審查委員會通過

企業首次申請
股票公開發行
上市掛牌

IPO的好處

① 透過股票上市上櫃，才能從資本市場取得公司發展所需的低成本資金。

② 透過股票上市上櫃可創造高股價及公司總市價，而員工在分紅配股時，也才有可觀的鉅額紅利分配。

③ 上市上櫃公司的高價股票，可作為融資抵押品，以取得銀行貸款，再去快速擴張事業版圖。

知識補充站

那斯達克

那斯達克（NASDAQ)是美國的一個電子證券交易機構，是由那斯達克股票市場股份有限公司（Nasdaq Stock Market, Inc., NASDAQ)所擁有與操作的。NASDAQ是全國證券業協會行情自動傳報系統（National Association of Securities Dealers Automated Quotations System)的縮寫，創立於1971年，迄今已成為世界最大的股票市場之一。該市場允許市場期票出票人透過電話或互聯網直接交易，而不約束在交易大廳進行，且交易內容大多與新技術，尤其是計算機方面相關，是世界第一家電子證券交易市場。

一般來說，在那斯達克掛牌上市的公司以高科技公司為主，這些大公司包括微軟（Microsoft)、蘋果（Apple)、英特爾（Intel)、戴爾（Dell)和思科（Cisco)等。

雖然那斯達克是一個電子化的證券交易市場，但它仍然有個代表性的「交易中心」存在，該中心座落於紐約時報廣場旁的時報廣場4號（Four Times Square，該大樓又常被稱為「康泰納仕大樓」， Conde Nast Building)。時代廣場4號內並沒有一般證券交易所常有的各種硬體設施，取而代之的是一個大型攝影棚，配合高科技的投影螢幕，並且有歐美各國主要財經新聞電視臺的記者派駐進行即時行情報導。

Unit 17-10
預算管理制度的目的及種類

　　預算管理（Budget Management）對企業界是非常重要的，也經常在會議上被當做討論的議題內容。企業如果想要常保競爭優勢，就必須事先參考過去經驗值，擬定未來年度的可能營收與支出，才能作為經營管理的評估依據。

一、何謂預算管理

　　所謂「預算管理」，即指企業為各單位訂定各種預算，包括營收預算、成本預算、費用預算、損益（盈虧）預算、資本預算等，然後針對各單位每週、每月、每季、每半年、每年等定期檢討各單位是否達成當初訂定的目標數據，並且作為高階經營者對企業經營績效的控管與評估主要工具之一。

二、預算管理的目的

　　預算管理的目的及目標，主要有下列幾項：

　　（一）**營運績效的考核依據**：預算管理是作為全公司及各單位組織營運績效考核的依據指標之一，特別是在獲利或虧損的損益預算績效是否達成目標預算之情況下。

　　（二）**目標管理方式之一**：預算管理亦可視為「目標管理」（Management by Objective, MBO）的方式之一，也是最普遍可見的有力工具。

　　（三）**執行力的依據**：預算管理可作為各單位執行力的依據或憑據，有了預算，執行單位才可以去做某些事情。

　　（四）**決策的參考準則**：預算管理亦應視為與企業策略管理相輔相成的參考準則，公司高層訂定發展策略方針後，各單位即訂定相隨的預算數據。

三、預算何時訂定

　　企業實務上都在每年年底快結束時，即12月底或12月中時，即提出明年度或下年度的營運預算，然後進行討論及定案。

四、預算的種類

　　基本上，預算可區分為以下種類：

1. 年度（含各月別）損益表預算（獲利或虧損預算）：此部分又可細分為以下幾種類別：（1)營業收入預算；（2)營業成本預算；（3)營業費用預算；（4)營業外收入與支出預算；（5)營業損益預算，以及（6)稅前及稅後損益預算。
2. 年度（含各月別）資本預算（資本支出預算）。
3. 年度（含各月別）現金流量預算。

預算管理制度的目的及種類

1.預算管理

企業執行目標管理與績效考核的主力工具

2.預算時間

每年年底12月時,即應訂定明年度各種預算目標

3.預算種類

①年度損益表

②年度資本支出預算表

③年度現金流量表

4.預算功用

①公司年度績效總目標

②員工全體努力的總指標

③預算與績效考核的連結

④預算配合策略而來

Unit **17-11**
投資人關係的對象與做法

建立良好的投資人關係（IR）管理，與國際資本市場接軌，是企業永續經營的重要議題。以下針對如何做好投資人關係管理的方法與讀者分享。

一、IR的對象

（一）**國內的投資機構**：包括證券公司的自營商、銀行的投資部門、壽險公司的投資部門、投資信託公司的投資部門，以及一些財務顧問公司等。

（二）**國外的投資機構**：包括投資銀行、商業銀行、證券公司、壽險公司、基金等國外在臺灣的駐在單位，例如摩根史坦利、高盛、美林、CSFR瑞士銀行等。

（三）**國內外的個人投資者**：通常是指散戶小股東，但有些也善於短線操作。

（四）**國內外的大眾傳播媒體**：包括專業性雜誌、報紙、網站、期刊、廣播等媒體記者。

二、IR的相關做法

投資人（或稱股東）關係管理對現代企業而言，愈來愈重要。這些投資者，有些是大型投資機構，有些是散戶小股東，不管是大是小，他們的投資，都是希望能夠獲得好的投資報酬。而就公司而言，這些大小股東願意在公開市場上購買我們公司的股票，代表他對本公司有所寄望。

實務上來說，投資人關係管理的具體落實，大概有幾點做法：1.定期召開法人說明會，亦即針對國外投資機構（QFII）、國內投資機構（銀行、投信、投顧自營商、財務公司、壽險公司等）定期（每季為佳）舉行對外正式公開的說明會，包括很多媒體也會來採訪；2.公司網站及證期局上市櫃公司網站上，均應及時更新公司最新的財務狀況及重大營運活動說明；3.公司年報在每年6月召開股東會時，均必須提供，而年報中，應依規定翔實記載公司所有營運狀況；4.公司應有股務室或投資人關係室，以專責專人處理所有大小股東的來信、來電及e-mail等溝通回覆事宜；5.公司財務長及執行長（或稱總經理）應對公司大股東或董事長代表的任何問題，及時回應，並將公司重大政策、策略與財務事宜等，在董事會召開時，詳細提出討論與分析，以及做最後決策；6.公司每年6月底前，一定要舉行一次對外公開的股東大會，屆時會有一些小股東出席參加，公司董事長也會率相關主管出席，除做營運報告外，也聆聽小股東的現場意見；7.接受財經雜誌、報紙的專訪與深度報導；8.與個別投資機構的個別會談及互動討論；9.接受或主動邀請參訪本公司、本工廠；10.日本企業也經常舉行半年期或年終的決算說明會，或是在重大經營策略改變時，也會舉行公開說明會，以及11.海外巡迴說明會（Road Show），這是企業在正式發行GDR、EBS、ADR或海外上市之前的一些活動。

投資人關係的對象與做法

1.國內投資機構

2.國外投資機構

IR的對象

3.國內外個人投資者

4.國內外大眾媒體

IR的做法

11.海外巡迴說明會

1.定期召開法說會

10.舉行年度決算說明會

2.上網及時更新訊息

9.接受參訪工廠

3.每年提供新年報

8.接受個別投資機構互動

4.設立IR專責單位

7.接受媒體專訪

5.公司相關單位應回答股東意見

6.每年6月底前舉行股東會

Unit **17-12**
IFRS適用範圍及時程

國際財務報告準則（IFRS）即將成為全球資本市場唯一且最重要的共通語言，臺灣為因應全球化潮流，也已取得共識，即將全面採用IFRS，屆時臺灣的企業將與全球同步使用高品質的財務報導準則。

金管會指出，原則上，我國企業將分階段採用IFRS，而每階段的適用範圍及時程也不盡相同。

一、第一階段的適用企業及時程

第一階段的適用範圍為上市、上櫃、興櫃公司及金管會主管之金融業，惟其中不含信用合作社、信用卡公司、保險經紀人及代理人。

第一階段適用企業，將自2013年起，依IFRS編製財務報告，而上述企業若已發行或已向金管會申報發行海外有價證券，或是總市值大於新臺幣百億元，得於報經金管會核准後，提前自2012年起，開始依國際會計準則增加編製合併報表，依規定無須編製合併報表者，則得依國際會計準則，增加編製本身之個體財務報告（Individual Financial Statements）。

二、第二階段的適用企業及時程

第二階段的適用範圍，則包括非上市櫃及興櫃之公開發行公司、信用合作社及信用卡公司。

第二階段適用的企業，預計將於2015年起，開始依國際會計準則編製財務報告，並得自2013年提前適用。

三、提前於財報附注揭露採用IFRS之計畫及影響

公司為因應採用IFRS編製財務報告，應訂定採用由會計基金會逐號翻譯國際會計準則（Taiwan-IFRS）之計畫，且成立專案小組負責推動，並依下列規定於採用前二年度財務報告揭露相關事項（Pre-disclosure）。

（一）**第一階段採用者**：1.應於2011年度、2012年期中及年度財務報告附注揭露採用IFRS之計畫及影響等事項；以及2.自願提前適用者：（1）應於2010年度、2011年期中及年度財務報告附注揭露採用IFRS之計畫及影響等事項，及（2）如於2011年以後始決定自願提前採用IFRS編製財務報告者，應自決定日後之2011年期中及年度財務報告附注揭露相關事項。

（二）**第二階段採用者**：比照上開方式於採用前二年開始辦理。

金管會強調，採取國際會計準則，可增加國內企業財報的國際比較性，提升臺灣資本市場國際競爭力，且國內企業赴海外籌資，也無需重新編製財報，可適度降低會計處理及轉換成本。

IFRS適用範圍及時程

1.第一階段

 適用企業→上市、上櫃、興櫃公司,及金管會主管的金融業(不含信合社、信用卡公司、保險經紀人及代理人等)。

 開始時程→①應自2013年起,依IFRS編製財務報告。

②自願提前適用→已發行或已向金管會申報發行海外有價證券,或總市值大於新臺幣百億元,得於報經金管會核准後,於2012年起提前採用。

2.第二階段

 適用企業→非上市櫃及興櫃的公開發行公司、信合社及信用卡公司。

 開始時程→①應自2015年起依IFRS編製財務報告。

②得自2013年提前適用。

3.提前於財報附注揭露採用IFRS之計畫及影響

 為使市場評估影響,實際適用前,都須於前兩年年報、前一年期中財務報告及年報,附注揭露採用IFRS計畫及影響。

 自願提前適用者,則須於2010年年報、2011年期中及年度財務報告,揭露影響。

> 2013年起,上市櫃、興櫃公司及多數金融業,都依IFRS編製財務報表,2015年則全面上路。

政府所公布的IFRS推動時程表

| 2011年 | 2012年 | 2013年 | 2015年 |

相關法令及監理機制修正

公開發行公司適用

完成覆核公布TIFRS(臺灣IFRS)

上市櫃公司適用

第18章

企業經營管理最新發展趨勢

章節體系架構 ▼

Unit 18-1　公司經營基盤與公司價值鏈

Unit 18-2　何謂CSV企業？何謂CSR企業？

Unit 18-3　企業成長戰略的作法與面向

Unit 18-4　人才戰略管理最新趨勢概述

Unit 18-5　ESG實踐與公司永續經營

Unit 18-6　企業最終經營績效七指標及三率三升

Unit 18-7　戰略與Operation（營運力）是企業成功的兩大支柱

Unit 18-8　何謂兩利企業？

附圖 1　　人才資本戰略總體架構圖

附圖 2　　集團、公司「全方位經營創新」架構圖（十大項目）

Unit **18-1**
公司經營基盤與公司價值鏈

一、何謂公司「經營基盤」？6大資本基盤項目？

　　所謂公司「經營基盤」（Business Basic），就是指成就公司營運成功的最根基的盤底及經營資源。如果這個資源及基盤是很鞏固的、很有競爭力的、很有實力的、很耐用的、很有高附加價值的、很有累積性的，那麼企業就不怕任何競爭對手，也不怕環境如何變化及不利改變。

　　「經營基盤」日本大企業習慣把它們稱為「資本項目」，包括下列6大項目：

1.人才資本（Talent Capital）。
2.財務資本（Finance Capital）。
3.製造資本（Manufacture Capital）。
4.R&D研發與IP智慧財產權資本（R&D, Intellectual Property Capital）。
5.社會關係資本（Social Relation Capital）。
6.全球化網路資本（Global Network Capital）。

二、何謂公司「價值鏈」？

　　如圖所示，公司「價值鏈」（Value Chain）就是指：公司在日常營運過程中，可以產出更高價值的地方。整個公司「價值鏈」又可區分為兩大部分：

　　（一）主力營運活動部門價值

　　包括從：研發／技術→設計→採購→製造→品管→物流→行銷與銷售→售後服務→會員經營→ESG等十個單位部門。這十個部門的通力合作，才能產出更好的產品及服務出來，也才能賣掉產品，取得銷售收入。

　　（二）幕僚支援部門價值

　　包括：財會、資訊、人資、企劃、法務、稽核、總務、股務、特助群等九個部門，所提供第一線營運單位的各種幕僚支援工作與功能性工作。

　　總之，透過這兩大類各部門的團隊合作，才能產出公司的營收及利潤出來；所以，這兩大類部門就是公司非常重要的「價值鏈」各種環節所在。公司要努力的就是如何提高、提升及強化這些「高附加價值」（High Value Added）的產出，也是最大的核心所在。

三、公司「經營基盤」+公司「價值鏈」＝公司總體強大競爭力

　　如果能夠結合公司6項堅實的「經營基盤」，加上公司兩大類「價值鏈」，必然會產生出「公司總體強大競爭力」而所向無敵了。

公司6項「經營基盤」

1.人才資本

2.財務資本

3.製造資本

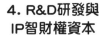

4. R&D研發與
IP智財權資本

5.社會關係資本

6.全球化網路資本

公司兩大類「價值鏈」

1.主力營運活動十個
部門價值

研發／技術→設計→採購→製造
→品管→物流→行銷與銷售→售
後服務→會員經營→ESG。

＋

2.幕僚支援九個部門價值

財會、資訊、人資、企劃、法
務、稽核、總務、股務、特助
群。

創造營收及獲利

Unit **18-2**
何謂CSV企業？何謂CSR企業？

一、何謂CSV企業？

所謂CSV（Creating Shared Value）企業，即是「創造共享價值」的企業，亦指企業不應只是為了企業自身的經濟價值及獲利價值，而更要去負擔「社會面」的經濟價值才行。

所以，CSV企業除了要獲利賺錢回饋給董事會、大眾股東及全體員工之外，更要以具體行動回饋給社會全體，包括：救助弱勢團體、偏鄉原住民、基金會捐款、孤居老人、罕見疾病、學校獎學金、藝文活動、環保活動、節能減碳、員工捐血……等，各相關活動的贊助及大力協助。

二、何謂CSR企業？

CSR（Corporate Social Responsibility）即是「企業社會責任」，所謂「CSR企業」是指「能夠善盡企業社會責任的企業」。所以「CSR企業」與「CSV企業」是有點類似的，只是英文的說法不太一樣而已。

「CSR企業」的說法主要是針對歐、美、日大企業，認為在「資本主義」優勝劣敗的淘汰中，企業規模日益擴大，而貧富差距日益擴大，富者愈富，窮者愈窮。因此有「慈悲資本主義」的呼聲，希望這些歐、美、日超大型企業，能夠「取之社會，用之於社會」，多做一些對社會孤、老、病、弱、窮的族群，給予一些實質物質上及經濟上的幫助。

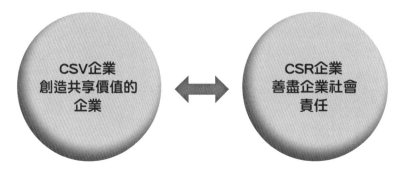

CSV企業：創造共享價值的企業

CSV企業
→Creating Shared Value
→創造共享價值的企業

共享

| 企業經濟價值 | ＋ | 社會經濟價值 |

CSR企業：善盡企業社會責任的企業

CSR企業
→Corporate Social Responsibility

→贊助各種孤、老、病、弱的族群
→取之社會，用之於社會
→做好環保責任

Unit **18-3**
企業成長戰略的作法與面向

一、企業成長戰略的11種方法

　　任何企業都是一直追求成長性的成長需求，才能維持它的股價及競爭力，所以成長戰略就變成企業非常重要的根本、根基。而企業追求成長戰略的11種方法和做法，有如下11種：

（一）購併／收購成長戰略

例如：

1.全聯超市收購大潤發量販店。　　2.統一企業收購家樂福量販店。

3.富邦銀行收購台北銀行。　　　　4.國泰銀行收購世華銀行。

5.鴻海公司收購很多高科技公司。

（二）加速展店成長戰略

例如：

1.全聯加速展店到1,200店。　　　2.統一7-11加速展店到6,800店。

3.王品加速展店到320店。　　　　4.寶雅加速展店到400店。

5.大樹藥局加速展店到260店。

（三）多品牌成長戰略

例如：

1.王品餐飲：25個餐飲品牌之多。

2.和泰TOYOTA汽車：10多個汽車品牌。

3.瓦城餐飲：7個餐飲品牌。

4.P&G洗髮精：4個品牌。

5.統一企業：10個泡麵品牌及6個茶飲料品牌。

6.聯合利華洗髮精：4個品牌。

（四）多角化成長戰略

例如：

1.遠東集團：水泥、航運、化工、紡織、電信、零售、百貨公司、銀行、大飯店等。

2.富邦集團：銀行、證券、保險、電信、電商、有線電視等。

（五）全球化布局成長戰略

例如：

1.台積電：在美國、日本（熊本）、德國、中國均設立晶片半導體製造工廠。

2.鴻海集團：在中國（鄭州、深圳）、印度、越南、泰國、墨西哥、歐洲等10多個國家地區均設有製造工廠。

（六）一條龍營運成長戰略

例如：

1.宏寬展演公司：從表演團體代理引進、網路售票、行銷宣傳、現場搭景布置，也是一條龍作業。

2.葡萄王公司：益生菌從研發、製造、銷售、服務，均是一條龍作業。

（七）擴增國內製造工廠成長戰略

例如：台積電從竹科、中科（台中）、南科（台南）、高雄等四個據點，不斷擴增國內製造工廠。

（八）既有事業深耕、擴張成長戰略

例如：

1.統一企業：在本業食品及飲料上，不斷深耕產品別及新品牌別的擴大成長。

2.遠東零售集團：在零售本業上不斷深根及擴張SOGO百貨及遠東百貨經營。

（九）新事業開拓成長戰略

統一超商除了7-11超商本業外，也積極開拓新事業，例如：星巴克、康是美、聖娜麵包、多拿滋甜甜圈、博客來網購、菲律賓7-11、中國7-11等新領域事業擴展。

（十）新車型成長戰略

例如：和泰TOYOTA汽車，近十多年來，每兩年推出新車型，包括VIOS、ALTIS、Camry、 Cross、Yaris、Corolla、Prius、Sienta、Wish、YARiS Crown、Alphard、Century、RAV4等近一、二十款新車型，帶動每年業績成長

（十一）自有品牌成長戰略

例如：

1.統一超商：i-Select、Unidesign、小七食堂、星級饗宴、CITY CAFÉ、City prima、City tea、City珍奶等。

2.全聯超市：美味屋、We Sweet甜點、阪急麵包等。

二、企業全方位戰略的面相與範圍

計有10大面向與範圍，1成長經營戰略；2.人才戰略；3.財務戰略；4.技術／研發戰略；5.行銷／銷售戰略；6.品牌戰略；7.產品戰略；8.物流戰略；9.全球化戰略；10.展店戰略。

企業成長戰略的11種方法

1.購併／
收購成長戰略

2.加速展店成長
戰略

3.多品牌成長戰略

4.多角化成長戰略

5.全球化布局成長
戰略

6.一條龍營運成
長戰略

7.擴增國內製造
工廠成長戰略

8.既有事業深耕、
擴張成長戰略

9.新事業開拓成
長戰略

10.新車型成長
戰略

11.自有品牌成
長戰略

企業全方位戰略10種面向與範

1.成長經營
戰略。

2.人才戰略。

3.財務戰略。

4.技術／
研發戰略。

5.行銷／
銷售戰略。

6.品牌戰略。

7.產品戰略。

8.物流戰略。

9.全球化戰略。

10.展店戰略。

Unit 18-4
人才戰略管理最新趨勢概述

一、何謂「DEI」？

近年來，日本各大企業在「人才戰略管理」上，推動最積極的就是「DEI」事項了。何謂「DEI」呢？如下述：

1. D：Diversity，意指人才多樣化、多元化、多價值觀化、多技術化。
2. E：Equity，意指人才必須平等化、公平化、公正化；即不管是任何國籍、年齡、性別、年資、宗教或種族，都能加以平等化對待。
3. I：Inclusion，意指對人才要包容性及共融化。

能做好上述三項，就能做好人資的工作了。

二、何謂「經營型人才」培育？

在日本上市大型企業公司中，對於各階層的教育訓練及培育人才計劃，最看重的就是對「經營型人才」的育成了。所謂「經營型人才」係指：

1.能為公司賺錢、獲利的人才。
2.屬於高階幹部人才。
3.能具創造力及創新力的人才。
4.能具挑戰心的人才。
5.是未來高階總經理、高階執行長、高階營運長的最佳儲備人員。
6.能創造出賺錢的新事業體或新事業模式。
7.具有領導力、管理力、前瞻力的領導性人才。

三、個人能力＋組織能力，兩者並重

第三個人資最新趨勢就是公司對於人才能力的養成及強大，必須兩者並重齊發，亦即：

1.員工個人能力的強大發揮。
2.公司各部門、各工廠、各中心組織能力的強大發揮。

如果能夠結合「個人能力＋組織能力」，那將是全公司戰鬥力與競爭力的最大發揮，公司必會成功經營。

1.個人能力之英文：Personal Capability。
2.組織能力之英文：Organizational Capacity

四、員工參與感提升(Engagement)

日本上市大型公司最近也很重視員工對公司經營的「參與感受」，每年經常作這方面的員工調查。平均參與感受的好感度約在70%～75%之間，即每10個員工中有7

個員工對參與公司經營的好感受。此調查係指，當員工對公司經營的參與感、參與度比例越高時，代表員工對融入公司、願與公司一起打拼的動機就越高，所發揮的潛能就愈大，最終對公司壯大的好處，也會貢獻更多。

五、職場環境及員工健康／安全的改善、改良

最後一個人資新趨勢，就是近幾年來國內外各大企業越來越重視：1.職場環境／工作環境的改良、改善；2.員工健康及工作安全的加強；3.對員工人權的重視。

何謂人資「DEI」

D：Diversity	E：Equity	I：Inclusion
→人才多樣化、多元化、多價值觀化、多技術化。	→人才平等化、公平化、公正化。	→人才要包容性及共融化。

何謂經營型人才培育

1.能為公司賺錢、獲利的人才。

2.能具創造力及創新力的人才。

3.能創造出新事業模式的人才。

4.具有高階領導力、管理力、前瞻力的人才。

5.具挑戰未來高遠目標的人才。

6.具未來高階經理人員、執行長、營長的儲備人才。

7.是高瞻遠矚及洞悉未來的人才。

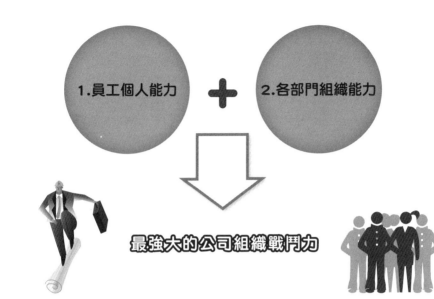

個人能力＋組織能力，兩者齊發

1.員工個人能力 ＋ 2.各部門組織能力

最強大的公司組織戰鬥力

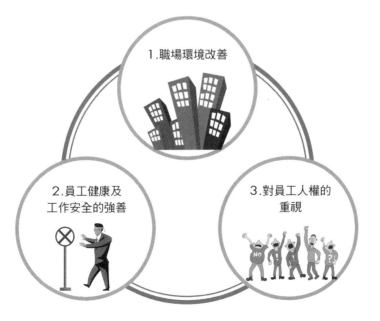

公司職場環境改善、改良

1.職場環境改善

2.員工健康及工作安全的強善

3.對員工人權的重視

Unit 18-5
ESG實踐與公司永續經營

一、何謂「ESG」實踐？

近幾年來，全球各大企業都在做的一件事，那就是做好「ESG」的實踐。何謂「ESG」，如下述：

1. E：Environment，指環境保護，做好環保工作、做好淨零排碳、節能減碳及減塑工作等。
2. S：Social，指做好企業社會責任、做好回饋社會、回饋社區、回饋弱勢族群贊助的工作。
3. G：Governance，指做好公司治理、做好公開透明化經營、做好正派經營、做好無私無我經營。

如果各大上市櫃公司都能落實「ESG」經營，那麼公司的股票就會受到國內外大型基金的投資，股票價格也會上漲。

二、何謂公司「永續經營」？(Sustainable Business)

現在企業都流行「永續經營」，也可視為是「ESG」的永續經營，所以「ESG」等於永續經營的意思。現在永續經營受到極高重視，各大上市公司都要用心在「永續經營」上面，才能符合政府金管會的法規要求。就永續經營的內涵來看，就是企業必須做好下列事項：

1. 做好環境保護鏡、淨零排碳工作。
2. 做好社會關懷、回饋社會工作。
3. 做好公司治理工作。
4. 做好高階董事會職責工作。

三、設立「CSO」（永續長）

有些國內外大型公司，甚至還成立兩個單位：1.「CSO」（永續長）：Chief-Sustainability Officer；2.「永續經營委員會」：Sustainability Committee。這兩個單位是專責公司長期永續工作的推動及監督。

四、有能力、敢說真話的「董事會」

在「永續經營」的實踐上，有一個重要的關鍵處，就是最高階的權力單位「董事會」。過去不少公司的「董事會」並沒有發揮應有的把關及監督的責任，甚至很多外部「獨立董事」（獨董）也沒有盡到應有責任，只會享獨董的高薪、高報酬而已。

董事會的應盡責任就是：
1. 要有能力。
2. 要敢講真話。

3.要做好監督。

4.要敢對公司高層戰略做出討論及決議。

5.要無私無我。

6.不能圖利自己、拿高薪、高報酬。

五、EPS+ESG並重

過去企業重視的是:每年獲利的成長、每年EPS(每股盈餘)的成長;但如今企業必須兼顧做好ESG。故有人稱為EPS+ESG並重時代來臨。

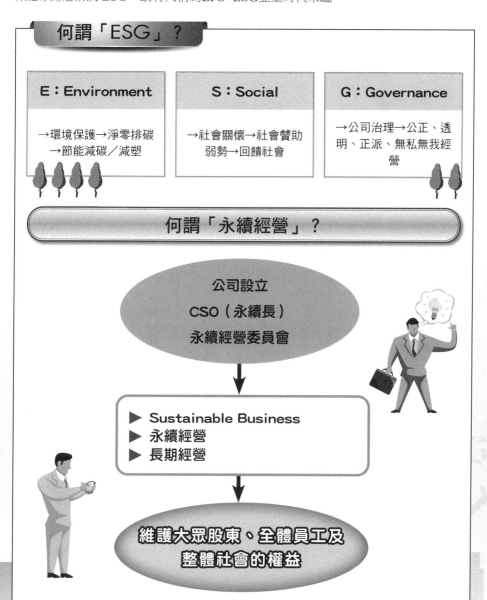

何謂「ESG」?

E:Environment	S:Social	G:Governance
→環境保護→淨零排碳 →節能減碳/減塑	→社會關懷→社會贊助 弱勢→回饋社會	→公司治理→公正、透明、正派、無私無我經營

何謂「永續經營」?

公司設立

CSO(永續長)

永續經營委員會

▶ Sustainable Business
▶ 永續經營
▶ 長期經營

維護大眾股東、全體員工及整體社會的權益

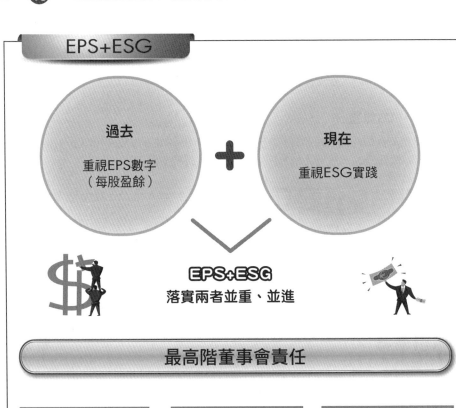

EPS+ESG

過去	+	現在
重視EPS數字（每股盈餘）		重視ESG實踐

EPS+ESG
落實兩者並重、並進

最高階董事會責任

1.要有能力。	2.要敢講真話。	3.要做好監督公司內部高階主管。
4.要無私無我。	5.不要圖利自己、拿高薪、高報酬。	6.要敢對公司高層戰略做出討論及決議。

Unit 18-6
企業最終經營績效七指標及三率三升

一、企業最終經營績效七指標

企業經營的各部門、各工廠都有他們的經營績效指標；但歸結到最後，企業比拼的就是下列七大指：

1.營收額及其成長率。
2.獲利額及獲利成長率。
3.EPS（每股盈餘多少及其成長率）。
4.ROE（股東權益報酬率）
5.毛利率及其成長率。
6.公司股價。
7.公司總市值。

從上述指標來看，營收額及獲利額（率），應該是最重要的二個核心指標。所以每家公司每個年度都在追求營收及獲利的「成長型」經營成果。只要這二個核心指標做不好，其各項指標就不會好了。

二、何謂「三率三升」？

所謂「三率三升」的企業，就是好企業、優良企業，因此這三率，指的就是損益表中的下列三個比率：

1.毛利率上升。
2.營業淨利率上升（即本業的淨利率上升）。
3.稅前獲利率上升。

能夠不斷獲得「三率三升」的企業，代表它的市場競爭力強大、先進技術力領先、人才力豐沛、財務力堅實、產品力有好口碑。並獲得顧客信賴性，才會有此「三率三升」的佳績。

企業最終經營績效七大指標

1.營收額及其成長率。	2.獲利額及獲利成長率。	3.EPS及其成長率。
4.ROE及其成長率。	5.毛利率及其成長率。	6.公司股價。
	7.公司總市值。	

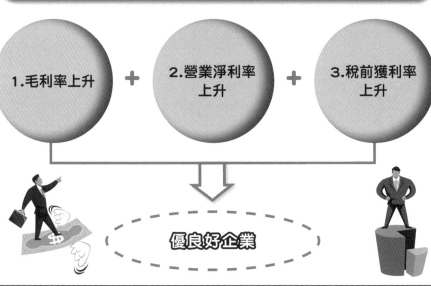

「三率三升」優良企業

1.毛利率上升 ＋ 2.營業淨利率上升 ＋ 3.稅前獲利率上升

優良好企業

Unit 18-7
戰略與Operation（營運力）是企業成功的兩大支柱

很多日本上市大企業在他們的「統合報告書」（即臺灣上市公司的年報）中，經常提到公司經營致勝要靠強大的兩大支柱。

支柱2

正確的經營戰略(Business Strategy)，此戰略包括下列各項子戰略：

1. 人才戰略

2. 財務戰略

3. 技術／研發戰略

4. 製造戰略

5. ESG永續戰略

6. 全球化經營戰略

7. 成長戰略

總結來說，即是兩大支柱的全力發揮及持續壯大：

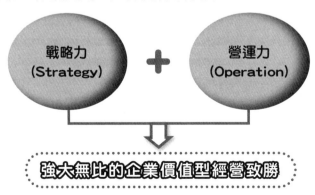

Unit 18-8
何謂兩利企業？

一、兩利企業的意涵

在日本上市大型公司每的「統合報告書」（年報）中，經常出現他們追求的是「兩利企業」的成長型企業。此「兩利企業」的意涵，即指公司必須在兩大領域中，同時追求並進式的成長戰略。

1. 在既有事業領域，持續追求深耕市場並擴大市場的成長。
2. 在新事業領域中，也要加速去探索、去規劃、去開拓出來新的事業營收及獲利來源的成長。

所以「兩利企業」就是指追求「雙成長」的企業經營模式。

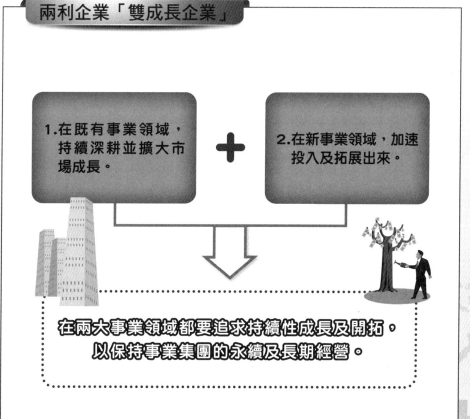

兩利企業「雙成長企業」

1. 在既有事業領域，持續深耕並擴大市場成長。
+
2. 在新事業領域，加速投入及拓展出來。

在兩大事業領域都要追求持續性成長及開拓，以保持事業集團的永續及長期經營。

附圖一
人才資本戰略總體架構圖

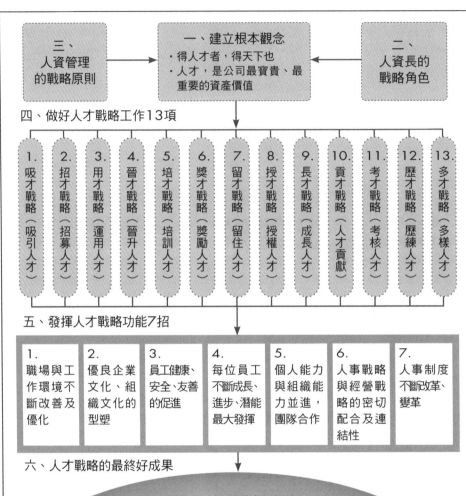

| 三、
人資管理
的戰略原則 | 一、建立根本觀念
・得人才者，得天下也
・人才，是公司最寶貴、最
重要的資產價值 | 二、
人資長的
戰略角色 |

四、做好人才戰略工作13項

| 1.
吸才戰略
（吸引人才） | 2.
招才戰略
（招募人才） | 3.
用才戰略
（運用人才） | 4.
晉才戰略
（晉升人才） | 5.
培才戰略
（培訓人才） | 6.
獎才戰略
（獎勵人才） | 7.
留才戰略
（留住人才） | 8.
授才戰略
（授權人才） | 9.
長才戰略
（成長人才） | 10.
貢才戰略
（人才貢獻） | 11.
考才戰略
（考核人才） | 12.
歷才戰略
（歷練人才） | 13.
多才戰略
（多樣人才） |

五、發揮人才戰略功能7招

| 1.
職場與工作環境不斷改善及優化 | 2.
優良企業文化、組織文化的型塑 | 3.
員工健康、安全、友善的促進 | 4.
每位員工不斷成長、進步、潛能最大發揮 | 5.
個人能力與組織能力並進，團隊合作 | 6.
人事戰略與經營戰略的密切配合及連結性 | 7.
人事制度不斷改革、變革 |

六、人才戰略的最終好成果

1. 不斷創造公司、集團最高新價值。
2. 保持公司營收及獲利的不斷成長，邁向永續經營。
3. 不斷深化公司核心能力(Core-Competence)與競爭優勢(Competitive Advantage)。
4. 累積公司更大競爭實力。
5. 保持產業領先地位與市場領導品牌。
6. 開拓未來十年中長期事業版圖的不斷擴張及延伸，壯大事業永續經營。
7. 實踐公司、集團最終企業願景。

附圖二
集團、公司「全方位經營創新」架構圖（十大項目）

一、
面對外部大環境變化與趨勢的分析，掌握與應變創新

→

二、
經營戰略創新

1. 公司既有事業深耕、壯大創新
2. 多樣化、多角化新事業開拓創新
3. 全球布局創新
4. 十年布局計劃創新
5. 十年成長戰略規劃創新

三、日常營運活動創新
（公司價值鏈創新）
（營運力創新）

1. 研發創新
2. 技術創新
3. 商品開發創新
4. 設計創新
5. 採購創新
6. 製造創新
7. 物流創新
8. 行銷創新
9. 銷售創新
10. 服務創新
11. ESG創新
12. 海外公司創新

四、幕僚支援創新
（功能型價值創新）

1. 人才創新
2. 財務創新
3. 資訊創新
4. 法務(IP)創新
5. 企劃創新
6. 稽核創新
7. 總務創新
8. 專案創新

333

五、
創新的企業文化、領導、管理、考核與獎勵

六、
人才資本創新

七、
顧客及客戶創新

八、創新10原則

1. 快速；2. 敏捷；3. 彈性；
4. 靈活；5. 改革；6. 變革；
7. 全新；8. 機動；9. 主動；
10 計劃性與目標性

九、量的創新與質的創新

1. 量：數量上的創新
2. 質：品質、質感上創新

十、創新績效總成果指標（14項主力指標）

1. 營收額成長
2. 獲利額成長
3. 毛利率成長
4. EPS成長
5. ROE成長
6. 國內外市占率成長
7. 品牌排名成長

8. 產業地位成長
9. 全球技術領先地位
10. 集團事業版圖擴張成長
11. 公司總體價值提升、成長
12. 企業市值成長
13. 企業總體競爭力提升
14. 企業永續經營

第 **19** 章

企業經營管理成功案例借鏡

章節體系架構 ▼

Unit 19-1　揭開台積電的不敗祕密Part I

Unit 19-2　揭開台積電的不敗祕密Part II

Unit 19-3　全球最創新公司，竟是中國賣冰箱的

Unit 19-4　臺灣量販店第一名：好市多（Costco）

Unit 19-5　統一超商CITY CAFÉ一年賣3億杯，年營收130億元

Unit 19-1
揭開台積電的不敗祕密Part I

一、台積電卓越的經營績效

　　巨人的較量，比的是持續增長的實力。10年前，台積電市值僅接近1.5兆元臺幣，與半導體巨擘英特爾高達4.7兆元臺幣的市值（1,477億美元），差距3倍以上，根本難望其項背。

　　2016年5月13日，台積電股價為145元，市值已超過3.73兆元臺幣，與英特爾的市值4.59兆元臺幣（1,401億美元），差距大幅縮小；尤其在3月底時，台積電市值更一度達到4.18兆元臺幣；短短10年，台積電的市值快速拉近與英特爾的差距。相較於英特爾過去10年幾乎毫無成長的窘境，外界估計，未來台積電擠下英特爾，登上全球半導體龍頭寶座，只是時間早晚的問題。

二、高端研發：神祕的夜鷹部隊

　　就是為了在投產時間上領先群雄，張忠謀早在2014年提出「夜鷹計畫」，要以24小時不間斷地研發，加速10奈米製程進度。作為台積電先進奈米製程的研發基地，夜鷹部隊挑燈夜戰，追趕更新製程研發進度的精神，早已深植台積電研發部門的血液中，就像位於台積電新竹總部的12B晶圓廠10樓，也經常燈火通明。

三、最優秀理工人才，都在台積電

　　人才，絕對是台積電在短短10年內，可以超越競爭對手的最大祕密武器。張忠謀多年來在對內、對外談話時都不斷強調，台積電的成功關鍵是：「領先技術、卓越製程、客戶信任」。而建立起這三項競爭優勢的，都需要張忠謀口中台積電最重要的資產——員工，他期望員工能在工作上全力以赴，成為公司成長的堅實後盾。

　　業界都知道，全臺灣最優秀的工程師，幾乎都被台積電給網羅。台積電一年要招募至少4千位工程師，臺、成、清、交大畢業生都被找走了。

　　為了建立精銳兵團，台積電人資部門每年都耗費龐大的時間與心力，在全球積極幫公司找出一流人才，為台積電締造更大的成長與價值。「台積電人力招募部門多達40幾人，但經常要加班到11、2點才能下班。」一位台積電前人資職員對於人資團隊的工作時間描述，令人大感意外。

　　原來，除了每年3、4月校園巡迴徵才之外，6月畢業潮、10月到年底的轉職潮、11月研發替代役的前後時間，全都是台積電人資部門最忙碌的時期，其目的就是大舉網羅全臺各大名校的頂尖學生。

　　在台積電，碩士學歷人數達1萬7,837人，比重高達39.4%；而頂著博士學歷的，也有近2,000人，可謂人才濟濟。「我剛來台積電的時候，沒有信心可以出類拔萃。我是碩士畢業的，裡面一堆海歸派，且博士非常多，現在裡面主要的研發人員總共有4,000人，約一半都是博士。」

　　（資料來源：《財訊雙周刊》，2016.5.19, pp.114~122）

台積電：R&D神祕夜鷹部隊

尖端研發！
（10奈米）
（7奈米）

・24小時不中斷
・R&D團隊
・夜鷹部隊

・領先三星、英特爾
・獨步全球！

全臺最優秀理工人才，全在台積電，奉行四大核心價值觀

誠信
(Integrity)

創新
(Innovation)

承諾
(Commitment)

客戶信任關係
(Customer-trust)

知識補充站

雖然每年台積電都積極在名校找尋大量的頂尖人才，但要進台積電不能光憑專業長才，還要符合台積電「志同道合」的理念。張忠謀曾說，台積電用人，首重應徵者是否與公司「志同道合」，必須符合「ICIC」的核心價值觀。所謂ICIC，就是張忠謀曾經親筆寫下的企業核心價值：正直與誠信（Integrity）、承諾（Commitment）、創新（Innovation）、客戶信任關係（Customer trust）。

Unit **19-2**
揭開台積電的不敗祕密Part II

一、逼著零組件供應商一起進步

台積電能吃下全球晶圓代工半壁江山，又成為臺灣的獲利王，原因不只是內部治軍嚴明，對供應鏈更是嚴以待之，才能搶下過半市場，也拱出近5成的毛利。

談到台積電對供應鏈廠商嚴格的管理，提供台積電晶圓測試板的中華精測總經理黃水可說，台積電的競爭力指標是品質、價格、交期、服務，當然，不只是對客戶，台積電對供應商的要求，也是同樣標準。

因為，若供應商的產品品質與支援，無法讓台積電的客戶產品準時量產，將會對台積電營收與獲利造成衝擊。

二、只要和產品出貨有關，不論大小事，統統都嚴格把關

所有和客戶出貨有關的大小事，台積電全都會攬下來管理，包括封測、矽智財（IP）等供應商的管理。事實上，這些供應商的主要客戶並非台積電，而是台積電的客戶，如蘋果、高通、聯發科等。

台積電永遠都會趕在客戶要求之前，就要求設備、封測、材料、矽智財等供應商，先讓台積電完成產品測試和驗證，以確保產品的品質、良率、穩定度等，不會造成客戶出貨延遲的情況。

也因此，儘管台積電的晶圓代工單價高，客戶還是樂於買單，因為台積電嚴格把關每一層，讓客戶無後顧之憂。

三、和供應商綁在一起，要求隨時待命，挑戰不可能的任務

台積電管理供應商的方法，就是「比供應商更專業」，以最高規格為客戶服務，讓客戶更離不開台積電。

台積電為了做到滴水不漏的供應鏈管理，針對不同類型的供應商，台積電甚至培養出比供應商更懂該領域專業的團隊來對應，以確保供應商的品質。

台積電提出的要求，對供應商來說，常常像是挑戰不可能的任務。

因此，趕進度的時候，供應商幾乎天天都要和台積電開會，甚至有時候異常狀況多，怕趕不上出貨時間，連星期六、日都要去台積電新竹總部和負責的人員開會。甚至星期日晚上11點，接到台積電窗口的電話來確認進度，也不誇張。

為了讓客戶產品可以準時出貨，台積電對供應商的要求永遠都比客戶還要龜毛。

如今，這個「台積電大聯盟」的螞蟻雄兵，在搭配台積電追求完美的供應鏈管理之下，不僅能對抗三星、英特爾，還讓蘋果、高通等大客戶對於台積電高度倚賴；甚至未來，也將成為台積電在晶圓代工市場不斷刷新市占率與毛利率紀錄的利器。

（資料來源：《財訊雙週刊》，2016.5.19, pp.114~122）

台積電管理供應商超嚴格的五大鐵則

台積電管理供應商超嚴格

1.
今年客戶產品要用的元件或矽智財，台積電兩年前就要驗過，比客戶早一年。

2.
台積電工程師比供應商還懂專業技術，就算不懂，也會要求供應商解釋到聽懂為止。

3.
台積電對客戶的競爭力指標是品質、價格、交期、服務，對供應鏈廠商的要求也是如此。

4.
每天都要開會盯進度。

5.
趕進度時，假日也要隨叫隨到。

對供應商三大要求

1.隨時待命！

2.挑戰不可能的任務！

3.嚴格把關！

台積電供應商

Unit **19-3**
全球最創新公司，竟是中國賣冰箱的

　　這次Thinkers 50 第一次開出理念實踐獎（Ideas into Practice Award），頒給應用創新管理模式的企業，得獎者不是矽谷的科技創業家、也不是當紅的共享經濟服務龍頭，竟然是有30幾年歷史的中國家電製造商海爾。

　　你可以想像嗎？原本這個中國最大家電商就如同鴻海般，是個組織分工精細、軍令嚴明的8萬人企業。

　　現在，海爾竟然把整個公司拆成2,000個小團隊自主管理。它幾乎把經營階層都「消滅」，整個公司架構從金字塔顛倒成倒金字塔。這些小團隊形同一個個獨立的小公司，每個團隊會自主遴選最適合的成員加入，一個中階主管或是一個管人資的經理，如果沒有能力被這些團隊買單，就無錢可領，甚至會被淘汰。

(一)關鍵1：搞「小團體」

　　海爾執行長張瑞敏幾乎讓公司大洗牌。以前，老闆決定你要做什麼事情，現在，你要自己搶工作，否則無薪可領。身兼海爾顧問的中歐國際工商學院戰略學副教授陳威如認為，這是張瑞敏不得不的決定。

　　陳威如表示，傳統製造業都有一個慣性：反應慢，加上家電技術長年缺乏突破，已讓產業陷入一片紅海中。2010年前後，其實各大家電廠商已看到互聯網趨勢在轉型，然而，過去海爾最引以為傲的軍事化管理，卻跟趨勢背道而馳，現在，「互聯網時代求的是個性化的、細分市場的創新，所需要人的素質完全不同。」陳威如說。

(二)關鍵2：鼓勵罷免

　　張瑞敏選擇把公司架構全都打散，把8萬員工分成2,000個小團隊自主管理，員工的薪資就是按照工作績效計算，每月按目標的完成率支薪，「做得不好真的不發工資。」海爾的員工說。

　　基於現實，大家選擇團隊隊友時，不看頭銜，而是找能真正發揮戰力的。

　　以前，是老闆決定你要跟誰共事；現在，你可以自己「淘汰」老闆。但有實力的年輕人更有機會出頭。

　　以前，是老闆決定你賺多少，但現在，是市場直接決定你拿多少。

(三)關鍵3：變創投平臺

　　海爾把公司當作平臺，鼓勵團隊可以自己發揮創意找商機，成立海爾稱為「小微」的公司。小微成立後，自負盈虧，海爾以入股的方式投資而不實際介入管理。

　　2013年以來，靠平臺成立的小微目前有兩百多家。「中國以前都吃大鍋飯，現在這種強烈的、績效掛帥的手段會很受歡迎，」臺大工商心理學教授鄭伯壎說。

　　「張瑞敏基本上把員工變成創業家，」洛桑國際管理學院教授比爾‧費舍爾在他的《海爾再造》一書裡說。

　　（資料來源：《商業周刊》，1471期，2016年1月）

中國海爾：三個改革關鍵

1.搞小團體！

以前，老闆派任務給你；
現在你要主動搶工作，
否則沒薪水。

2.鼓勵罷免！

以前，老闆決定你跟誰做；
現在你可以「兵變」，
重選領導者。

3.變創投平臺！
讓員工當創業家

成立200個「小微」公司，
入股但不介入管理，
讓員工當創業家。

8萬人企業，拆成2,000個小團隊自主管理

8萬人員工！

・拆成2,000個工作小團隊！
・自主管理！
・自負盈虧！

Unit **19-4**
臺灣量販店第一名：好市多（Costco）

從美國起家的好市多（Costco）量販店，日前增加了一個新組織，這是全球好市多在美國之外，首度設置的新職務，主要負責管理包括臺灣、日本、韓國與即將進入的中國市場；而這個身負重大責任的職務，並不是由亞洲據點規模最多的日本、或者創下單店全球獲利冠軍的韓國代表出任，而是由臺灣好市多總經理張嗣漢升任，「這是對我們經營團隊的肯定。」張嗣漢說。

(一)臺灣市場獲利率全球第一

臺灣好市多的整體淨利率，高於好市多財報揭露全球整體平均值2%，位居全球最高；包括內湖店、中和店與臺中店的獲利，可以擠進全球好市多近七百家分店中的前十名，其中內湖店單店獲利，更位居全球第二，僅次於韓國首爾店，會員續卡率達80%，在亞洲最高，在全球也僅次於美國。

還不只如此，當其他量販業都陷入價格競爭、營收呈現衰退時，好市多去年既有店營收仍成長9%到11%，冠軍全臺，「從1998年好市多來臺至今，CAGR（複合年均成長率）是26%。」張嗣漢說，而且愈是不景氣的時候，好市多的生意愈好，「因為我們能維持住價值，其實這是最難的。」

(二)商品聚焦販賣美式文化

舉例來說，好市多的商品銷售以美式風格為主，大量商品都從美國進口，近來隨著臺幣走貶，進口物價已經蠢蠢欲動時，張嗣漢第一個思考的不是調整價格，「我還在想辦法，是不是再壓低一點毛利，讓消費者不要覺得不舒服，畢竟我們有收會員費。」因為從獲利結構來分析，好市多最重要的獲利來源，就是收取會員費，「新增或留住一個會員，會比商品價格高低來得更重要。」

從商品結構來看，好市多的銷售品項數只有一般量販店的十分之一，非常的聚焦。張嗣漢坦言，美國商品販賣的是一種美式文化，在亞洲就是有一定的吸引力，「老實說，這個元素反而在美國本地沒有這麼大的優勢。在臺灣，很多同業想要模仿，以進口的方式經營美國商品，但都是短期操作，不可能一直做到低價，這就是我們長期經營的價值。」

緊抓販賣美式文化在市場上難以取代的定位，「好市多從美國進口的自有品牌，可以享有比一般商品更高的毛利率，而且，在同樣對美國文化有偏好的亞洲地區，臺灣的人事成本較日、韓便宜，這是臺灣好市多淨利率成為全球第一的最大關鍵。」量販業者私下分析。

張嗣漢堅持品牌價值，而且敢挑客人，如今好市多的平均客單價高達3千元，是一般量販店的三倍，商業會員的客單價更超過6千元，建立起臺灣好市多年營收逾1,400億元的量販市場龍頭地位。

（資料來源：《財訊雙周刊》，2016.8.27）

好市多：三大成功行銷策略

1. 差異化產品與品項精挑細選
2. 付費會員增值制度
3. 免費退員機制

好市多：營運數據指標

① 平均毛利率：
11%

② 繳費會員人數：
300萬人

③ 會費：
1,350元

④ 每年續卡率
94%

⑤ 平均客單價：
3,000元

⑥ 年營收：
1,400億元

Unit 19-5
統一超商CITY CAFÉ一年賣3億杯，年營收130億元

統一超商販售「黑金」商機可觀，今年CITY CAFÉ咖啡可以賣出3億杯！以一杯中杯咖啡高度12公分計，3億杯疊起來相當於7萬多棟101大樓的高度，足可繞臺灣30圈。以容量計，一個標準游泳池是450噸立方米，3億杯咖啡可以填滿233座。

(一)賣咖啡年營收破130億

四大超商都有賣現煮咖啡，全臺有高達1萬多個據點供應平價咖啡，形成臺灣特有的黑金文化。去年咖啡營收突破百億元的統一超商直言，臺灣現煮咖啡密集且平價供應，就算是美國本地超商也望塵莫及，形同另類臺灣文化。

(二)國人愛美式更勝拿鐵

每日路過統一超商總不忘帶一杯熱拿鐵的張小姐指出，上班途中走到超商買一杯咖啡，已成為生活的一部分，若因突發事件沒喝到，心裡總會覺得怪怪的。

統一超商公共事務部部長林立莉說，CITY CAFÉ在2005年開賣當時，一年才銷售270萬杯，至今10年已過去，銷量成長逾百倍。

有趣的是，開賣第一年，統一超商從瑞士訂製每臺價位等同一臺國產車約40萬元的咖啡機，當時國人喝咖啡接受度最高的是拿鐵，美式咖啡銷量不到1成，如今統一超商更改咖啡豆配方，以及國人喝咖啡品味更進階，使得美式咖啡銷量節節攀升，現已占3成3，反觀拿鐵咖啡則降4~5成。

CITY CAFÉ調整過多次咖啡豆配方，都是從南美洲進口的咖啡豆，且是生豆，到臺灣才烘豆，增加其新鮮度。且冰咖啡和熱咖啡的咖啡豆配方也不同。

由於統一超商也引進精品咖啡星巴克，統一超商總經理陳瑞堂表示，統一超商等於切割國內咖啡市場，區隔為平價與精品咖啡兩大領域。CITY CAFÉ一杯美式咖啡40元，但星巴克要價85元，使得在中間價位的咖啡店「很難做生意」，因此，開咖啡店看似門檻不高，但生意並沒想像中好做。

(三)平價黑金桂綸鎂加持

2016年7月22日起陸續推出全新7支CITY CAFÉ品牌廣告，由藝人桂綸鎂飾演警察、護士、乖乖女、婚禮祕書、菜鳥上班族、房仲業務、年輕少婦等7個角色、探索7種不同生活趣事。

全家便利商店的現煮咖啡Let's Café則是在2006年開賣。主管表示，2015年現煮咖啡營收已達23億元，且每年多以1~2成幅度攀升，自2015年11月換成UCC的咖啡豆之後，2016年首季更較去年同期成長3成。

（資料來源：《中國時報》，2016.3.30）

賣咖啡，年營收破130億

・每年突破3億杯！

・每年突破130億營收！

CITY CAFÉ成功六大要素

① 藝人桂綸鎂代言成功！

② 自動化設備，確保品質！

③ 全臺6,800家便利店非常方便買到！

④ 平價！（40元~50元）

⑤ 鎖定廣大女性上班族群！

⑥ 宣傳與廣告成功！

第 **20** 章

成功企業領導者
的經營智慧案例

······················●章節體系架構▼

案例一　日本7-ELEVEn前董事長鈴木敏文的經營智慧

案例二　日本UNIQLO連鎖服飾柳井正董事長的經營智慧

案例三　王品餐飲集團戴勝益前董事長

案例四　台積電張忠謀董事長的經營智慧

案例五　奇異電機公司（GE）前執行長傑克・威爾許的經營智慧

案例一

日本7-ELEVEn前董事長鈴木敏文的經營智慧

一、面對變化，經營原點就在於徹底實施基本工作

如何將站在顧客立場思考的理念，落實在第一線管理。

二、董事長每日主持試吃大會

鈴木敏文董事長每週一到週五，一定在公司會議室舉行試吃大會；試吃大會已舉行35年不停歇。董事長試吃大會給每一個開發商品的員工帶來壓力，並且都戰戰兢兢，不能出錯，也不能降低要求的標準。

鈴木敏文堅持對品質不能妥協，一旦妥協，進步就停止了，一切都結束了。

三、第一講：我不分析過去的成功

1.經驗雖可學習，但也有束縛人的一面，在現代是成是敗，取決於精準掌握變化到什麼程度。

2.永遠一發現變化，馬上調整做法，甚至不惜調整整個組織面貌來適應。

3.我不分析過去的成功經驗，我只看現在的變化，隨時鍛鍊自己。

4.很多企業為什麼會失敗？那是因為看不到外面的狀況；只有能真正看透變化，可以對應顧客需求的企業，才能存活下去。

5.就我來說，我不會用過去的標準來看，我只用「現在的社會，現在的變化，應該要怎麼辦？」這樣的看法去挑戰。

6.人都有二種思考模式，一種是思考「過去都是怎麼做的」；另一種則是對未來有一個藍圖，然後思考「現在想要這麼做」，我大概是後者。

7.我個人一直都是認真過每天的生活，抓住眼前每一個機會，想辦法將它們實現而已。

四、第二講：朝令夕改學

1.過去要是有人推翻自己的前言，會被說成是沒有判斷力；現在，環境一變，如果不趕快改就會被淘汰。

2.在這個變化的時代，不如先鍛鍊隨時都能夠因應變化的企業體質。

3.經營原點在徹底實踐基本的工作，只有做好基本工作，才可能因應變化。日本7-11集團一向以「因應變化」為公司口號，只有不斷變化的顧客需求，才是我們真正的競爭對手。

4.如果能把隨時變化的顧客需求視為競爭對手，競爭就不會有結束的一天。

5.「顧客」是所有信念的最根本。

五、第三講：不當組織內的乖小孩

1.只要是對的事，就必須堅持到底，即使是周遭的人反對，不管是什麼職位，都必須勇敢主張自己的意見。

2.大家認為不行的地方，才有機會及價值。

3.上司應該要扮演指導的老師，用教導方式去教導部屬，而不是監督的警察。

4.一句話就是：掌握這個時代的本質，換句話說，就是要「掌握變化」，不要怪罪不景氣！

5.要觀察社會結構改變，不斷發展新產品。

6.所有企業持續改善，最重要的起點，都是「顧客的觀點」。

7.在面對少子化、高齡化全球經濟景氣不振的變動時代中，每天都是決勝關鍵。

8.重點是如何隨著變化去做改變；還有，我們能不能真的回應顧客的需求。

9.抓住消費者，就抓住勝算。

六、第四講：都在談顧客需求

1.日本7-11總公司服務臺的標語是：「因應變化」。

2.「顧客」與「顧客需求」是最核心的本質觀念。

3.沒有最終的答案，但永遠有最好的答案。

七、統一超商如何挖掘出消費者需求

1.強大的POS系統《即時銷售情報系統》。

2.統一超商員工經常走訪海外，特別是日本，因此能藉由觀察先進國家發展趨勢，推測臺灣的未來。

3.主動用心，用心，就能找到能用力之處。

案例二
日本UNIQLO連鎖服飾柳井正董事長的經營智慧

UNIQLO是全球第四大平價服飾集團，僅次於ZARA、H&M及GAP。董事長柳井正連續多年獲選日本最佳社長。

一、成功中潛伏失敗的芽

1995年，柳井正在媒體刊登：「誰能講出UNIQLO壞話，我就給他100萬日圓。」

結果，批評信如雪片般飛來，一萬多封回信，多數指向「品質」問題。這些批評讓柳井正知道UNIQLO的產品仍不夠水準，看業績彷彿成功，但看品質卻是失敗的。所以，柳井正決心做到「便宜且品質又好」。

柳井正率一級主管到日本纖維大廠「東麗」公司尋求原料合作，又強力監督中國大陸的代工廠，推出高品質但平價的刷毛外套，結果大賣。三年總共賣出近4,000萬件，門市店也從300多家突破到500多家，打響UNIQLO便宜又品質好的名號。

從一萬封抱怨信的失敗中，他挖掘出成功的芽。然而刷毛外套熱潮退去後，因缺乏接棒的明星商品，在2002年出現營收衰退。

二、安定志向是一種病

柳井正56歲時辭去社長職務，交棒給39歲玉塚元一，退居第二線。但新社長接任後，營收及獲利均下滑，離競爭對手也愈來愈遠。

2005年，柳井正決定換掉保守派社長，自己重掌兵符。他說，成功之時就是失敗的起點。柳井正董事長採取實力至上主義，高階主管若不成長，也會被降級。2009年，21個董事成員中，已有7個人被汰換或消失。

柳井正堅信：「嚴格使人成長」。UNIQLO員工總是說：「我從沒有看過董事長或UNIQLO有鬆懈的時候。」在每週經營會議上，若那位店長沒有意見，柳井正就會說：「你下次可以不用來了！」。

柳井正24小時都在想工作，就像是太陽一樣發光發熱照耀公司，他也在公司的大會議室上，掛起「世界第一」的標誌，希望10年後，營收額能達5兆日圓，成為世界第一服飾集團。

三、即斷，即決，即實行

「執行力」與「快速反應」，是UNIQLO的DNA。

四、沒有安定成長，只有從敗中學

「企業是一個只要不努力，就會倒的東西」，一定要隨時抱持著常態性的危機

感。滿足現狀，是最笨的，一定要否定現狀，不斷改革；不這麼做的企業，就等於在等死。

柳井正失敗過很多次，但他會不斷思考，並且讓這次的失敗，成為下次成功的基石。

五、談生存：改變現狀，才可能持續發展

柳井正認為成長才是公司安全的保障，不成長的話，其實是不安全的。如果總是按照以前老方法做，也只能保持現狀，只有改變現狀，才能持續發展。

六、經營要靠實踐

開設新事業時，不太可能完全照計畫實行，邊做邊由小失敗修正，就不會有致命的大失敗。但是，如果只分析不實作，只是紙上談兵，就不會有進步。

做生意就是要實踐，經營也是要實踐；一邊實踐、一邊思考、一邊改進。

七、UNIQLO祕訣：高品質與低價並進

1.高品質確保

要求外包製造商從採購開始，要用等級最高的棉與聚酯纖維，混紡織法也用最高階；每個關卡都明定標準，把外部工廠當做自家工廠管理。

在製造端，UNIQLO推動「匠計畫」，邀請年資二、三十年的日本紡織業老師傅們，赴中國長駐在OEM代工廠裡，擔任技術指導，監督70多家服飾供應商。

2.降低成本（低價）

UNIQLO為創造成本優勢，1990年代後即大量外包中國大陸代工廠。因為採購量及代工量大，故能降低成本，價格具破壞性。

UNIQLO設法直接掌握服飾原料來源，不經過中間商，例如，喀什米爾毛衣的洋絨貨源，設法直接從內蒙古第一線來源採購；故原料成本就比別人低。

3.快速反應市場動態，客服中心情報即時回饋各部門

UNIQLO對快速反應市場也下了很大的工夫。在日本山口縣占地3萬坪的UNIQLO管理基地，裡面有200多人的Call-center客服中心人員，他們是蒐集顧客意見的情報員，他們把每個顧客的意見，每個字都記錄起來。

UNIQLO平均每月收到來自客服中心、門市店、網路郵件等反映的意見多達1,000則；按公司規定，這些顧客反映意見，都要立即上傳系統，按SOP.標準作業流程儘速處理。這些意見主要有3大類：(1)抱怨類；(2)誇獎、讚美類；(3)建議與想法類。共包含11種相關內容。

每天由客服中心主管彙整各類意見，下班前分送門市店、設計部門、商品部或行銷部門儘快處理。全公司最常看顧客意見及看得最仔細的，就是柳井正董事長。

4.傾聽顧客的聲音，創造出熱賣商品

UNIQLO創造熱賣商品的首要祕訣，就是傾聽顧客。目前，UNIQLO每月接聽3,000個顧客的聲音。由於UNIQLO善於傾聽顧客，因此總是能不斷改良、孕育好的商品。對於商品，UNIQLO不怕顛覆，總是以更快的腳步檢討，改善自己。

UNIQLO很常改變，柳井正經常在會議中，3、5秒間就抓到新動向，敦促立即改變。每次改變，都帶來更好的結果。

5.營運架構圖，商品策略是最核心點

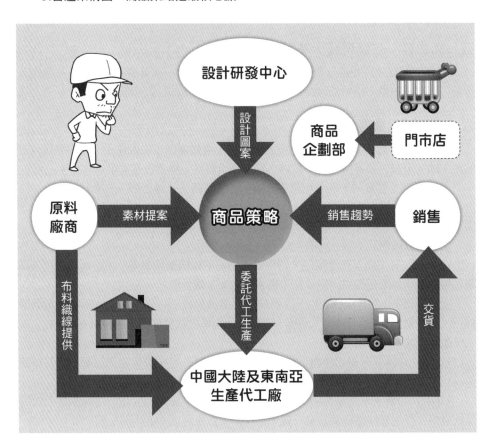

6.簡單創造流行；不過時、無商標，強調混搭性高

UNIQLO是「no-name」、「timeless」，許多款式可以跨季、跨年銷售，而且不分男女老少、混搭性高。UNIQLO品項相對簡單，品項數只有ZARA的十分之一；有利於製造的規模經濟化，取得價格優勢；並有利於庫存管理。

7.超級店長制

每週一召開經營會議，約60名員工與會，包括：(1)超級明星店長；(2)明星店長；(3)區經理(Supervisor)等。會議由柳井正親自主持，店長必須提出顧客意見、商品改進建議、賣場遇到問題、對手店的情報動態、店管理問題、外部環境變化問題等，柳井正會直接聽取店長們的意見，作為決策參考。

UNIQLO公司一向認為第一現場的意見最重要，希望把顧客的意見全部吸收過來。因此在店長會議中，經常不發表意見的就會被降級。

每月有一天，柳井正會帶著各部門高階主管到門市店去開「走動會議」，看看門市店商品陳設、熱賣及冷門商品為何。此為「突擊檢查」，柳井正在店裡，60%時間都在聽取意見。

UNIQLO成長的最大引擎就是「好店長」。透過這些優秀店長，UNIQLO可以每週掌握顧客喜好開發商品，並調整工廠生產線。

柳井正視門市店為主角，總部是支援中心；門市店是頭腦，總部是手腳。柳井正最大的目標，就是把每個店長都訓練成社長（總經理），每天想「怎麼做才能提高營業額」，店長必須「自己思考，自己做生意，是最重要的。」

UNIQLO不斷成長的營收，就是靠全球1,000多位優秀店長點點滴滴衝刺出來的。

八、UNIQLO的成功方程式

商品力 ＋ 品質 ＋ 價格

九、柳井正個人成功之道六要點

1.早起的鳥：每天早上7:30就抵達辦公室的社長。
2.愛讀書：從書中找到經營者該怎麼做。
3.不只讓自己成為「經營者」，也讓全員成為「經營者」。
4.不斷引導變革。
5.大量採用中途轉業者，及有潛力擔任經營者的年輕人。
6.抓住日本處於高地的戰略位置，射入新射程範圍。

知識補充站

店長的種類按業績規模分為三級制
1.SS店長（超級明星店長，Super Star，簡稱SS）
2.Star店長（明星店長，Star）
3.一般店長
SS店長與S店長的年薪，從1,000萬到3,000萬日圓不等，居同業之冠。總部對各店長一年考核4次，考核項目包括：新商品企劃、銷售業績、對屬下培訓及其他。

十、柳井正：計畫未來，是為了活在未來

如果不拚命努力，不可能一直靠維持現狀就能生存；如果不想想未來自己要變成什麼模樣，沒有這樣的意志，在將來是不可能存活的。

柳井正做決策也很快，有時候，不到5秒。他常說：「朝令可以夕改」。

柳井正最喜歡認真工作的員工，即日文所謂「一生懸命」的人。

十一、未來最擔心的事情──人才養成

柳井正最擔心的事情是「人才養成」，特別是「經營者」能力養成的優秀人才。

在UNIQLO公司內設有「經營創新中心」，由外部學者專家及內部合作成立，為的是讓有潛力的員工，可以來這裡上課並學習有關經營能力的課程。

「能讓公司成長」、「能讓公司賺錢的人」，是成為經營者及接班人的必要條件。不做任何努力的人，運氣是不會眷顧您的。在這個世界，一定要自己努力，不自己努力是不行的，別人不能教您。必須要自己不斷追求成長、不斷學習，大步向前。有壓力，才會使人成長。

十二、超級明星店長的薪水可能超過部長

能夠擔任超級明星店長，一年可能有3,000萬日圓收入，超過總公司的部長，拿多拿少，全靠店長本事，要看門市店的業績額。

對UNIQLO而言，店長是公司的頭腦與營運主角，而且是經營者。

店長除了在銷售上衝刺外，亦需執行培養人才、管理人才、帶領團隊、賣場陳列、檢視商品下單、分析銷售、策訂每週計畫，還要到附近看看競爭對手的狀況，知己知彼。此外，還要清楚寫下本店的目標，並檢討現狀，發現問題點，尋求解決之道。

店長們必須接受成長的壓力、挑戰目標的快樂，大步向前，晉升為一個經營者，而不是一個店長而已。

圖解企業管理（ＭＢＡ學）

案例三
王品餐飲集團戴勝益前董事長

一、CEO（執行長）應該是思考者，而不是執行者

　　好的CEO是龍舟競賽的打鼓者，要決定方向及節奏，而不是奮力向前執行划水者。CEO應花90%的時間在思考上，絕非執行者角色，因為通常做得愈多，組織滅亡的速度愈快。

　　戴勝益將自己定位為思考者，每週只出席一次高階主管會議。

二、CEO應該想什麼

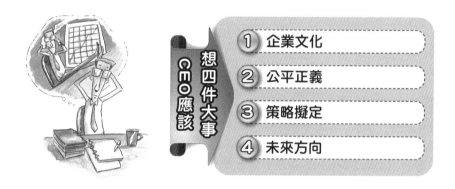

CEO應該 想四件大事

① 企業文化

② 公平正義

③ 策略擬定

④ 未來方向

三、CEO及董事長應該苦思

2.人才的布局調度

3.如何打敗競爭者

1.未來事業的布局

4.如何建立模仿障礙

5.如何延伸核心競爭力

四、趨勢一直在變，要看多遠才夠

一般企業都有3年、1年、1季的計畫，王品則拉到5年、10年及30年之後。要讓所有員工都知道王品在30年之後，要開1萬家店，大家才會認為在這裡工作有前途。

五、董事長就是找對的人來執行

董事長的最重要工作，只要找對的人，只要能鼓舞大家，並且充分尊重專業的人才。只有在他們方向偏差時，我才會去糾正他們。

如果董事長管太細或任何事情都要管，那對門市店的管理指揮系統都是一種破壞。

六、王品留才之道

王品每開一家分店投資，由該品牌總經理投資20%、店長投資10%、大廚投資7%；三者都是此店的股東之一，都享有年終賺錢股利分紅。

此外，每月每店在收入扣除成本及費用後，如有賺錢，就先提列20%當做績效獎金，分給每一個人，包括店員及工讀生。

七、日常靠KPI管理

王品對每一個店，都訂有KPI值（Key Performance Indicator, KPI），即關鍵績效管理指標。KPI有好幾十個，包括客訴指標、業績指標、獲利指標、滿意度指標……等。王品即是靠KPI數據及管理數據，不靠人治，而是法治，靠制度化而運行，公司才能生存下去。

案例四
台積電前董事長張忠謀的經營智慧

一、企業的成功，三缺一不可

我覺得任何企業的成功，是三者交集的結果，三缺一不可。此三者，即：

二、CEO的要件

要成為具有判斷力的思考者（Critical Thinker），才能看到環境與趨勢。

三、英雄只能迎合時勢

在企業界沒有所謂英雄造時勢，都是英雄（領導者）有遠見，看到時勢，找到對的環境，並且冒險及早布局，時機一成熟，就能成就一番新事業。

四、張忠謀洞悉環境與趨勢變化的能力來自哪裡？

來自「終身學習」。

案例五

奇異電機公司(GE)前執行長傑克‧威爾許的經營智慧

一、致勝是什麼？

威爾許說：「致勝就是培養其他人，讓其他人跟你一起成長。（Success is all about growing others.）」

二、人才是策略的第一步

人才是最重要的，人找對了，放在對的位置上，大概就成功90%，人對了，策略就會對！剩下要做的，就是留住最好的人。

三、領導者五要件：4E與1P

四、應變才能致勝

變革是企業經營極其重要的一部分，你的確需要變革，而且最好在非變不可之前就變！

五、領導三步驟

1.確定短、中、長期目標與預算。
2.激勵員工(獎勵與鼓舞)。
3.邁向最佳團隊(人才團隊)，然後，促使他們達成此一目標。

六、公司如何長存？

1.公司必須提供比競爭對手更好的「有價值問題解決方案」給重要大型客戶。
2.只有客戶滿意了，公司才能長久存在。
3.所以，公司及領導者要不斷創造出有用的新價值出來才行。

國家圖書館出版品預行編目資料

圖解企業管理(MBA學)/戴國良著. -- 三版.
-- 臺北市：五南圖書出版股份有限公司，
2023.12
　面；　公分
ISBN 978-626-366-764-8(平裝)
1.CST: 企業管理
494　　　　　　　　　　112018570

1FRY

圖解企業管理（MBA學）

作　　　者	戴國良
發 行 人	楊榮川
總 經 理	楊士清
總 編 輯	楊秀麗
主　　編	侯家嵐
責任編輯	侯家嵐
文字校對	石曉蓉、鐘秀雲
內文排版	張巧儒

出 版 者 ── 五南圖書出版股份有限公司

地　　址：106臺北市大安區和平東路二段339號4樓

電　　話：(02)2705-5066　　傳　　真：(02)2706-6100

網　　址：https://www.wunan.com.tw

電子郵件：wunan@wunan.com.tw

劃撥帳號：01068953

戶　　名：五南圖書出版股份有限公司

法律顧問　林勝安律師

出版日期　2013 年 1 月初版一刷
　　　　　2014 年 1 月初版二刷
　　　　　2015 年 2 月初版三刷
　　　　　2017 年 1 月初版四刷
　　　　　2018 年 3 月二版一刷
　　　　　2023 年12月三版一刷

定　　價　新臺幣480元

經典永恆・名著常在

五十週年的獻禮──經典名著文庫

五南，五十年了，半個世紀，人生旅程的一大半，走過來了。

思索著，邁向百年的未來歷程，能為知識界、文化學術界作些什麼？

在速食文化的生態下，有什麼值得讓人雋永品味的？

歷代經典・當今名著，經過時間的洗禮，千錘百鍊，流傳至今，光芒耀人；

不僅使我們能領悟前人的智慧，同時也增深加廣我們思考的深度與視野。

我們決心投入巨資，有計畫的系統梳選，成立「經典名著文庫」，

希望收入古今中外思想性的、充滿睿智與獨見的經典、名著。

這是一項理想性的、永續性的巨大出版工程。

不在意讀者的眾寡，只考慮它的學術價值，力求完整展現先哲思想的軌跡；

為知識界開啟一片智慧之窗，營造一座百花綻放的世界文明公園，

任君遨遊、取菁吸蜜、嘉惠學子！